書系緣起

早在二千多年前，中國的道家大師莊子已看穿知識的奧祕。莊子在《齊物論》中道出態度的大道理：莫若以明。

莫若以明是對知識的態度，而小小的態度往往成就天淵之別的結果。

「樞始得其環中，以應無窮。是亦一無窮，非亦一無窮也。故曰：莫若以明。」

是誰或是什麼誤導我們中國人的教育傳統成為閉塞一族。答案已不重要，現在，大家只需著眼未來。

共勉之。

Hal Brands

霍爾・布蘭茲——編　黃妤萱——譯

當代戰略全書 2

多極化世界的國際競爭
與現代戰略概念的建構

強權競爭時代的戰略

THE NEW MAKERS OF MODERN STRATEGY

THE NEW MAKERS
OF MODERN STRATEGY

獻給 Richard Chang

致謝

這部著作主要歸功於所有撰稿人。他們放下手邊的其他重要專案，不僅花了不少心思，同時得忍受編輯經常催稿。其次要歸功於許多作家，因為他們的學術研究為這本書奠下了知識基礎。

我也要感謝一些人提供建議。他們影響了這本書的不同進行階段，也就是勞倫斯・佛里德曼（Lawrence Freedman）、邁可・霍洛維茨（Michael Horowitz）、威爾・英伯登（Will Inboden）、安德魯・梅伊（Andrew May）、亞倫・麥克林（Aaron MacLean）、湯瑪斯・曼肯（Thomas Mahnken）、莎莉・佩恩（Sally Payne）、艾琳・辛普森（Erin Simpson）、休・斯特拉坎（Hew Strachan）等。我特別感謝艾略特・科恩（Eliot Cohen），因為他在處理其他的事務之前幫我構思了這項專案。普林斯頓大學出版社的艾瑞克・克拉漢（Eric Crahan）先建議我出版《當代戰略全書》（The New Makers of Modern Strategy: From the Ancient World to the Digital Age）的第三版，然後見證這本書的完成。該出版社的許多人都在過程中協助我。在準備和設計章節方面，有幾位研究助理支援我；他們是露西・貝爾斯（Lucy Bales）、史蒂芬・霍尼格（Steven Honig）、雅各・派金（Jacob Paikin）以及裘瑞克・威利（Jurek Wille）。納撒尼爾・汪（Nathaniel Wong）則負責監督流程。此外，克里斯・克羅斯比（Chris Crosbie）也大力協助。

最後，我非常感謝一些重要的機構，包括約翰霍普金斯大學的高等國際研究學院和美國企業研究院（The John Hopkins School for Advanced International Studies and The American Enterprise Institute）提供了良好的學術氛圍；美國世界聯盟（America in the World Consortium）則提供寶貴的財務支援。最重要的是，如果沒有亨利・季辛吉全球事務中心（Henry Kissinger Center for Global Affairs）及其董事法蘭克・蓋文（Frank Gavin）的幫助，這項專案根本不可能完成。法蘭克從一開始就幫忙規劃專案。他和該中心的工作人員共同合作，功不可沒。在他的領導下，該中心已經變成獨特的組織，致力於宣揚與這本書相同的價值觀，並且在未來的許多年會有歷史和戰略相關的開創性成果。

國際權威作者群

伊斯坎德・雷曼（**Iskander Rehman**）是華盛頓特區美國外交政策委員會的策略研究資深研究員，負責領導應用歷史和大戰略的研究工作。他擁有巴黎政治研究所（SciencesPo）的博士學位。

麥特・舒曼（**Matt J. Schumann**）於二〇〇五年取得了艾希特大學的博士學位，目前在東密西根大學和鮑林格林州立大學任教。曾出版關於跨大西洋七年戰爭的著作，以及英法戰略性競爭的歐洲大陸與大西洋方面的著作。目前，他正在研究一七四八年《阿亨條約》的全球史。

麥克・萊傑爾（**Michael V. Leggiere**）在北德克薩斯大學擔任歷史系教授和軍事歷史中心的副主任。曾寫過許多關於拿破崙軍事戰役的獲獎著作。

查爾斯・艾德爾（**Charles Edel**）是戰略與國際研究中心的澳洲主席和資深顧問。曾經擔任美國國務卿的政策規劃幕僚，著有《國家建設者：約翰・昆西・亞當斯與共和國的大戰略》

（Nation Builder: John Quincy Adams and the Grand Strategy of the Republic）。

柯瑞・謝克（Kori Schake）帶領美國企業研究院的外交和國防政策研究團隊，著有《安全通行：從英國霸權到美國霸權的過渡時期》（Safe Passage: The Transition from British to American Hegemony）。曾經在國家安全委員會、美國國務院和國防部工作。

韋恩・謝（Wayne Wei-siang Hsieh）是美國海軍學院的歷史系副教授，著有《西點軍校畢業生與南北戰爭：戰爭與和平中的老兵》（West Pointers and the Civil War: The Old Army in War and Peace），合著有《殘酷的戰爭：南北戰爭的軍事史》（A Savage War: A Military History of the Civil War）。

莎拉・潘恩（S.C.M. Paine）在美國海軍戰爭學院的戰略與政策學系擔任歷史與大戰略課程的威廉・西姆斯大學教授（William S. Sims University Professor），著有《亞洲戰爭：一九一一至一九四九年》（Wars for Asia, 1911–1949）和《大日本帝國》（Japanese Empire），並與布魯斯・埃爾曼（Bruce A. Elleman）合著《現代中國：一六四四年至今的延續與變革》（Modern China: Continuity and Change 1644 to the Present）。另也與其他人共同編輯了五本關於海軍行動的書籍。

普莉亞・莎蒂婭（Priya Satia）在史丹佛大學擔任國際史的雷蒙・史普魯恩斯教授（Raymond A. Spruance Professor），著有《阿拉伯間諜：第一次世界大戰與英國祕密帝國在中東奠下的文化基礎》（Spies in Arabia: The Great War and the Cultural Foundations of Britain's Covert Empire in the Middle East）、《武器帝國：工業革命的暴力》（Empire of Guns: The Violent Making of the Industrial Revolution）、《時間的怪物：歷史如何創造歷史》（Time's Monster: How History Makes History）等獲獎的著作。

目次

推薦序／了解過去的決策方式，啟發面對未來的判斷

王立 「王立第二戰研所」版主

很榮幸可以向各位讀者推薦這套《當代戰略全書》，可說是戰略的教科書入門。本書歷經時代考驗，收集從古代到現代的戰略名家學說，不論是對戰略有興趣，或是想研究地緣政治的朋友，都不能錯過。

戰略學到底是不是一門學問，關鍵在戰略是否能被定義，很可惜的是至今戰略的定義仍是沒有公論，唯一可以確定的，是定義不停地被擴張。因為戰略一詞的使用是在近代，若我們從戰略思想史追溯源頭，會發現戰略的本意很接近「謀略」，是一種為了追求目標而制定的手段，也可以說是思想方法。

會被納入西方戰略思想研究內容者，多是其思想方法被推崇，而不是手段本身。也就是戰略的本質，更接近於方法論，每個時代的大戰略家不外乎兩種，一種是結合當代社會發

展、技術層次、政治制度諸多不同要素，完善了一套軍事理論，使其可以應用到軍隊；另一種則是在軍事思想停滯的年代，找出突破點並予以擴大。

這也是讀者在閱讀本書時會產生的疑惑，更是多數人對戰略的困惑。談到戰略（Strategy），中文的「戰」字給人連結到軍隊上，強烈的暴力氣息，但原意其實偏向策略。故可說國家政策本身就是一種戰略，為了追求國家目標制定的手段也是戰略。

回到戰略本質是思想上，那麼用兵手段、軍隊編制、政治改革，其實都可以算進戰略中。而要了解戰略，從這就可發覺需要接觸的範圍太廣了，於是了解戰略史、地緣政治史、重要決策者如何判斷，統統變成戰略教科書的一部分。於是戰略研究的第一步是歷史，第二步則是了解當代環境，從中抽絲剝繭，追尋決策者為何在當下的環境中，做出正確或錯誤的決策。而為了還原情境，現代戰略學已經納入人類學、民族學、心理學、行政學諸多領域，不停地更新過往的論點。

無論戰略研究變得多複雜，起步都是戰略思想史，從古代到現代，唯有了解過去的決策方式，才能啟發我們面對未來的判斷。而不同時代的戰略思想史，看似沒有重複之處，實則處處相合，我們不是在找尋模板套用到現代上，戰略研究是希望從過往，確認做計劃的方向，是否合乎古今中外的原則。

有人會覺得遺憾，本書除了孫子兵法外，沒有收錄任何的中國古代戰略史。這其實沒有影響，戰略至今仍然無法明確定義，恰好證明大道歸一，東西方戰略思想，最終追求的都沒有差別。

當代戰略全書，收錄各家學者對古今戰略思想、重要決策的詮釋，對於初窺戰略一道者有極佳幫助。你不見得能認同詮釋者的意見，但透過專家的解讀，對已有一定程度者更能有所啟發。

推薦序／戰略的本質、意義與影響力

張國城
台北醫學大學通識教育中心教授、副主任

《當代戰略全書》系列（原文書名為The New Makers of Modern Strategy: From the Ancient World to the Digital Age），集結了當代西方戰略、軍事學者的一時之選，合計四十五位的重要著作，二〇二三年五月於美國出版。這類大部頭的書（原文書高達一千二百頁），雖然是研究戰略、軍事及安全者的寶書，畢竟和一般讀者的閱讀習慣有些差異。因此商周出版將繁中版拆為五冊，將原文書中的五篇各自獨立成冊，對於這種普及知識的作為，筆者要表達最大的敬意。

「戰略」這個詞，經常為人所聞，但究竟什麼是「戰略」，根據書中所述，是指一種操縱和利用某個國家資源（或幾個國家組成的聯盟）的技巧，包括軍隊，以確保重要的利益能有效地維持，並免受敵人的威脅，無論是實際、潛在或假設的情況都一樣。重點是「資源」

和「利益」這兩者之間的衡量與運用，因此，「戰略」是一門涉及治國方略的多樣化學科，適用於和平與戰爭時期，也適用於國家、團體與個人的策略規劃。

就筆者看來，本書的價值在於：

首先，明確闡述了戰略的意義，以及戰略思想家形成這些思想的脈絡，還有他們產生這些思想的歷史背景。戰略思想多半源於「思想家對於當時的重要戰爭和國際衝突的分析與詮釋」，關於這點，這套著作提供了完整的歷史敘述（如第二冊），許多是在相關歷史著作中也不易論述完整的。因此，本書還可作為重要的歷史參考書使用。

其次是與時俱進。原文書於一九四三年發行第一版（書名為Makers of Modern Strategy），一九八六年發行第二版。一九八六年時冷戰還沒有結束，眾所周知冷戰結束後，全球的軍事與安全環境都面臨了巨大的變化，因此又推出第三版，這次由約翰霍普金斯大學（Johns Hopkins University）高等國際研究學院霍爾・布蘭茲（Hal Brands）教授主編，堪稱是西方戰略學者所共著、在這一個領域的九陰真經。

第三，本書內容非常豐富。揭露的原則不僅是研究國際關係和安全者所必知必讀，同時也能運用在管理甚至人際關係上。譬如書中揭橥一個重要的戰略原則，就是「……當你擊敗一個對手，另一個對手又出現，或者優先事項有所變化之際，正確列出主要對手的順序非常重要。」對筆者這種無論工作還是興趣都是戰略研究的人來說，這個原則並不陌生，但對一般讀者來說，釐清「要解決的問題其順序」，不僅是毛澤東擊敗國民黨的指導原則，在日常工作上也適用。但是，作者用了大量的歷史資料去論證這一個簡單卻清晰的原則，這對於易於淺碟化思考的現代社會，更是令人心折。

對於台灣的讀者而言，對韓戰、越戰、波斯灣戰爭等多半耳熟能詳，但世界上仍有許多地方有衝突，對於國際關係的影響一樣重要，譬如許多殖民地的反殖鬥爭。書中提出印度和許多國家在反帝國主義殖民做法中「自我去殖民化」的過程，非常寶貴。此外，書中指出國家權力只要採取脅迫、專橫的手段，就會面臨各種形式的異議與抗爭，事實上從中東到香港，異議和抗爭始終是國際新聞長期的焦點；但反殖民思想家也提醒我們，相較於「策略」（結果論）考量，去殖民化的關鍵更在於找回倫理思維的能力。對台灣讀者來說，幾百年來的歷史充滿著外來政權，今天許多問題根源於此。另一方面，要理解中國領導人的想法，也不能僅從西方人的角度出發，理解（當然不一定要同意）中共長期「反帝反殖」的民族主義號召也是非常必要的（所以他們對香港人爭民主會有那樣的詮釋）。本書是在這一方面提供台灣人反思並找回倫理思維的重要工具。

今天中國實力的崛起，從本書中可以看出，雖然中國實力大幅躍進是近二十年（軍事方面），但是其來有自。潘恩（S.C.M. Paine）在第三冊第八章（原文書第二十六章）中指出，羅斯福（Theodore Roosevelt）會在整個總統任期中尋求與蘇聯合作的原因。他認為蘇聯缺乏海軍實力，對美國不構成軍事威脅；也因為蘇聯是獨裁者中唯一處於其他獨裁者之間的國家，他預見到蘇聯有朝一日可能會樂於協助美國，甚至提供協助。後來美國撤銷對台北的外交承認，和北京建立外交關係，和羅斯福與蘇聯合作的邏輯相同。目前美中間的關係，也和二戰後杜魯門（Harry S. Truman）和蘇聯進入冷戰很類似。但是之後會如何？

克里斯多福・葛里芬（Christopher J. Griffin）在第五冊第一章（原文書第三十五章）中寫道，「……冷戰結束後，美國的國防戰略基本上都離不開國防部長理查・錢尼（Richard Cheney）和參謀長聯席會議主席科林・鮑爾（Colin Powell）首次闡述的政策路線。簡單說，就是美國會尋求捍衛並擴大在冷戰中取得勝利的「自由區」（zone of freedom），同時將其軍事力量從圍堵與蘇聯的全球戰爭轉向於因應區域危機上。」但是本書認為，這個做法主要是因應冷戰後國防資源的減少，不是真的意會到新的地緣政治。在面臨中國這種霸權崛起時，筆者認為就會捉襟見肘。因為因應區域衝突的軍事力量，壓倒伊拉克、塔利班（Taliban）並無問題，但很難壓倒中國這種大國。但美國長期卻是習慣成自然，把美國在冷戰後成為唯一主導大國的事實，很快地看作是影響其他政策選擇的前提假設。但現實狀況是和區域霸權客觀實力對比，美國作為唯一主導大國的地位已經相當削弱。

這些都是我們身處台灣，不得不認清的殘酷現實。但這並不等同於簡單地化約為「疑美論」或「親美論」，要做的是在和他國互動的過程中，釐清手中資源和利益的相對關係。畢竟國際關係理論中有具體定義的「後冷戰」時代已經結束，一個尚未命名或定義的新時代已經開始。在這個時代，國際關係的發展對台灣的每一個普通人來說，影響力會超過以往；所以，我們有必要對影響國際關係的「戰略」增加更多了解。對於無暇進入學術環境研讀，但又不想被片面、局部的知識所誤導的聰明人來說，本書是無與倫比的選擇。

推薦序／藉由經典史籍，一探領袖人物的戰略思維

張榮豐、賴彥霖 台灣戰略模擬學會理事長、執行長

對於何謂「戰略」，東西方文化長期以來存在著各式各樣的詮釋與說法，過去多年從事國安工作的經驗告訴我，凡是定義不明確的概念，都難以實際操作，最終只能成為抽象的名詞。因此，我個人認為對「戰略」二字最適當、通俗且實用的定義就是：根據明確的目標，在對的時間、對的地點、投入正確的資源。

在制定戰略時，首先必須要有清晰的願景與／或明確的目標。「目標」是整個戰略中最關鍵的部分，所以美國陸軍參謀指揮學校在訓練學員時特別強調，在擬定戰略方案的實務操作上應投入至少三分之一的時間針對目標進行討論。其次則是必須盡可能地了解「未來的戰場」和「對手的行為模式」。接著則應對「現況」進行客觀、完整的盤點，包括自身的優劣勢、所掌握的資源，以及在執行方面的限制條件。最後，在上述關鍵元素都確認後，再利用

動態規劃（dynamic programming）的概念，以逆向推理（backward induction）的方式，從「目標」逐步往「起始點」逆向推導出最佳的戰略路徑，在此路徑上，包含了每一個子局所需要達成的次目標與相關的戰術方案及資源配置。至此，一個完整的戰略規劃方可完成。

在「當代戰略全書」系列中可以看到，歷史上許多具備戰略思維的頭腦，其實都呼應了我們對於戰略制定程序的理解。這些被世人冠以「雄才大略」的領袖人物，具備明確的願景與目標作為引導，熟知自身的優劣勢，並能夠客觀分析當下所處的戰略地位及未來的戰略環境，因此能制定出各種影響深遠的偉大戰略。以馬漢（Alfred Thayer Mahan）為例，他分析出未來的戰略競爭為海權的競爭，美國面臨的軍事威脅最好發生在領土之外，因此呼籲無論在和平或戰爭時期，都必須充分準備好海軍的實力。這不僅影響了美國建軍發展，更奠定了美國近百年來國家戰略最關鍵的底層邏輯——決戰境外，保持戰略優勢。

國家戰略的考量自不限於軍事層面，事實上，就國家整體戰略的規劃與執行上，更著重的會是國與國之間在政治、經濟、社會、產業等方面長期政策的博弈。以過去李登輝總統時期為例，李總統在進行通盤考量後，為當時的台灣所訂定的國家整體戰略目標就是「民主化」，當時身為李總統幕僚的我曾問總統「要如何處理統獨問題？」李總統明確地告訴我：「統獨議題和民主化無關，所以我不會處理，事實上目前也沒有處理這個問題的條件」。由此可見其對目標有清晰的理解。為了達成此目標，李總統首先宣布終止「動員戡亂時期」，讓凌駕於憲法之上四十三年的《動員戡亂時期臨時條款》走入歷史，但為了不讓此動作的「副（負）作用」影響到推動民主化的目標，因此提出了《兩岸人民關係條例》且設立了「國統會」、頒布了《國統綱領》。此外，為了達成民主化最關鍵的績效指標（KPI）——總統直接民選——也透過民主機制修憲，來推動國會全面改選，讓所謂的「萬年國會」走入歷史。除了在政治上讓台灣完成民主化，李總統亦在兩岸戰略競爭上提前布局，提出當時被工商界質疑、批判的「戒急用忍」政策，限定「高科技、五千萬美元以上、基礎建設」這三類的對中投資，其戰略作用有二：其一是盡可能保持台灣對中國在科技上的優勢，其二是避免台灣的資金與人才於短時間內大量流入中國，導致對本國的產業與市場產生負面效果。最後，為了最大限度減低中國對我們推動民主化所可能施加的阻礙，李總統也在任內提升國防，尤其針對海、空軍的強化以及新式飛彈的研發。由上面的例子可以看出，國家整體戰略的規劃不但需要有清晰的願景，其規劃與執行上更是需要整合諸多不同領域與部門，而當所有預期的結果在不同的時空逐步產生時，其所獲得的綜效就會形成一股「看不見的力量」，推動著國家達到預定的戰略目標。

實務經驗有助於培養戰略思維，然而我們的生命經驗有限，沒辦法親自參與歷史上每一場戰爭和戰役的規劃，也不可能親身走過人類社會發展過程中，那些足以影響世界或區域發展之大戰略的年代。每個時代根據時空背景、國家發展目標的不同，領導者制定出不同的戰略，但其規劃原理卻有相似之處。藉由閱讀高品質的經典史籍，能夠幫助我們俯視不同時空背景下，不同戰略理論的興起背景、互動，以及不同國家所制定的戰略方針，推薦「當代戰略全書」給對戰略思維有興趣的讀者。

推薦序／以全面的視野，理解戰爭、戰略及其深層原因

蘇紫雲　國防安全研究院國防戰略與資源研究所所長

晶瑩剔透的光芒在身著德國灰軍服的士兵手中顯得格格不入，但是德軍官兵異常小心地捧著這些精緻琥珀，這是來自元首的直接命令。經過一番苦戰攻入列寧格勒（Leningrad），目標之一就是要將俄國視為國寶的琥珀宮給搬回德國，發現這藝術瑰寶令德軍欣喜不已。零下二十度是一九四一年十月德國北方集團軍面對的戰場氣溫，這只是俄國早冬的開始。同一時間，遠在半個地球外的普林斯頓大學（Princeton University），一位學者看著窗外的美國晚秋，思索著希特勒（Adolf Hitler）的軍事戰略，以及人類文明史中占據重要地位的戰爭。

這位學者正是厄爾（Edward Mead Earle），當然不會知曉希特勒掠奪藝術是戰爭願望清單的小心思，但在二十世紀的前四十年美國就第二次面對大型現代戰爭令他憂心忡忡，於是嘗試著手解釋情勢的發展過程，以利更加了解並協助戰略的制定，他構思的《當代戰略全書：

從馬基維利到希特勒的軍事思想》（Makers of Modern Strategy: Military Thought from Machiavelli to Hitler），就是由一群學者共同寫就，跳脫傳統純軍事框架，寫手包括經濟、政治、外交乃至於地理學者，這本書詳細地介紹了自文藝復興時期以來，歷史上具代表性的戰略制定者和思想家，以及他們對戰爭和國際關係理論的重要觀點。其後跨越世代多次改版，由全領域來透視國家競爭與戰略的規劃，對新時代的戰略進行補充。可以說，這本書從馬基維利到核時代，探討了一系列戰略制定者的思想和行為，讓我們一窺歷史上的戰略大師們是如何指點江山、謀劃戰略，堪稱是總統級的教科書。

傳統的戰略著重軍事領域，就如同經典的「坎尼會戰」（Battle of Cannae），迦太基（Carthage）將領漢尼拔（Hannibal）只有一萬餘名雜牌部隊，對上的是四萬名重裝羅馬軍團，在依靠鐵器與肌肉能量的冷兵器時代，人多好辦事是戰場鐵律，任誰也不會看好劣勢的迦太基可以擊潰羅馬大軍。但是漢尼拔跳脫戰場規律將老弱部隊置於方陣中央，精銳部隊則配置於兩翼，因此兩軍接觸後，強勢挺進的羅馬軍團將迦太基中央陣線擠壓後退，但迦太基青壯兵力則在兩翼奮力抵擋，使得戰場呈現新月型將羅馬軍隊包圍在中央，勝利女神開始向原本居於劣勢的迦太基招手，漢尼拔的騎兵再由後方包圍，造成羅馬大軍團滅，以寡擊眾的勝利為軍事研究者所樂道。

但拉高視角來看，迦太基與羅馬的戰爭是因著地緣政治與經濟衝突的深層原因，也就是地中海區域的貿易與制海權爭奪導致兩國長期的布匿戰爭（Punic War），這就說明了「戰爭構造」，軍事只是其中的一項手段，也是使用暴力改變現狀的激烈選項。此正是本書作者以跨領域方式闡明戰略的初衷。

與一般的經驗法則不同，戰略從來不會是直線思考，反而是曲線的思維。軍師燒腦的是，戰略需同時考慮所處環境、政治、外交、經濟、軍事條件以設定目標，困難的是由於資源並非無限，因此這些條件的運用往往是相互制肘，需要拿捏優先順序。更傷腦筋的是，外部環境的情報資訊也是有限，因此即使是「情報國家隊」也不乏預測「翻車」窘況，英法誤信希特勒「善意」並縮減自己軍費導致二次大戰，美國蔑視日本帝國海軍新興的航艦戰力，使珍珠港遭到突襲，以色列梅爾（Golda Meir）政府誤判戰略情報遭突襲幾近亡國，以及二十一世紀二〇年代的俄烏戰爭，都是輕忽敵人遭致侵略的實證。

或許可以這麼說，只想倚賴敵人的善意，或過度自信、貶抑對手，都使己方成為攻守中的弱勢，誘使對手軍事冒險。進一步說，筆者借用社會學領域的「自證預言」（self-fulfilling prophecy）理論，潛在敵對雙方對於情感的投入不同，形成「避戰」、「備戰」的不同認知，一旦實力失去平衡，雙方認知交集的「戰爭」惡夢就會成真。因此，在經歷一、二次大戰災難後，西方國家面臨核大戰恐懼發展出較為成熟的「嚇阻」模式，以確保足夠反擊的「第二擊」能力作為靠山，就可避免先下手為強的誘惑，也同時阻卻對手的偷襲意圖。事實也證明「相互保證毀滅」的確成功避免核大戰的爆發。

整體而言，這本書有著讓人無法停止閱讀的魔力，除了對歷史上戰略思想回顧與綜整，筆觸紙間更訴說著當代戰略問題的思考和探討。比較戰爭史中的不同戰略思想與國際情勢分析，作者們提煉出的戰略原則與規律即使在技術進步的今日依然適用。不同的年代與案例，作者將戰略思想置於歷史切片和文化的底蘊中進行解讀，可以帶著讀者穿越時空，廣泛地與不同思想家對話，身歷其境地感受君王、總統、將軍的視角以及其觀點背後的思路。再以春秋之筆對各個時期的戰爭和衝突深入描繪，從而使讀者理解並體會應對實際戰爭和國際關係問題時，戰略家出謀劃策的底氣何來。如同北京派遣海警船、軍機、軍艦騷擾台灣，並不是因著誰當台灣總統而改變，其真正企圖是國家戰略的轉型：由一個陸權國家走向海權強國，就此而言北京可說是海權論之父馬漢（Alfred Thayer Mahan）的好學生，也符合人類發展由江河文明走向海洋文明的歷史脈動，但軍力擴張與國家權力槓桿的過度操作將可能重蹈希特勒敗亡的風險。

從古代到現代，每位戰略大師都有自己獨到的思路和手路。從馬基維利的城府機心、拿破崙的軍事天才，到冷戰時期的核戰略，再到今日醞釀中的新冷戰，每一個時代都有獨特的挑戰和策略。戰略思維伴隨著人性和權力的思考。這些戰略大師的故事，刻劃人類本性和權力本質的糾結，如同量子纏繞般地啟發人心，我們可以從中汲取智慧，並將其應用到我們自己的生活和工作中。也許你不是一位將領、政治家或企業家，但是你也可以從大師們的成功或失敗中，領悟、掌握自己的人生戰略，採取明智的決策，做自己的軍師。

前言

無可取代的一門藝術：現代戰略的三代制定者

霍爾・布蘭茲（Hal Brands）在約翰霍普金斯大學的高等國際研究學院擔任亨利・季辛吉全球事務特聘教授，同時也是美國企業研究院的資深研究員。

戰略無可取代。在混亂的世界中，戰略讓我們的行動有明確的目標。如果我們要在思維和行動上戰勝敵人，戰略則十分重要。缺乏戰略的行動，只不過是隨機且漫無目的，白白浪費了權力和優勢，無法有效運用。在缺乏良好戰略的情況下，也許強大的帝國可以存活一段時間，但沒有任何的帝國能夠長久興盛。

戰略非常複雜，卻也非常簡單。戰略的概念一直都是辯論的主題，也不斷被人誤解和重新定義，包括戰略的本質、涵蓋的範圍、最佳的實行方式。即使是有才華的領袖，也曾經努力克服戰略的困境。但是，戰略的本質其實很容易理解——在全球事務的摩擦中，以及在競爭對手和敵人的抵制中，戰略是一種召喚力量的技巧，能運用力量去實現核心的目標；戰略是不可或缺的藝術，能讓我們運用本身擁有的條件去實現願望。

從這個角度來看，戰略與武力的使用密切相關，因為暴力的陰影籠罩著任何有爭議的互動關係。如果世界充滿了和諧，而且每個人都可以實現自己的夢想，那麼就不需要一門鑽研競爭性互動的學科了。這本書完成時，恰逢俄羅斯入侵烏克蘭，為歐洲帶來了二戰之後最大的州際陸戰。不幸的是，這一點能提醒我們：軍事力量並沒有過時。然而，戰略也包括利用各種形式的勢力，在難以駕馭的世界中蓬勃發展。其實，戰略基本上屬於樂觀的活動，前提是強制性的手段能達到建設性的效果，以及領導者可以掌控事件，而不是被事件控制。[1]

那麼，戰略是永恆的。但我們對戰略的認識並不是如此。戰略的基本挑戰對修昔底德（Thucydides）、馬基維利（Machiavelli）或克勞塞維茲（Clausewitz）而言，並不陌生。這就是為什麼他們的作品至今仍然是必讀經典。戰略研究的領域根植於這種信念：它的基本邏輯能超越時間和空間的限制。但，「戰略」這個詞的基本含義並未定型、僵化，我們總是透過自己關注的焦點去重新詮釋，就連存在已久的文獻也不例外。因此，如果戰略令人覺得難以捉摸且變化多端，那只是因為每個時代都教導我們一些關於有效執行戰略的概念和條件。

如今，我們有必要更新理解戰略的方式。嚴謹的人不該再像過去的世代那樣認為，戰爭和戰略已經在後冷戰的和平時代過時了。現代充滿了激烈的競爭，伴隨著災難性的衝突威脅，明擺著是殘酷的現實。民主世界的地緣政治霸權和基本安全，面臨著幾十年來最嚴峻的挑戰。當風險變得太高，而且失敗的後果很嚴重時，戰略便顯得寶貴。也就是說，良好的戰略以及人們對戰略歷史的深刻理解，變得越來越重要了。

I

「當戰爭來臨時，我們就無法主宰自己的生活。」愛德華・米德・厄爾（Edward Mead

Earle）在《當代戰略全書》初版的前言中寫道。[2] 該書是在歷史上最糟糕的二戰時期構思而成，於一九四三年出版。當時，衝突跨越了海洋和大陸。在這種背景下，該書的的主要內容在強調戰略研究對世界上僅存的幾個民主國家而言，已成為生死攸關的問題。

這版本的撰稿人是由美國與歐洲的學者組成。他們試著追溯馬基維利、希特勒（Adolf Hitler）等關鍵人物的軍事思維演變，[3] 藉此增進人們對戰略的認識。但是，該書也強調第二次世界大戰無法迴避的另一個事實：國家的命運不只取決於戰鬥中的卓越表現。「在當今世界，」厄爾寫道：「戰略是一種操縱和利用某個國家資源（或幾個國家組成的聯盟）的技巧，包括軍隊；以確保能有效地維持重要的利益，並免受敵人的威脅，無論是實際、潛在或假設的情況都一樣。」[4] 這是一門涉及治國方略的多樣化學科，適用於和平與戰爭時期。

《當代戰略全書》強調的觀點是，富勒（J.F.C. Fuller）、李德哈特（Basil Liddell Hart）等英國思想家曾經在兩次世界大戰之間提出：戰略不只是偉大軍事指揮官的專屬領域，也屬於經濟學家、革命家、政治家、歷史學家以及民主國家的公民。[5] 該書說明了如何深入研究歷史，進而認識錯綜複雜的戰略，以及戰爭與和平的動態關係。因此，該書的初版有助於使戰略研究變成現代的學術領域，並針對當前的問題，將過去當作洞察力的主要來源。

如果說戰略研究是熱戰的產物，那麼，冷戰期間則促使了戰略進入發展成熟期。當時，美國變成了超級大國，有負起龐大的國際責任的理智需求。核武革命引人深思的基本問題是：戰爭用途以及武力與外交之間的關係。在許多案例中，新一代的學者紛紛研究並修訂了這門學科所仰賴的歷史知識體系。學者和政治家彷彿透過冷戰難題的稜鏡，重新詮釋了舊作品，例如克勞塞維茲的著作。[6]

經過不只一次的失敗嘗試後，這就是促成《當代戰略全書》第二版於一九八六年問世的背景。[7] 該書由彼得・帕雷特（Peter Paret）編輯，並得到了戈登・克雷格（Gordon Craig）和菲利克斯・吉爾伯特（Felix Gilbert）的協助，內容深入探討核武戰略、激烈叛亂等議題。這些議題已成為冷戰政治的焦點。[8] 該書將一戰和二戰視為獨立的歷史時代部分，而不是時事。第二版著重於美國戰略的歷史發展，同時也重新詮釋了重要的議題和人物。但有趣的是，帕雷特當初編輯的這本書對戰略有相對狹隘的看法，賦予的定義是「為實施戰爭政策而發展、掌握和利用國家的所有資源」。[9] 該書的整體主旨是，人們對軍事戰略的認識變得非常重要，因為現代戰爭的風險極高。

初版和第二版都是經典作品，讀者可以從不同文章中的見解，以及內文分析的西方世界戰略演變中，得到有益的知識。兩者都是聚焦在如何運用學術知識的典範，教育民主國家的大眾，讓他們更懂得捍衛自己的利益和價值觀。雖然，這兩版本的出版年份久遠，但也同時提醒著我們：戰略會隨著時間以及技術的發展而改變。

II

從一九八六年以來，世界發生了巨大的變化。冷戰結束後，美國贏得了現代歷史中無可匹敵的主導地位，卻也面臨著新、舊問題的考驗。核武擴散、恐怖主義、叛亂、灰色地帶衝突、非正規戰爭以及網絡安全的問題，都列入（或再度列入）不斷增加的戰略關切項目表。新的技術和戰爭模式，考驗著受到認可的戰略和衝突模式。曾有一段時間，美國有機會免於強國的地緣政治競爭。但是，這段時期已經結束了，因為中國挑戰霸權，俄羅斯試圖對歐洲平衡進行重大的修正，還有許多修正主義者考驗著華盛頓及其帶領的國際秩序。

如今，全球的現狀陷入激烈不斷的爭議。擁有核子武器的國家之間可能會爆發戰爭，確實令人驚恐。沒有人能保證民主國家在二十一世紀會像二十世紀那樣，在地緣政治或意識形態方面占上風。經過了前所未有的主導時期後，戰略的疲乏效應已緩和下來，美國和同盟國都發現自己處於一個需要戰略紀律和洞察力的時代。

隨著未來變得不樂觀，我們對過去的理解也有所改變。在過去的四十年間，國際政治、戰爭以及和平的學術研究越來越國際化，伴隨著新開放的檔案和新納入的觀點。學者為看似熟悉的研究主題帶來了新的見解，包括經典文本中的涵義、世界大戰和冷戰的起因與過程。[10] 或許這是進行戰略研究的挑戰性時刻，卻也是我們重新認識戰略的好時機。

首先，關於「戰略制定者」是誰以及條件為何的疑問，戰爭的理論家和實踐家仍然十分重要。許多偉大的戰略家都在早期書籍中寫下自己的思想和功績，例如馬基維利、克勞塞維茲、拿破崙（Napoleon Bonaparte）、若米尼（Antoine Henri Jomini）、漢彌爾頓（Alexander Hamilton）、馬漢（Alfred Thayer Mahan）、希特勒、邱吉爾（Winston Churchill）等，全都在這本書中再度出現。[11] 個別的制定者依然被賦予最高榮譽，因為是他們制定和執行戰略，而且透過他們的思想和經驗，我們才能理解每項任務中的堅持不懈。

然而，個人並不是在孤立無援的情況下制定戰略。戰略受到了技術變革、組織文化、社會力量、思想運動、意識形態、政權類型、世代心態、專業團體等的塑造。[12] 例如，美國的冷戰核武戰略是否主要來自末日巫師（Wizards of Armageddon）的巧妙分析，還是來自難以理解、乏味且缺乏人情味的官僚程序，還有待商榷。[13] 或許更重要的是，非西方制定者（孫武、穆罕默德、特庫姆賽、尼赫魯、金正恩、毛澤東等，早期書籍中沒有提到的人物）的戰略思想和行動已發揮影響力，塑造了我們的世界，也影響著我們對這門藝術的認知。這並不是風靡一時或「政治正確」的問題。在陌生的領域尋找戰略，可以防止思想停滯，而這種停滯的原因往往是一再採用相同的策略。

何謂「現代」的概念也改變了。新的戰爭領域已出現。數位時代也改變了情報、祕密行動以及其他存在已久的戰略工具。決策者在未來幾十年關注的議題列表，以及議題對相關的歷史產生的影響，皆與一九八六年或一九四三年截然不同。此外，現代人可以全面研究充滿殺戮和騷亂的二十世紀。冷戰和後冷戰時代都象徵著不同的歷史時期，能教導我們關於核武戰略、反恐行動、流氓國家的生存機制等議題。因此，《當代戰略全書》中有大約一半的文章都在探討二十世紀以後的事件。

最後，何謂「戰略」呢？起初，這個詞是指將領用來智取對手的詭計或藉口。在十九世紀，戰略漸漸與軍事領導藝術有關。後來，在兩次世界大戰和冷戰中，更廣泛的戰略概念變得更普遍，但這種概念仍然主要與軍事衝突有關；[14] 這方面也需要進行修訂。

有些偉大的美國戰略家其實是外交家和政治家，而不是軍人，例如約翰・昆西・亞當斯（John Quincy Adams）和富蘭克林・羅斯福（Franklin Roosevelt）。和平時期的競爭戰略與軍事衝突的戰略一樣重要，主要原因是前者通常能決定後者是否發生，以及在什麼樣的條件下發生。地緣政治競爭在國際組織、網際網路以及全球經濟中展開。財政和祕密行動等各種手段，以及道德等無形因素，都可以變成治國方略的有效武器。甚至連非暴力抵抗的戰略，也深刻地影響到了國際秩序。

更確切地說，戰爭研究和準備措施對戰略的研究仍然很重要。這純粹是因為在用於解決爭端的戰略方面，暴力衝突是最終的仲裁者。當戰爭來臨時，我們的生活確實會受到支配。考慮到當代的國際和平遭遇了諸多威脅，軍事脅迫和有組織的暴力歷史可說是關係重大。但是，如果善於使用暴力的拿破崙帶領國家走向毀滅，而憎惡暴力的甘地幫助國家實現了自由，那麼這無疑是讓我們瞭解到戰略的條件。

III

《當代戰略全書》的努力方向是，試圖理解戰略的持久特性，同時考慮到新的見解和思維方式。這系列共分為五冊。

第一冊《戰略的原點》，其中有許多文章重新探討相關的經典作品，深入研究有爭議性的涵義和持續的相關性，不只鑽研我們對戰略的理解所衍生的長期辯論，也談論到了財政、經濟、意識形態、地理等基本議題如何塑造戰略的實務。無論好壞，這些文章還說明了現代戰略仍然受到不同人的思想和行動影響，而這些人早已離世。

第二冊《強權競爭時代的戰略》，從十六世紀和十七世紀的現代國際國家體制的崛起，延伸到二十世紀的大動盪前夕。本書的內容聚焦在早期的多極化世界中，戰爭與競爭模式在重要的發展背景下如何運作，包括知識、意識形態、技術、地緣政治等，促成了同樣顯著的戰略創新。內文追溯了權力平衡、戰爭法則等概念的興起，而這些概念的宗旨是，同時利用和規範國際體系內的對抗力量。最後，內文探究的戰略是如何抵制當時已成熟或新興的大國，包括北美洲的印第安部落聯盟、英屬印度及其他地方的反殖民主義的理論家和實踐者。

第三冊《全球戰爭時代的戰略》，多著墨在一戰和二戰中的主要思想、教義和實務的發展。內文提到的劇烈變動都是人類不曾見過的，有可能摧毀文明。這些變動使先進的工業社會互相競爭，為了生存鋌而走險的加入長期鬥爭，以無法挽回的方式打破了既有的世界秩序。領導者制定戰略，是為了應對現代戰爭固有的新挑戰和新機會。他們也提出了重建全球事務的願景。而從這些衝突中出現的戰略也同時塑造了國際政治，持續影響到二十世紀末以後的時期。

第四冊《兩極霸權時代的戰略》。二戰結束後，美國和蘇聯變成對立的兩個超級大國，掌控著分裂的國際體系。歐洲帝國解體後，產生了新國家和普遍的混亂局面。核子武器迫使政治家重新思考全球事務中的武力作用，以及如何在和平時期的競爭中利用戰爭方法取得優勢。各地的領導者都必須制定戰略，在全球冷戰時代中保護自己的利益，不只是在莫斯科和華盛頓。本書涵蓋了二十世紀後期的主要議題，例如核武戰略、結盟與不結盟、正規戰爭與代理人戰爭、小國的戰略與革命政權，以及如何融合競爭與外交等。這些議題在現代仍然具有重要性。

第五冊《後冷戰時代的戰略》，也就是以美國主導及其引發的反應為特色的時代。占優勢的美國試圖充分利用本身的優勢；然而，勢力並沒有為戰略的長期困境提供出口，例如平衡成本與風險，或調整手段與目標，同時也不允許迴避競爭對手制定戰略的行動，而且對手的用意是破壞或推翻美國主導的國際秩序。到了二十一世紀初，戰略的普遍認知受到了技術變革的考驗。這種變革將競爭和戰爭帶入新的戰場，並加快了國際互動的速度。因此，本書的內容主要是分析美國霸權時代的戰略問題，以及地緣政治所引發的各種威脅。

這五本書的寫作，作者都有考慮到時限和不受時間影響的部分，包括產生某種思想或行動的具體歷史情境、戰略性的洞察力或想法，不只侷限於特定的背景。書的內容收錄了不少主題式或比對是文章，主要是為了突顯相關議題和辯論的重要性。[15]

整體而言，這五本書中的文章涵蓋了失敗與成功的戰略例子。有些戰略的意圖是為了打勝仗，而有些戰略則是為了限制或拖延戰爭；還有一些戰略受到了宗教和意識形態的影響。某些例子指出，參與者相信鬥爭本身就是一種戰略；無論是否有效，反抗的行為就是一種解放的形式。戰略的類型分為航海與大陸、消耗與殲滅、民主與專制、轉型與平衡。最後得出的結論既豐富又複雜。在重要的議題、事件或個人方面，撰稿人的意見不一定相同。即便如此，有六大關鍵主題貫穿了這五本書及其講述的歷史。

IV

首先，戰略的範疇很廣泛。即使是在一九四三年的全球戰爭中，普林斯頓大學教授艾德華・米德・厄爾（Edward Mead Earle）已意識到戰略非常重要且複雜，不該完全交給將領決定。他的看法在現代變得更重要。不論是俄羅斯總統佛拉迪米爾・普丁（Vladimir Putin）的暴力修正主義；或是中國令人稱羨的海軍部隊，以及強制要重新調整西太平洋秩序的威脅，我們必須理解戰爭及其威脅仍然是人類事務的核心。同樣地，當我們看到北京爭取國際主導權的積極度，這包括在國際組織中掌握主動權、與其他國家建立緊密的經濟依賴網、爭奪二十一世紀重要技術的支配地位、利用情報戰分裂民主社會，以及提升中國意識形態在世界各地的影響力等，就能理解戰略遠比戰爭或其威脅更加多元。[16]

戰略的最高境界是加乘作用：可結合多種手段，包括武器、金錢、外交，甚至是能實現遠大目標的理念。戰略的本質在於將權力與創造力結合在一起，以便在競爭中獲勝，無論這種權力的具體形式是什麼。這意味著當我們想進一步了解戰略時，必須要擴大資訊來源。

第二，探討戰略時需要瞭解政治的重要性和普遍性。這不只是肯定克勞塞維茲經常被誤解的名言：戰爭是政治的另一種延續手段。重點在於，雖然戰略的挑戰普遍存在，但戰略的內容很難脫離產生它的政治體系。

在西元前四三一年的伯羅奔尼撒戰爭中，雅典和斯巴達的戰略植基於其國內制度、傾向以及分歧。拿破崙的軍事戰略創新，是法國大革命帶來的劃時代政治與社會變革的產物。美國第六任總統約翰・昆西・亞當斯（John Quincy Adams）為十九世紀的美國所制定的成功外交戰略，有一部分就是利用美國在國外推行的意識形態力量。至於二十世紀專制君王所追求的地緣政治革命戰略，則是與他們在國內追求的政治與社會革命的戰略密切相關。所有的戰略都充滿了政治色彩，這就是政治與社會變革（民主政體的崛起、極權主義的興起、殖民地自治化的開端）經常驅動戰略發展的原因。

這也是為什麼戰略競爭（strategic competition）不僅是對領導體系的考驗，也是對個別領袖的考驗。關於自由社會是否能勝過不自由社會的辯論，可追溯到修昔底德和馬基維利的時代。這正是美國分別與中國、俄羅斯之間互相競爭的根本問題。這五本書的重要主題（但存在爭議）是民主國家或許在戰略上更具優勢。權力集中可以在短期內展現靈活度和才智，但權力分散終究能創造出更強大的社會，並做出更明智的決策。[17]

第三，戰略的寶貴之處是在意想不到的方面展現力量。即使是最強大的國家，也需要戰略。運用勢不可擋的力量，可說是一種致勝的方式。但，依賴蠻力並不是最有說服力的戰略形式。競爭互動的結果也不一定是由重要的權力平衡所決定。最令人印象深刻的戰略，則是透過創造新優勢來改變力量平衡的戰略。[18]

這些優勢可能來自意識形態的承諾，進而揭開致命的新戰爭方式，例如先知穆罕默德（Prophet Mohammed）在阿拉伯半島的實例；優勢也可能來自聯盟的協調、策畫，例如大同盟（Grand Alliance）在二戰中的謀畫；或者來自巧妙運用多種治國手段，例如特庫姆賽（Tecumseh）在對抗美國向西擴展的戰爭中所展開的行動。此外，優勢還可以來自對敵人的脆弱或敏感部分施壓，例如俄羅斯和伊朗針對非正規戰爭所制定的策略。矛盾的是，優勢甚至可以出自劣勢，例如冷戰時期的小國利用了本身的脆弱，迫使超級大國讓步。此外，優勢也可以出自對賽局性質的獨特見解，毛澤東最後在國共內戰中獲勝，因為他利用區域性與全球的衝突來贏得局部戰爭。儘管戰略可以在行動中被彰顯，但卻是一門很需要智力的學科，才能熟練地評估複雜的情勢和關係，並從中找到重要的影響力來源。

誠然，創造力不一定能使權力的殘酷算計失效。擁有強大的軍隊和大量資金並沒有害處。不過，「變得更強大」並不是有用的建議。也許真正有用的是瞭解優勢來源的多樣性，以及如何透過良好的戰略使局勢變得更有利。

那麼，制定有效戰略的關鍵是什麼呢？長期以來，思想家和實踐家一直在尋找普遍的成功法則。威廉・特庫姆賽・薛曼（William Tecumseh Sherman）說過，「作戰和戰略的原則，就像乘法表、萬有引力定律、虛擬速度定律，或自然哲學中的其他不變規則一樣。」[19] 然而，這五本書的第四個主題是：無論我們多麼希望戰略是一門科學，它始終都是一門不精確的藝術。

當然，書中的文章提出了許多通用的準則和實用的建議。熟練的戰略家會找出對手的弱點，藉此發揮本身的優勢。他們從不忽視保持手段和目標平衡的必要性。知道什麼時候該停下來十分重要，因為自不量力可能會導致嚴重的後果。要瞭解自己和敵人雖是老生常談，卻仍至關重要。如果說，戰略失敗通常是想像力有缺失，那麼戰略家需要找到檢查和驗證假設的方法。[20] 然而，尋找固定的戰略法則通常是行不通的，因為敵人也有發言權。戰略是一種持續互動的投入。其中任何一個具有思維能力的對手隨時可能破壞最精巧的設計。。[21]

以下的文章凸顯了意外無處不在，以及戰略優勢缺乏持久性。希特勒的擴張戰略創造了傑出的成果，直到不再有效為止。在冷戰後時代，美國的主導地位使對手設計出不對稱的應對策略。新的戰爭領域出現後，通常會使戰略家希望能取得永久性的優勢。只有當其他人迎頭趕上時，現實又回到原點。幾乎在每個時代，傑出的領導者都會參戰，並期待在短期的衝突中致勝，但最後卻都陷入漫長又難熬的戰鬥中。

這些都確保了戰略是永無止境的過程。其中的適應性、靈活性以及良好的判斷力，都與任何初步計畫背後的才智同樣重要。或許這就是民主國家在整體上表現得更好的原因，但並不是因為民主國家不受戰略判斷失誤的影響，而是因為他們重視責任，並提供內建的程序修正機會，有助於糾正錯誤。這也提醒了我們，為什麼歷史對良好的戰略很重要：並不是因為歷史揭露了實現卓越戰略的清單，而是因為歷史能舉出在世界上的風險、不確定性以及失敗的打擊下，仍然有許多成功領導者的例子。

這引出了第五個主題：對戰略和歷史不熟悉可能會帶來災難性的後果。如果戰術和軍事行動的掌握最重要，那麼，德國應該會贏得不只一次而是兩次的世界大戰。實際上，兩次擊垮德國（以及在現代的大國對決中經常失敗的國家）的因素都是嚴重的戰略誤判，最終使他們陷入絕望的困境。良好的戰略抉擇，能帶來修正戰術缺失的機會。一連串的戰略錯誤並不明智。[22] 從古至今，戰略的品質決定了國家的興衰和國際秩序。

這就是歷史的價值所在。謙遜地汲取過去的教訓是必要的。我們很容易忘記：「永恆」的文本都是特定年代、地點以及議程的產物，與我們的處境並不完全類似。亨利·季辛吉（Henry Kissinger）曾說道，「歷史並不是一本烹飪書，沒有提供預先測試的食譜。歷史無法產生通用的行事準則，也無法從我們的肩上卸下很難選擇的重擔。」[23]

然而，儘管歷史是個不完美的老師，但它仍然是我們擁有的最佳選擇。歷史讓我們能夠研究哪些優點造就了良好的戰略，以及哪些缺點造成了差勁的戰略。歷史的研究讓我們的知識超越個人經驗，因此，即使是面對前所未有的問題，也不致讓人感到全然陌生。[24] 戰略不能被歸納為數學公式的事實，使這種間接經驗變得更重要。歷史是磨練判斷力和培養成功治國所需的智力平衡的最直接的方式。更重要的是，研究過去能提醒我們：賭注是——世界的命運可能取決於正確的戰略。

這是歷史最重要的教訓。第一版《當代戰略全書》在可怕的暴政統治地球大部分地區，民主生存受到質疑的時期出版。第二版在經歷了一場漫長而艱難的鬥爭、考驗自由世界之際出版。第三版則是在競爭與衝突加劇，專制黑暗似乎即將逼近的時刻問世。我們對戰略歷史的理解越深，在面臨嚴峻未來時就越有可能做出正確的決策。

因此，最後一個主題是：《當代戰略全書》的內容可能隨著時間改變，但其重要目的從未改變。戰略研究是一項深具工具性的追求。由於它關乎國家在競爭世界中的福祉，因此不可能是保持客觀中立的。前兩版《當代戰略全書》的編輯對此事實毫不掩飾：他們明確目的是幫助美國及其他民主社會的公民更好地理解戰略，以便在對抗致命對手時能夠更有效地實踐它。這是在其最具啟蒙意義的形式上的參與性學術研究——這也是本新版《當代戰略全書》今天所希望效仿的模式。

Chapter

1

蘇利、黎塞留和馬扎林：十七世紀法國的均衡戰略

伊斯坎德・雷曼（Iskander Rehman）是華盛頓特區美國外交政策委員會的策略研究資深研究員，負責領導應用歷史和大戰略的研究工作。他擁有巴黎政治研究所（Sciences Po）的博士學位。

一六六〇年六月初，歐洲兩大強權在激烈較勁超過一個半世紀之後，終於願意和解：西班牙的瑪麗亞・特蕾莎（Maria Teresa）與法國路易十四（Louis XIV）結為連理，兩國的聯姻無論是在象徵意義上還是在法律上，都促成了一份總共七十九頁、精心訂定的《庇里牛斯和平條約》（Peace of the Pyrenees）。

這份協議得來不易。《西發里亞和平條約》（Peace of Westphalia）十一多年來雖為歐洲大半地區帶來了易碎的和平，但巴黎和馬德里仍一直在較量。雖然交戰雙方在經濟和道德上都爭得你死我活，但在曠日持久的鬥爭下，哈布斯堡王朝轄下的西班牙已漸露敗象，歐陸的權力平衡已決定轉向對法國波旁（Bourbon）王朝有利的局面。馬德里不僅在西屬尼德蘭（Netherlands）連續吞了敗仗（其中又屬一六五八年的沙丘戰役〔Battle of the Dunes〕尤其慘烈，當時西班牙的法蘭德斯〔Flanders〕軍隊在此役中遭英法聯軍擊潰），另一邊還與其原本統治的葡萄牙人民陷入惡鬥，債台高築的處境也讓令西班牙舉步維艱。

所以說，這場和平會談對於西班牙的與會者來說，可說是個苦樂參半的時刻。在場旁觀的是一位歷經風霜、身穿深紅色衣服的人物：令人敬畏的法國首席大臣樞機主教儒勒・馬扎林（Jules Mazarin）。馬扎林出生於義大利並通曉多國語言，他運用自己的一貫態度——以國家利益（raison d'état）至上的冷淡作風，結合地中海的溫和個性，在談判桌上促成了一份標誌著歐洲地緣政治劃時代轉變的條約，一邊還避開了部分法國強硬軍事派提倡的極端談判作風，他們一直力勸馬扎林從弱小的敵人手中奪下整個西屬尼德蘭。

《庇里牛斯和平條約》是項了不起的成就，其（連同其他舉措）迫使馬德里正式承認法國在西發里亞艱苦談判中取得的成果，讓法國得以大幅擴張領土。而比之西、法兩國於整整百年前（也就是一五五九年）簽訂的另一重大條約《卡托康布雷西條約》（treaty of Cateau-Cambrésis），這份庇里牛斯協議就顯得更加引人注目了。當年《卡托康布雷西條約》的簽署標誌了文藝復興時期義大利血腥戰爭的終結，讓亨利二世（Henri II）蠻不情願放棄了法國在北義的幾乎所有領土，並同意撤離大部分剩餘的阿爾卑斯邊界駐軍。

在財政崩潰的瓦盧瓦（Valois）王朝內部，天主教多數派和胡格諾（Huguenot，信奉喀爾文〔Calvinist〕新教思想）少數派之間劍拔弩張的局勢已悄然升溫，接著法國就陷入了自相殘殺的暴力漩渦，在超過三十六年間就至少打了八次宗教戰爭（確切數字則要取決於計算或定義的方式）。外國勢力也會干涉法國錯綜複雜的國內政治，並插手內戰。西班牙的費利佩二世（Philip II）尤其處心積慮想讓法國處於衝突狀態，他有位顧問就曾喜孜孜地說道：「法國的戰爭為西班牙帶來了和平，西班牙的和平則為法國帶來了戰爭。這都多虧了我們投注的金幣。」[1] 雖然西班牙起初光是向天主教聯盟的叛軍祕密提供軍援和物資就很滿意了，但該國最終還是決定直接以軍事干涉，打算孤注一擲，設法阻撓那瓦拉的亨利（Henri of Navarre，後來加冕為亨利四世）登上王位，但此舉並不成功。法國便是要等到此首位波旁君主的統治時期（一五八九至一六一〇年），才終於迎來了脆弱的和平，並開始療癒創傷和制訂一套連貫的大戰略，過程漫長而辛苦。

本章便將深入探討此復甦過程，以及從一五八九至一六五九年簽訂《庇里牛斯和平條約》這段時間，法國是如何採取「均衡戰略」來尋求「地位」。在這關鍵的七十年間，法國逐漸恢復其傳統的主導地位，並巧妙結合了內外平衡，永久削弱了西班牙的權力基礎。此為歐洲最偉大民族復興行動之一的知識份子史，我們將分析法國治國史上的三位開創元老人物，來講述這段故事：首先是蘇利公爵馬克西米利安・德・貝蒂納（Maximilien de Béthune），這名新教貴族曾於一五八九至一六一〇年亨利四世在位期間擔任各式各樣的大臣職務；第二位則是黎塞留樞機主教公爵（Cardinal-Duke of Richelieu）亞曼・尚・杜・普萊西（Armand Jean du Plessis），他曾於一六二四至一六四二年在路易十三轄下擔任首席大臣；最後就是樞機主教儒勒・馬扎林，他在一六四三至一六五一年奧地利安妮（Anne of Austria）攝政的動盪時期，以及路易十四統治的頭十年（一六五一至一六六一年）期間，均曾擔任法國首席大臣。[2]

這三個人物的性情、專長和個人背景截然不同，但他們都同樣渴望見證強大統一的法國君主王朝能夠戰勝其哈布斯堡敵人；而他們也堅信，要實現這個目標，就唯有設計一個有國際法撐腰，並透過安全保障正式定型的全新集體安全架構。然而，即便他們整體上抱持著這種共有目標，但局勢的激烈進展（尤其是一六四〇年代之後，法國與西班牙力量均衡的變化），最終仍使得法國多少傲慢地背離其最初更為克制的泛歐均衡觀念。確實，路易十四對「領土的貪婪渴望」和霸權野心，最早從馬扎林的治國方略便已有跡可循。更廣泛而言，法國接下來的過度擴張也可作為一則警世寓言，無論是其早期策略成功後便出現的外交放縱傾向，還是在追求地位並同時設法穩定局勢時所面臨的持久挑戰，都於我們有警惕之效。[3]

I

從文藝復興晚期到現代早期，這段時間無論是在政治、知識還是宗教上都發生了劇烈的動盪。早期現代國家的結構越發複雜，中央集權迅速發展，官僚機構也日益精密，以上種種發展都使得長期勞累過度的君王必須找出安全、有效的方式，來分配其權責。從制度上來說，我們可見歐洲各地由大臣及祕書組成的小型統治議會數量激增，各議會往往也都有其錯綜複雜的任命權力及服務對象。寵臣或首席大臣也是於這段時期崛起，其中也不乏冷酷無情、超群不凡之輩，像是西班牙的奧立維爾斯伯爵公爵（Count-Duke of Olivares）、瑞典的阿克塞爾・烏克森謝納（Axel Oxenstierna）或英國的白金漢勳爵（Lord Buckingham）。而無論是在法國還是其他歐洲君主國，寵臣的勢力和壽命，卻都取決於他們與王室頭頭之間精準又往往並不尋常的關係。雖然法國的亨利四世在其統治期間決定不任命任何首席大臣，反而僅仰賴一小群的核心顧問，但他與性格暴烈的蘇利卻維持著熱情而堅定的友誼。蘇利是國王青年時期最忠誠的玩伴之一，也是在宗教戰爭中一同作戰、現已兩鬢斑白的老兵，他們倆親密無間，有著獨特而深刻的情誼，所以蘇利毫無疑問在國家事務上有著無與倫比的影響力。至於黎塞留樞機主教和路易十三，兩人之間的關係雖然不如蘇利和亨利四世如此隨意友善，他們仍是深深敬重彼此（雖然有時是小心翼翼）。而對於四歲便喪父的年輕路易十四而言，馬扎林不僅是一位值得信賴的導師兼顧問，更是一位深受他敬愛的教父，他如父親般的存在令人感到安心。

在文藝復興早期階段，治國之道的本質經歷了深刻的轉變，整個歐洲大陸都開始採取設立常駐大使館的作法（十五世紀中葉由義大利首先施行）。更精密、固定的外交管理形式越發普遍，營造出一種「互相警惕」的新氛圍，駐地大使會一邊悉心注意權力平衡的任一個微小變化，一邊不斷向他們的首都傳遞新消息。[4] 人們普遍認為，歐洲各地的歷史越來越息息相關，在歐陸狹窄的政治空間內，若是考慮不周即在軍事上貿然犯進，就可能會造成有害的連鎖反應。因此，當法國國王查理八世（Charles VIII）於一四九四年入侵義大利，並闖破各國先前精心結成的固有外交紐帶和互相的安全保障時，義大利史學家圭恰迪尼（Guicciardini）便下了這個有名的註解：國王永久地破壞了原有的權力平衡。[5]

這種修正過的國際關係概念也反映出更廣泛的思想趨勢。蓋倫（Galen）的醫學理論在中世紀晚期至文藝復興早期極為流行。該理論認為，身體的健康狀況是動態和多價身體系統中體液持續取得均衡過程的結果，而這種生物上的必然法則，後來也被用於描述「平衡」政治組織的內部運作方式。另一方面，哥白尼日心說（Copernican heliocentrism）的發現似乎又進一步證實了這樣的概念：國際秩序未必是以僵化和靜態的階級制度來表現，而是要仰賴永無休止、精心保持相同步調的芭蕾舞步來維持。最後的重點是，笛卡兒主義（Cartesianism）連同其相關機械哲學的出現，亦是西方思想史上的關鍵時刻，有助形塑出湯瑪斯・霍布斯（Thomas Hobbes）等後來政治理論家的著作。而霍布斯的知名理論，就是將國家形容成一部轟隆作響的巨型機械，而這部龐大的引擎就如人體，「像手錶一樣透過彈簧和輪子」運作。[6]

均衡主義思想在十七世紀初的法國尤其普遍。法國在經歷過恐怖的宗教戰爭之後，蘇利、黎塞留和馬扎林都深感在歐洲營造持久和平的迫切必要，而要實現此種和平，就必須採取自我調節的均衡形式。這三位政治家都篤信典型的法國優越主義（Gallic exceptionalism），他們認為，唯有復興的法國君主制才足以擔當歷史大業、具備推動重組整個國際體系的潛能；所以說，只有這樣的君主制才夠格坐上國際體系中的霸權地位。

這其中涉及了雙重挑戰。首先，巴黎必須取代馬德里成為歐洲的主導力量，甚至若可能的話，還得隔離或截斷西班牙與其奧地利王朝分支的關係。再者，新的波旁王朝也得證明自己能夠扮演有穩定局勢作用的仁慈仲裁者，從而說服歐洲小國認可法國的區域安全願景。如此一來，巴黎才能夠同時被視作均衡局勢上的天秤之一，以及「（此）均衡局勢的把關者」。[7]

II

一五七二年八月二十四日凌晨，警鐘大作，令人寒毛直豎的尖叫聲驚醒了還在睡夢中的小貝蒂納。未來將成為蘇利公爵的小貝蒂納是胡格諾派教徒，他一得知憤怒的暴民正在街道上一戶戶擄掠屠殺新教徒，便即前往附近的一所天主教學校避難，該所學校的校長剛好是他們家裡有往來的友人。這個嚇壞了的十二歲孩子蜿蜒穿過火炬照亮的巷弄和染血的街道，最終到達了學院庇護所的大門。蘇利在回憶錄中如此描述自己眼前所見景像：「暴民破門而入、洗劫民宅，男女兒童都遭到屠殺，一邊還不斷有人喊著：『殺！殺！哦，殺死你們胡格諾教徒！』」[8]

蘇利僥倖逃過了聖巴托羅繆大屠殺（Saint Bartholomew's massacre），此事之後也深深影響著他。這場劫難使倖存下來的小蘇利從此變得熱愛秩序、厭惡狂熱，並強烈渴望能保護法國免受外國干涉，他認為，外國的好事正是大大惡化自己心愛祖國內部分歧的元兇。蘇利後來表示，如果照他的方法辦，歐洲大陸原有的微妙宗教情勢就能維繫不變，因為「我始終認為，真正有望給予、維護歐洲安寧的政治體系，就取決於能否守住這種均衡局勢」。[9]

大屠殺發生之後的幾年，蘇利也繼續接受正規教育，同時還對數學產生了特別的興趣。這位年輕的貴族有著博聞強記的本事，他對數字、幾何和統計的熱忱也將對其未來的官職生涯大有裨益。他人生的第二大愛好就是研究古代歷史。蘇利大量飢渴地閱讀古典歷史學家鼓舞人心的道德著作，他受到的啟發倒不是來自於早期文藝復興時期強調神祕主義和個人啟蒙的新柏拉圖主義，反倒更來自於尤斯圖斯・利普修斯（Justus Lipsius）和紀堯姆・杜・韋爾（Guillaume du Vair）等作家具有公民意識又樸實的新斯多葛主義（Neostoicism）。

一五七六年春天，十六歲的蘇利騎馬踏遍全國，加入軍隊為同為胡格諾教徒的那瓦拉亨利（後加冕為亨利四世）效力，開始他不凡的軍旅生涯，蘇利在主子的旗幟下作戰，直至最終打贏法國內戰為止。隨著蘇利一步步晉升，他也展現出了不起的軍事工程才幹，在塹壕戰和部署坑道等方面都有天賦。那瓦拉的亨利是那時代的頂尖騎兵軍官，他異乎尋常地偏好速度和突擊戰術；而蘇利不畏辛苦又有條不紊的才智，則更適合攻城戰的骯髒苦差事。他也對新型火砲和防禦工事設計的開發及實作培養出濃厚的興趣。蘇利在技術方面的專業知識越發純熟，這在征服敵方據點或應對規模更大的敵軍編制時確實是無價之寶，比方說，在一五八七年的庫特拉（Coutras）戰役中，蘇利共同指揮的機動火砲陣列就造成了可怕的傷亡。

蘇利自身獨特的背景，也使他扮演著重要的調解角色。在亨利四世統治早期，局勢尚且動盪不安之時，新上任的君王曾向前天主教聯盟成員提供豐厚的賄賂和特赦條件，欲藉此統一貴族，蘇利這時就經常於中間斡旋。這位嚴肅的法國喀爾文主義者，巧妙地利用自己跨宗教的龐大人脈與關係，也親自讓一些冥頑不靈的權貴團結起來，以支持波旁王朝的志業。

蘇利也非常善於與自己的新教同胞溝通，他們之中有許多人都對亨利四世於一五九三年改信天主教的決定深感不安。雖然有些胡格諾派的要人拼命勸告亨利不要放棄他們的共同信仰，但總是非常務實的蘇利卻曾私下主張皈依。確實，新統治者對天主教遲來的接納，在許多方面都給了搖擺不定的聯盟反對派一記重擊，使法國分裂的天主教菁英能夠團結起來，一同支持新的波旁君主。亨利四世的統治也因此得以逐漸正常化，最終他於一五九四年正式加冕為王。

在充滿不安的那幾年間，無論是在政治還是財政上，亨利都不得不以團結之名來向以往的天主教反對派讓步。可以理解這樣大方的示好，會讓法國全副武裝的胡格諾少數群體越發感到不安，而亨利四世最終也意識到，自己有必要安撫往日教友日益高漲的怨懟情緒。一五九八年，《南特詔令》（Edict of Nantes）的頒布保住了和平，這份意義重大的文件規定，胡格諾教徒在約莫兩百座指定的城鎮中得享有禮拜自由。個別條款也審慎指出，王室將親自於特定的關鍵新教「安全城鎮」派駐保護軍隊。隨後，為確保人們願意接受《南特詔令》，蘇利也經常在談判中充當新教徒與亨利四世的直接溝通橋樑，同時表明自己會堅守王室權威，若有出現任何受宗教啟發（無論是天主教或新教）的分裂主義跡象，他一概不容忍。

儘管蘇利的外交手段著實優秀，但確立其地位的卻是他驚人的組織才幹。蘇利首先替亨利四世將財務打理得穩妥，接著又擔任國王不可或缺的顧問。其實，蘇利直至今日都還被視為法國舊制度（Ancien Regime）下國家中央集權和控管最重要的推手之一。

亨利四世在法國各地持續征戰時，對這名年輕部下在軍事財政和物資補給方面的幹練心生佩服，並漸漸放心地將戰爭的後勤交由他負責監督。隨著法國的宗教戰爭來到尾聲，蘇利的行政才智也被運用在民政領域。蘇利有著近乎源源不絕的精力，只有讓他嚴格管制公共和私人領域的各個層面，其用之不竭的才智才算是真正找到依歸。亨利四世一掌權，便將挽救財政的艱鉅任務託付給蘇利，這個破產王國的財務狀況正岌岌可危。年輕的蘇利滿懷熱忱地接手任務，他結合狡猾的謀略和直接的恐嚇手段，成功為國王重新協商好大部分欠款。至一五九〇年代中後期，亨利四世顯然認為國內局勢已足夠穩定，是時候能讓胡格諾派貴族進入官場的最高層了。就這樣，蘇利於一五九六年開始正式出席最高層級的皇家委員會議，後又於一五九八年被提名擔任財政總管（superintendent of finance）這樣的重要新職位。此後，他便接續擔下各式新頭銜和官職，往往還快速接連不斷：光在一五九九年，他就被任命為防禦工事總管（superintendent of fortifications）、法國大監管（Grand Voyer de France，負責所有重大公共工程和基礎設施）、砲兵大團長（grand master of artillery）；一六〇二年則擔任皇家建設總管（Surintendant des Bâtiments）；一六〇三年又擔任波亞圖（Poitou）中部大區總督。

蘇利在擔任財政總管時，懷著滿腔熱忱打擊不當的財務管理作風，派遣專員至法國各城鎮和教區進行詳細的人口普查，並鉅細靡遺地表列出每一筆未清償的市政債務。蘇利對於資料和量化分析也異常執著，因而還私下為皇室預算擬定了自己的版本，他接著還藉助包含兩千多個符號的圖例表，為這些資料精心編碼並相互參照。他也促成了從直接稅轉向間接稅制的整體變革，並於一六〇四年開始施行波萊特稅（Paulette），這是一種向政府和司法官員徵收的年度稅。官員只要支付此項特別徵收的稅款，就能享有將職位傳給後代的權利。該措施相當有爭議，從來未有一項舉措能如此助長這種新的政府行政官員世襲制度，這些人又稱「長袍貴族」（noblesse de robe），像蘇利這類老派傳統主義者在表面上都是對他們擺出一副不屑與之為伍的樣子。然而，此制度卻能帶來豐厚的利潤，保障王室能有個穩定可靠的收入來源。蘇利還為軍事行動設立皇家應急基金、穩住以極易波動出名的法國貨幣，更為王國帶來了罕見的預算盈餘，以上種種措施卻都沒有大幅增加弱勢族群的稅收負擔。

蘇利酷愛古雅典哲學家色諾芬（Xenophon）的家戶及財產管理理論，因此在傳統上也被視作法國最熱衷推崇農業者之一。這位胡格諾派領主認為，法國的關鍵優勢正在於其稀奇的氣候、豐富的資源還有肥沃的土壤，這點更勝過較為乾旱的西班牙，他曾為法國的「農耕和畜牧業」作了個知名的比喻，稱讚兩者為「法國的一對乳房」，其價值可輕易媲美「（西班牙掌控下的）所有祕魯礦產和寶藏」。[10]不過蘇利對法國工業發展的支持並不亞於農業。他認為，歐洲在貿易上漸漸相互依存並非壞事，但他們必須秉持著警惕的心態維護「主權」經濟利益，小心應對——甚至是好好利用這樣彼此相依的現實。一六〇三至一六〇四年，法國和西班牙捲入緊張的貿易戰，蘇利為阻止雙方層層疊加關稅壁壘，便因此成了主導談判的角色。剛上任法國大監管的蘇利也負責監督一項龐大的全國性道路、橋樑和運河建設計畫，該計畫的範圍和規模之大是前所未有，在策略上的影響也更加深遠。確實，鞏固王國的防禦能力，以為未來與哈布斯堡王朝再度爆發更持久的衝突做好準備，始終是這位老將首要考慮的問題。

蘇利在擔任防禦工事總管時，曾向荷蘭先前在防禦工事設計上的創新手法取經，盡心大舉整頓法國的邊境防禦（尤其是北部和東部）。在這段時間內，蘇利的軍火宮（Palais de l'Arsenal）總部也漸漸成了巨大的軍械彈藥庫，還是個充滿煙硝味的技術實驗中心。而蘇利在擔任砲兵大團長期間（外國外交官曾暱稱他為「砲手」〔Le Cannonier〕）也致力於為法軍舉足輕重的砲兵部隊現代化和標準化其配備。最後的重點則在於，有位英國大使後來回憶道，蘇利「一直處心積慮想打造一支海軍」，主張將法國轉型為首屈一指的海上強權。[11] 在蘇利的心目中，擴大海軍的主要目的，在於挑戰西班牙在地中海的地位，進而威脅該國與義大利西屬領土的交通往來。這樣一來，若兩國再度開啟戰端，法國也應有能耐持續攻擊西班牙在大西洋另一端的殖民領地，藉此打擊該國的經濟「臟腑」。

日益劍拔弩張的國際情勢，令人感覺必須即刻採取蘇利的措施。一五九八年，法國和西班牙簽署《韋爾萬條約》（Treaty of Vervins），同意暫緩武裝敵對行動。在接下來十二年，至一六一〇年亨利四世遇刺為止，兩國的關係演變成一場冷戰，在暗流湧動的長期競爭中，不時夾雜著衝突一觸即發的緊張時刻。西班牙的費利佩三世（Philip III）繼續暗中支持和庇護叛變的法國貴族；一六〇四年，一起備受矚目的間諜案——有名小職員經查將法國的通訊密碼洩露給西班牙——讓整個巴黎為之震動。同時間，蠢蠢欲動的摩里斯科人（Morisco，係指西班牙格拉納達〔Granada〕被迫改信宗教的摩爾人〔Moor〕）於一六〇二年派遣特使至法國，亨利四世不僅加以接待，雙方還簽署了一份支持他們叛亂的祕密協議。這名國王亦與鄂圖曼帝國的行政高層「高門」（Sublime Porte）商定一份重啟合作的條約，並持續祕密金援荷蘭人，因此得以延續法國反圍堵策略中的兩個長期傳統。確實，前朝的瓦盧瓦法王就曾為了削弱或分化哈布斯堡敵人，而毫不猶豫地支持其夥伴——從心懷怨懟的路德宗（Lutheran）日耳曼諸侯，到鄂圖曼帝國都在其合作對象之列。與這些異端分子或不信基督的異教徒結盟，在當時被法國視為一種必要之惡（雖然只是權宜之計）。然而，法國在經歷了宗教戰爭的動盪之後，亨利四世也必須比瓦盧瓦前朝的國王更加小心行事，以免在外交政策議題上又激起宗教的兩極分化。

雖然蘇利渴望維護《韋爾萬條約》後的和平狀態，但他也只能無奈地接受局勢之無常。

就如該時代的許多政治理論家，他也偶爾會想，若是能發動一場指揮得當的對外戰爭，無論戰況會多慘烈，國家都會醞釀出更大的內部凝聚力，蘇利稱其為「有違常理的副作用」。他曾坦言：「讓王國安定下來的真正方法，就是對外發動戰爭，讓人民可以排解掉王國內的所有動盪情緒，就好比排水溝裡的水。」[12]西班牙畢竟仍然對法國邊境構成嚴重威脅——他們在低地諸國有五萬軍隊嚴陣以待，在義大利倫巴底（Lombardy）另駐有五千大軍。從一六〇〇至一六〇一年，法國出於對其阿爾卑斯山周邊地區的安全考量，因而對棘手的西班牙盟友薩伏依公國（Duchy of Savoy）發動了一場短暫但成功的懲罰性戰爭。法軍藉此掌控了隆河（Rhône）以西的大片領土，俯瞰所謂的「西班牙之路」（Spanish road），而這條路正是連接馬德里在義大利的領地及西屬尼德蘭的細長軍事走廊。上述的情勢發展，加上法國在經歷數十年的相對衰弱之後重振了信心和活力，這都讓西班牙的費利佩三世與其身邊的顧問越發焦慮。蘇利在他的回憶錄中，就曾說過「天秤已經開始過度傾向法國這一邊」，讓西班牙的統治者越來越感到不安。[13]

一六一〇年，隨著尤利希、克里夫及貝格聯合公國（United Duchies of Jülich-Cleves-Berg）的天主教統治者去世，其繼承權問題又將局勢之緊張推至頂峰。這片戰略要地夾在尼德蘭和下萊茵蘭（Rhineland）地區之間，兩個互為對立的聯盟均自稱擁有領土主權：一邊是在神聖羅馬皇帝魯道夫二世（Rudolf II）領導下、且受西班牙支持的天主教聯盟；另一邊則是以篤信新教的日耳曼諸侯為代表、且受法國支持的福音派聯盟（Evangelical Union）。亨利四世突然瘋狂活躍起來，宣布自己決心捍衛所有歐洲小國的「古老自由」，願保護各國免受哈布斯堡王朝的威逼脅迫。法國外交官受命爭取他國的財政和軍事支持，同時在蘇利的監督下集結了一支五萬五千多人的軍隊。然而，正當亨利四世準備動身離開巴黎、並率軍前往前線時，卻突然遭一名天主教狂熱分子刺殺身亡。

近三十年後，因主子身亡而悲痛欲絕的國師蘇利，才特地鉅細靡遺地解釋了國王過度活躍的外交政策。他提出了一個知名論點，稱法國首位波旁王朝君王為對抗哈布斯堡王朝的統治，一直在一種精密的「宏大計策」框架下治理國家。而在此「龐大事業」的支持下，法國也將為了眾國的利益，而強行重組歐陸的地緣政治。法國將湊成各個新聯盟；協助仲裁日益惡化的雙邊爭端；保護弱小自由國度（stati liberi）的古老權利；並確保「奧地利王室（哈布斯堡）」將「再無法掌控整座帝國，無法掌控日耳曼、義大利及低地國家的所有財產」。蘇利直言道，「一言以蔽之」，整個王朝將只會剩下「西班牙唯一一座王國，以海洋、地中海及庇里牛斯山脈為疆界」。[14]而這位退休顧問對法國戰略誇大的事後解釋，則讓當代歷史學家表露出些許的懷疑態度。然而，蘇利的《宏大計策》（*Grand Design*）仍是歐洲治國史上影響深遠的著作。

《宏大計策》呼籲重組歐洲的十五個政治實體（六個世襲王國、五個選舉國家或君主國，以及四個共和國）。蘇利坦率指出，雖然要重塑大陸必須實施大規模的領土調整計畫，但法國「除了因公平分配領土而獲得榮耀之外，別無好處」。[15]這種無私的表現不僅能讓法國成為「歐洲唯一的恩主和仲裁者」，營造國家寬宏冷靜的美好形象，還能防止法國陷入毀滅性的過度擴張。[16]

歐洲各地的代表將組成總議會，負責調解這些新興平衡實體之間的爭端，以及徵收共享資金和軍隊，以實現古老的泛歐洲夢想——復興對土耳其人發起的偉大十字軍東征。蘇利認為，若要實踐歐洲的普世和平，可惜就只能動用破壞體系的武力。這樣的想法與文藝復興時期更早期、更伊拉斯莫斯主義（Erasmian）的國際和諧願景大相逕庭。而這位法國大臣的兩位主要繼任者也持有與他同樣的肅穆信念。

III

亨利四世遇刺一事，是法國歷史上的創傷時刻。法國才剛度過相對安穩的十個年頭，一股深深的不祥預感現在卻蔓延全國，許多人都擔心內戰會重演。且由於國王的兒子路易十三年僅八歲，人們也預期歷史上因少數族群統治而出現的不穩定局勢會捲土重來，兩件事都更加劇了民眾的擔憂。以上可怕的推測卻並未全然有憑有據。許多新教和天主教社群都率先修改其教派共存協議，因而澆熄了立即點燃戰火的可能性。王后瑪麗・德・梅迪奇（Marie de Medici）也迅速行動，她鞏固自己作為攝政王的權威，立刻確認《南特詔令》的效力，並堅持保留亡夫的核心顧問團隊。

然而，蘇利與同事間的緊張角力卻很快便越演越烈。雖然王后曾出於禮貌表示會考慮驕傲的胡格諾派蘇利的忠告，但她卻更偏好其他天主教派同仁，或自己佛羅倫斯寵臣的建議。梅迪奇王后領導下的政府決心奉行更謹慎的政策，以緩解與西班牙之間的關係，信奉新教又好鬥的蘇利，則越來越被視為一種外交累贅。一六一一年二月，蘇利在日益受到孤立的情況下，萬念俱灰地離開了巴黎。在生命的最後三十年裡，被迫退休的蘇利就住在羅亞爾河（Loire）沿岸冷颼颼的城堡裡，無能為力地觀察著法國大戰略的潮起潮落。

梅迪奇王后既有著不討喜的外國人身分，耳根子又軟，這兩個特質使她非常容易屈服於狡詐朝臣的阿諛奉承。達官顯貴察覺到她的弱點，也都在競相壯大自身勢力，他們還發起零星叛亂、勒索王室，迫使王室在政治和金錢上進一步妥協。胡格諾派本就因更親天主教的新政權得勢和蘇利辭職深感不安，這時也漸漸躁動起來。黎塞留在回顧這些年的一片混亂、背刺行為及平庸景象時，便曾評論道：

那時代是如此悲慘，貴族中最了不起的就屬最善於挑撥離間生事者，眾人爭吵不休……比起思考治理國家須採取何種手段，朝中大臣更忙著想方設法自保。[17]

確實，法國一直要等到一六二四年這位樞機主教升任首席大臣後，國家的均衡策略才開始恢復早期的活力和目標。

黎塞留是於一六一四年第一次引起了舉國關注，當時他作為神職人員的代表在三級會議（Estates General）上致詞。那時黎塞留已擔任呂松（Luçon）主教數年，這是個小教區，位於波亞圖飽受戰爭蹂躪的一處角落。而早年挑戰重重的各種牧師職責也讓黎塞留培養出了才智。這位主教當年二十三歲，他在開頭的演講及佈道中，便多次強調彼此和諧共存之必要，並特別指出，他的胡格諾派和天主教鄰人都應該「團結起來，共同對國王表示熱愛與忠誠」。[18] 儘管胡格諾派的信仰具有異端性質，但最重要的是，他們仍都屬於法國公民。黎塞留後來也宣稱，「在國家事務上，法國的天主教徒不應該如此盲目倒向西班牙，卻不願支持自己國內的胡格諾派。」[19]

然而，黎塞留的溫和哲學並沒有套用在國安議題上。這位顧問對國家利益的概念是絕對的獨裁主義，也反映出他本人的專制主義傾向、對秩序的終生渴望，以及對派系主義的不屑。雖然一名善良的基督徒能在私下與人來往時，展現出仁慈寬厚的美德，但對於受煽動叛亂威脅的統治者來說，這卻不會是他們的選擇。同樣的，雖然國家可以在外交中靈活運用戰術，但其總體目標仍應以連貫的思想和統一的目標為基底。[20]黎塞留在寫給某位親信顧問的信中就曾聲稱，自己上任後便全神貫注在「三件事」上：「首先是摧毀胡格諾教派，讓國王能在國內掌握絕對的權力；其次是要削弱奧地利王室（指哈布斯堡王室及其兩個王朝分支）；第三則是免除法國人民的巨額津貼和稅收負擔。」[21]

鎮壓胡格諾派叛亂是黎塞留的首要任務之一。一六二〇年十二月，新教徒曾召開集會，投票決定對政府發起武裝抵抗。黎塞留觀察到，這場法國喀爾文主義抵抗運動在一群厲害將帥的領導下，似乎形成了一個「國中之國」，威脅到法國君主制的存在合法性。一六二七年，王室決意瞄準起義的政治中心，並派遣皇家部隊圍攻拉羅雪爾（La Rochelle）。這次大規模軍事行動便是由黎塞留負責監督，國家更為此投注大半的軍事資源。最終，波旁王朝戰勝了叛亂分子與在背後支持反叛的英國人，這不僅加速瓦解了與王室統治對立的新教反對派，在其他歐洲各領袖眼中，年輕的路易十三也看來更具有軍事歷練了。勝利之後，法國擬定了《阿萊和平條約》（Peace of Alais），其中廢除了胡格諾派以往的大部分政治特權（尤其是握有自主軍力的權利），同時間繼續允許他們享有相對的宗教自由。

首席大臣鎮壓叛亂之舉，卻是法國為減少境內的其他權力中心，或非屬於法王的忠誠準則而採取的其中一項舉措。當局不僅擴張了叛國罪（或冒犯君主罪〔lèse-majesté〕）的定義，隨後更推出一連串政策，為的就是削弱法國貴族反抗王權的能力。一六二六年，國王下令摧毀所有非位於國家邊境的堡壘，不管城主的宗教信仰為何。黎塞留在同一年也頒布一項極不討喜的禁止決鬥法令，意欲消除助長自相殘殺的冤冤相報文化。

在宗教戰爭的過程中，法國的國安菁英形成了各有主張的兩大陣營：其一是支持國家團結、宗教寬容，以及大力圍堵哈布斯堡王朝的「政治派」（politiques），又稱「善良法國派」（bons français）；另一個則是更信守天主教教條的「信徒派」（dévots），主張打擊異端，並支持與馬德里及維也納達成協議，或甚至是結盟。黎塞留上任時，信徒派早已因親天主教梅迪奇王后權力空白期的加持，而壯大了勢力。法國也正經歷著天主教恢復元氣的陣痛期——這是個名副其實的黃金時代，靈性上的復興於此時滲透到社會的各個層面。於一六一八年爆發的三十年戰爭，只是更加劇了法國輿論的兩極化，令人們開始擔憂，法國若過度干涉外國事務會招致宗教上的暴力衝突。同時，路易十三也不同於他極度務實的父親，這名國王非常虔誠，有時還會因黎塞留外交政策中更有道德爭議之面向，而受到良心的譴責。黎塞留最早的傳記作者就曾打趣寫下這段名句：「國王六平方英尺的私人書房，給他帶來的憂愁比全歐洲還要多。」[22] 樞機主教黎塞留的身邊有一支「政治文學大軍」，裡頭集結了全國最厲害的辯論家和政治理論家，他也發起一場鍥而不捨的宣傳運動，為的就是捍衛法國的大戰略。[23] 黎塞留的目標在於，透過促進整體「基督教世界的和平」（repos de la Chrétieneté）並抬高法國君權維護秩序的神授地位，來證明「國家的利益與宗教的利益一致」，這點並不同於信徒派的論調。[24]

對黎塞留而言，在與西班牙的競爭中，時間珍貴無比。這名樞機主教相信，巴黎應扶植可派上用場的代理勢力，藉此爭取時間並削弱敵人哈布斯堡的實力。而只要這麼做，法國更加集權的政府體系及其優越的經濟和人口資源，最終就能讓法國成為勝出的一方。[25] 蘇利曾強調法國因其糧食安全和工業上的自給自足而享有優勢，黎塞留則著重於其獨特地理位置帶來的額外軍事之便。西班牙轄下的領土分散，因此該國非常仰賴交通線路，這些線路無論是在海上還是陸上，都構建出整座帝國幅員遼闊的連結系統。其實，法國表面上四面受圍的處境若能善用，也會是一項優勢，因為其集中特質和優越的內部交通動線，也讓法國有能耐選擇性切斷西班牙軍事系統中「栓塞的動脈」。

黎塞留就如前任大臣蘇利，一樣強調海上力量和培養強大海軍之必要。這不僅能威脅到西班牙的跨洋後勤系統，還能逼迫該國將有限資源和人力儲備轉向保衛其沿海城市。儘管黎塞留的海軍擴張計畫不能說是一帆風順，但至一六三五年，這位身兼多職的首席大臣，卻也已成功打造出一支在地中海令英國海軍黯然失色、更可與西班牙匹敵的海軍。

黎塞留在上任的頭十年，優先考慮的都是「隱蔽戰爭」（la guerre couverte），而非「公開戰爭」（la guerre ouverte）。他奉行的戰術著重拖延、限制軍事介入，並於法國外部鄰近區域表現出慎重的自信，同時間也藉由援助他國的戰事，從遠處設法削弱哈布斯堡王朝的權力。這麼做不僅成本高昂，使得法國必須向其代理勢力投注越來越多的資金，在外交上也是有著重重挑戰。法國派出了最厲害的外交官，負責為巴黎裁決其盟友與第三方（如波蘭和瑞典等）之間的爭端並鞏固協議，使第三方勢力能將其大部分軍事資源轉移回日耳曼戰區。在間諜和外國使節龐大網路的協助下，黎塞留的目標是要避免法國與統一的哈布斯堡敵人突然陷入全方位的大戰。至於神聖羅馬帝國這一邊，法國的首要目標則在於維持其處於可控的不均衡狀態——在選帝侯（prince-elector）之間挑撥離間，削弱帝國的權威。

這段時期最嚴重的危機，就發生在各強權利益的激烈交鋒處，有時是為了爭奪掌控連接倫巴底和西屬尼德蘭的瓦爾泰利納山谷（Valtellina Valley），有時則是爭相要繼承毗鄰米蘭（由西班牙控制）的曼托瓦公國（Duchy of Mantua）。在各衝突中，軍事行動都是經過精心策劃，且是於第三方領土發起，目的就是要避免法國和西班牙之間的衝突升級為正式宣戰。

雖然，法國在軍事實力上最令人敬畏的夥伴（如瑞典或尼德蘭聯省共和國〔United Provinces〕）均屬新教徒，但巴黎卻必須讓自身戰略予人均衡的觀感，而非過度偏向於特定的教派聯盟。所以說，法國也在日耳曼耗費了大量精力，在巴伐利亞馬克西米利安公爵（Duke Maximilian of Bavaria）的領導下建立一個天主教反對黨，並建立了以威尼斯和薩伏依為核心的義大利聯盟。結果，要管理這樣一群在領土和宗教野心上都相互競爭的相異夥伴還是行不通的，黎塞留只能不情願地優先照顧與瑞典的聯盟，並將與巴伐利亞的聯盟擱置一旁。這位樞機主教的身邊都是法律專家，他強調應遵守法律解決領土爭端，並且拒絕接受部分同胞在外國領土上提出的古怪修正主義主張。他反倒試圖沿著法國邊境編織一張保護國網，保證會捍衛這些較弱小的實體，以換取過境權，或是在具地利之便的據點派駐小型駐軍，而這些據點通常都俯瞰著西班牙之路的關鍵路段。儘管法國在黎塞留的領導下得以擴張領土，但這位樞機主教的主要目標卻在於保住通往敵方領土的門戶，而非追求沒有節制的擴張主義。

一六三四年，在諾德林根戰役（battle of Nördlingen）中，西班牙帝國聯合軍隊徹底輾壓瑞典及瑞典的新教日耳曼盟友。這讓歐洲的權力格局產生了巨變，外國盟友越發絕望，國內主戰派的呼聲也越來越高，這樣的雙重壓力也逼得黎塞留只能蠻不情願地從「隱蔽戰爭」轉向「公開戰爭」。一六三五年三月，西班牙佔領法國的保護國特里爾（Trier），連帶屠殺法國駐軍並綁架當地的大主教選帝侯，這讓黎塞留在法律上有了完美的干涉理由。一六三五年五月，法國正式向西班牙宣戰，宣稱西班牙毫無掩飾的侵略行為既「違反國際法」，也「侵犯了所有基督教諸侯的利益」。[26] 又一次，法國將自己定位為小國自由的勇敢捍衛者，以及對抗哈布斯堡王朝霸權的偉大堡壘。

在黎塞留任職期間，法國大舉建設軍力。當初蘇利為尤利希的王位繼承戰煞費苦心才集結了五萬五千名士兵，如今法國更能派出十萬多人了。這名首席大臣也更加集中控管法國軍隊，組建一支專門的公務員軍團來作為王室權威的代理人，並與法國將領在戰場上並肩作戰。縱使有這些改革，法國在戰爭開始時的表現卻充其量只稱得上是普通。一六三六年，法國大難臨頭，哈布斯堡王朝的軍隊深入法國領土，攻下距巴黎不到七十英里的科爾比鎮（Corbie）。然而，在路易十三英勇領軍作戰下，遭圍困的法軍最終重振元氣，衝突演變成一場慘烈的消耗戰。黎塞留和他的西班牙對手奧立維爾斯伯爵公爵都深知自家官僚機構的不足，難以擔下這種持久戰。因此兩人都盼望著對方的政權能在國內的離心壓力下首先瓦解。

雖然黎塞留非常成功地擴大了稅收規模和範圍，但他廣泛的國內改革卻極不受脾氣暴躁的貴族歡迎，也不討處境艱難的農民喜歡。隨著戰爭持續，法國發生了大規模的農村起義，迫使當局重新調度數千名法國士兵。菁英階層也越來越反對黎塞留的反哈布斯堡政策，一六二四年，這位樞機主教還差點因西班牙煽動的陰謀而遭到推翻和謀殺。

然而，黎塞留最後贏下了這場戰略賭注。隨著皇帝斐迪南二世（Ferdinand II）去世，繼任的兒子斐迪南三世也較為奉行和平主義，西班牙已無法再依賴相同水準的帝國軍事支援了。南美銀礦的產量開始下降，西班牙的金銀運輸船現在也經常遭到荷蘭的船隻攔截。同時間，黎塞留手下間諜所精心培植、監控的分離主義運動也變得更加兇狠。一六四〇年，葡萄牙與加泰隆尼亞（Catalonia）都起身反抗卡斯提爾（Castilian）統治者並與法國結盟，伊比利半島（Iberian Peninsula）陷入了有分離之虞的緊繃局勢。三年後的一六四三年，法軍於法國東北部的羅克魯瓦戰役（battle of Rocroi）中殲滅了一支更大規模的西班牙軍隊，這就是法西競爭的轉捩點。

然而，黎塞留卻無法親眼目睹這一切。早在一六四二年十二月，殫精竭慮、憔悴不堪的他就已身染多種疾病而去世了。有傳言說，當國王最後一次拜訪這位日漸虛弱的顧問時，樞機主教黎塞留仍氣咽聲絲地說道，他知道自己已為王國爭取到「前所未有的最高榮耀和名聲，也重挫了國王的所有敵人」[27]，因此可以安心地死去了。

IV

後來人稱馬扎林的馬薩里尼（Mazzarini）本來自於義大利阿布魯齊（Abruzzi）。他的成長歲月於羅馬度過，當時也為權大勢大的貴族家庭服務。在曼托瓦王位繼承危機期間，教宗烏爾班八世（Pope Urban VIII）曾委託馬扎林協助西班牙和法國商議停戰。在漫長的討論過程中，樞機主教黎塞留也對這位談判員的靈活頭腦和四射的熱情留下了深刻印象。於是，黎塞留開始悄悄誘導馬扎林進入法國的軌道，向教宗稱讚他，並鼓吹選他為駐巴黎教宗特使（papal nuncio）。一六三九年，這位受法國首席大臣提攜的後進拿到了歸化書——還獲得充滿法國風味的新名字：儒勒・馬扎林——並正式開始為法國王室服務。據稱黎塞留臨終前還曾敦促路易十三重用這名義大利人，並指出「他的才智足以統治四個帝國」。[28]

六個月後，路易十三跟隨他的顧問去世了，奧地利安妮王后成為攝政王，法國重新進入少數族群統治的時期。馬扎林一直小心翼翼、默默地扶植這位土裡土氣的太后和她四歲的兒子，而出乎許多當代人的意料，他很快就被任命為攝政政府的首席大臣了。

黎塞留純粹是仰賴其人格特質來掌管法國政府，馬扎林則更偏好勸誘、運用魅力及操縱局勢。他相對而言屬於法國政局的局外人，因此也不太熟悉法國部分機構的晦澀傳統。也許有一部分正是因為這樣，馬扎林才似乎經常在經濟和政治上動用不正當的誘因來購買他人的忠誠。老實說，雖然十七世紀的政府都不乏財政貪污行徑，但馬扎林領導下的政府的確更能容忍貪腐。雖然先前的蘇利和黎塞留都會持續關注內外局勢平衡的複雜相互作用，但馬扎林的關注焦點則更為狹隘、更自利，這位大臣還經常指派他人處理較平凡的國內政策議題，自己則專注於外交和更廣泛的戰略。這種更孤立又不道德的治理方式，最終將使王國付出高昂的代價，加劇派系之爭、激起普遍的騷亂。

話雖如此，馬扎林的政策剛開始看起來卻極為成功，似乎有效延續了前任大臣的政策。在新生代厲害將領的領導下，法國軍隊深入日耳曼和低地諸國，沿著萊茵河建立了一條由小型堡壘組成的強大防禦鍊，還佔領了敦克爾克（Dunkirk）這座重要的港口城市。法國持續穩定軍援葡萄牙和加泰隆尼亞的游擊隊，絆住了西班牙軍隊，阻撓他們增援搖搖欲墜的法蘭德斯前線同胞。這位樞機主教大臣也延續法國波及廣泛的仲裁政策，協調敵對鄰國之間的關係，並為丹麥和瑞典談成了重要的和平協議，接著拉攏哥本哈根與巴黎結盟。法國也採取各種手段來進一步從東側施壓於維也納的哈布斯堡王室，像是支持外西凡尼亞（Transylvania）

新教親王拉科齊．喬治一世（George I Rákóczi）發起的叛亂，還有讓波蘭的瓦迪斯勞斯四世（Wladislaus IV）與法國公主聯姻。

儘管法國仍持續於全歐陸猛攻哈布斯堡王朝的兩個分支，三十年戰爭也漸漸接近了尾聲。早在一六四〇年，厭倦戰爭的皇帝斐迪南三世便呼籲各國召開重大國際和平會談。四年後的一六四四年，各國代表團開始陸續前往明斯特（Münster）和歐斯納布魯克（Osnabrück）兩座西發里亞城市展開談判。

黎塞留於晚年時曾為法國的談判團隊擬定一套明確指示，為「基督教世界的整體和平」提供了令人信服的藍圖。其目標在於實現真正的普世和平，將此目標載入一份共同條約，沒有任何一個歐洲列強能夠置身事外。要營造更健康的平衡狀態，就得削弱哈布斯堡王朝的霸權地位，以及在日耳曼和義大利這兩個歐洲政治最破碎、又最容易起衝突的地區建立兩個獨立聯盟。和平不能僅靠法國的軍事實力來守護，還得仰賴某種形式的集體安全保障才行。而關鍵在於，波旁王朝的重點盟友將密切參與條約之協商，法國本身的領土主張也會受到限制，並遵循國際法為基礎。

馬扎林上任的頭幾年，似乎大致上都遵循已故前任大臣的指導。然而隨著時間過去，他的行為卻出現了令人憂心的過度自滿跡象。雖然亨利四世和路易十三都刻意避免將觸手伸到倫巴底平原以外的地區，但馬扎林卻開始將資源投入義大利，一個終究是地處外圍的戰區。一六四六年，法國發起一場耗費巨資的戰役，其甫經擴充的地中海艦隊奉命沿義大利海岸線發動一連串大規模兩棲攻擊。首次的重大海軍交鋒卻是以災難作結，隨後的位置優勢也轉瞬即逝。一六四七年，馬扎林支持的那不勒斯起義（Neapolitan Revolt）更加短命，西班牙人僅花七個月就重新征服了這座城市。

馬扎林變得越來越驕矜自大，這點在外交領域上最是明顯。一六四六年，這名樞機主教提出與西班牙達成一項領土「大交易」（grand bargain）的想法。馬扎林不顧手下特使的反對，硬是祕密聯絡馬德里，向對方提議以法國佔領的加泰隆尼亞換取西屬尼德蘭。法國外交大臣德利昂（de Lionne）曾嘟囔道：「他得意地籌劃著，讓人覺得他都因自己美妙的計畫而陶醉了。」[29]法國首席大臣對於法國北部腹地的地理弱勢非常執著，希望能一舉爭取到更大的戰略空間，併吞富饒的鄰國領土。

馬扎林突然如此明目張膽地大行擴張主義，這不僅明顯背離兩位前任大臣更節制的領土安全概念，也與黎塞留以往再三強調的同盟會談和爭取世界和平之必要背道而馳。而馬德里這頭立刻就與高采烈地向荷蘭人透露了馬扎林的提議，尼德蘭共和國得知自己被所謂的盟友蒙在鼓裡，因此憤而與西班牙簽署了單獨的和平協議。這種結局對法國而言是一場外交災難，更給西班牙壯起膽子。現在，西班牙可以將駐紮在尼德蘭的部隊轉向其他行動了，還長期離間了法國的一位重要盟友。最重要的是，法國也因此重啟內戰。

事實上，批評黎塞留和馬扎林的人長期以來都指出，這兩位樞機主教是為了一己之私而持續與哈布斯堡王朝鬥爭，目的是要壯大自己對國王的影響力，並保住手中的緊急權力。義大利一役慘敗使得法國付出了高昂的代價，西屬尼德蘭的紛爭也令人尷尬，兩件事使得這類批評的論點更讓人信服。同時間，人們對戰時稅收和馬扎林手下金融家的掠奪行為，也越來越感憤怒。

一六四八年八月，巴黎爆發動亂，憤怒的巴黎人走上街頭，抗議馬扎林拘留三名反對其政策的巴黎國會議員。由此引發的連串內戰和「貴族」戰爭被稱為「投石黨之亂」（La Fronde），此事不僅影響到馬扎林權威的存亡（這名樞機主教被迫引退流亡兩次），也威脅到西發里亞法國談判團隊的信譽和成效。[30]不意外，西班牙也在競爭對手陷入混亂的同時，乘機突然退出西發里亞的雙邊談判，重新挑起更激烈的戰役，並支持法國帶頭叛變的領袖。法軍在各關鍵戰場都折損慘重，位於格拉沃利訥（Gravelines）、敦克爾克、巴塞隆納、卡薩萊蒙費拉托（Casale-Monferrato）的堡壘，也因物資越發短缺而如骨牌一樣連鎖倒塌。

一六五三年，投石黨之亂終於結束，馬扎林也重新完全執掌政府，這時法國的處境卻比五年前更加不利。往前推至一六四八年十月，法國代表曾與神聖羅馬帝國簽訂《明斯特條約》（Treaty of Münster）。整體而言，這份條約確立了法國的利益，包括鞏固該國在萊茵蘭的地位，並正式承認其對梅斯（Metz）、圖勒（Toul）、凡爾登（Verdun）的主權，也認可布萊薩赫（Breisach）和菲力普斯堡（Philippsbourg）這兩座亞爾薩斯（Alsace）的要塞城市應歸屬法國。重點是，神聖羅馬帝國皇帝也將自身在上、下亞爾薩斯的特定權利讓給了法國王室（雖然約定得模棱兩可）。然而，法國如今卻似乎更難以與西班牙維持和平，更遑論要實現黎塞留和蘇利夢想中的普世和諧了。法國不僅丟掉一些最具戰略地位的堡壘，其最難對付的將軍、狡詐的孔代親王（Prince de Condé）還是西班牙軍隊的統帥。另一方面，費利佩四世也終於壓下加泰隆尼亞的叛亂並驅逐了法國軍隊。

可是在這時候，法國王朝在經歷多年的內部衝突後，在政治上卻已大有成長，還擁有一位剛成年又充滿魅力的年輕國王。而另一邊的西班牙統治者卻是個體弱多病、越來越難以捉摸的君主，他完全被重新征服葡萄牙的復仇慾望所吞噬。儘管西班牙最近於戰術上取勝，但在該國逐漸衰落的背後，卻有著不容忽視的結構性原因：人口數穩定下降、當地工業不發達、海外財富的供應減少、農業也無法自給自足。然而最終將西班牙逼入絕境的，卻是其在國際舞台上的孤立地位。

在投石黨之亂發生後的幾年間，法國和西班牙都渴望能想出某種辦法，來打破這種雙方互耗的僵局，兩國也因此開始有了大膽的想法，考慮拉攏當時仍為人不齒的國家——新建的克倫威爾共和國（Cromwellian republic）。英格蘭在經歷了十年內戰之後，憑藉其高度專業化的新模範軍（New Model Army），以及擾亂法蘭德斯沿岸航運的能力，搖身成為十七世紀中葉的關鍵搖擺國家。馬扎林手下的間諜一直在關注著費利佩四世討好克倫威爾的笨拙舉動，而他決心要搶先西班牙一步，不惜與英國這位新教徒兼弒君者結盟。一六五五年，巴黎和倫敦於英國西敏寺（Westminster）簽署「和平、友善及交流」條約；一六五七年，此協約在《巴黎條約》的支持下變得更加正式，雙方同意組成法英聯合軍隊，在法蘭德斯向西班牙發動戰爭。有趣的是，克倫威爾在私下解釋他為何會選定與法國結盟、而非西班牙時，曾表示這是因為法國自《南特詔令》通過之後，就一直保有更偉大的宗教寬容傳統。也就是說，亨利四世和蘇利當年的溫和立場還有對宗教共存的追求，在超過半世紀後竟成了一項關鍵的競爭優勢。

對西班牙來說，兩國的新聯盟是場不折不扣的災難。如今西班牙的處境，用某位沮喪編年史家的話來說：「就好比周圍布滿了蒼蠅的蜜糖罐，周圍環伺著敵人。」[31]馬德里失去了對西班牙和法蘭德斯之間海域的掌控權，還受制於法國、英國和葡萄牙之間新訂的三重協約。

一六五八年六月，英法聯軍在沙丘戰役中將西班牙軍隊打得落花流水，為《庇里牛斯和平條約》鋪下了道路。數年後，英國有位保皇黨作家感傷地指出，克倫威爾與巴黎結盟的決定，是將法國推向至高無上地位的最關鍵因素，因為這個決定「讓後者（指法國）在基督教世界中變得太過強大，也因此打破了西班牙和法國兩個王室之間的平衡」。[32]

沙丘戰役的同一年，馬扎林也成功實現自己的另一個關鍵目標，建立了「萊茵同盟」（League of the Rhine），此防禦聯盟由近五十位日耳曼諸侯組成，連同各諸侯在萊茵河對面沿岸的城市，全部都與法國站在同一陣線。儘管這位樞機主教大臣有種種缺點，但至他去世時，巴黎也已登上了無與倫比的實力地位。傑出的中央集權者蘇利重新建構出法國權力的骨幹；運籌帷幄大師黎塞留讓法國的權力戰略更加完善；談判專家（儘管並不完美）馬扎林則正式讓法國重登首要高位。對法國和歐洲來說，如今的問題在於，勇猛的年輕法王，會選擇如何運用這樣辛苦爭取來的嶄新主宰大位？

V

一六六一年，路易十四聽到教父去世的消息後，起初還感到鬱鬱寡歡，但他的心境很快就有所轉變，路易十四發現自己現在可以獨立行事了，這似乎讓國王重振了活力，幾乎可說是感到解脫。路易十四後來也坦言，如今他覺得自己能夠隨心獨立治國，「樞機主教馬扎林已經去世，無法再限制他（路易十四）實踐自己長期以來的希望、應對自己長期以來的恐懼了。」[33]

國王召集內閣，告訴大家，今後他打算親自處理國家的所有重大事務。此後路易十四的權力將不受約束，也會變得非常個人化。而從很多方面來說，後來延續了半世紀的專制統治，確實是肇因於蘇利、黎塞留及馬扎林為中央集權而採取的各種行動，這個結果雖然並不恰當，卻合乎邏輯。然而，路易十四與兩位先王及其顧問的不同之處在於，他一心追求歐陸霸權，全然無視任何均衡的概念。馬扎林死後幾個月，國王首次展露出自己的外交手段。當時西、法兩國的官員在倫敦大打出手，場面鬧得很難看，結果路易十四威脅道，除非西班牙卑躬屈膝地道歉，並放棄在所有歐洲國家的外交優先權，否則法國便要吞併西屬尼德蘭。費利佩四世被迫妥協，這種羞辱人的場面也體現出歐洲新近傾斜的權力動態。

儘管太陽王的統治宏偉無比，但這樣長期的統治，卻也是全歐洲承受巨大苦難和動亂的時期。路易十四在位七十二年，其中有五十年都在發動戰爭，此種明目張膽的專橫舉動，亦使得各國組成一系列制衡聯盟來逐漸孤立法國。國王不平衡和不節制的傾向，也悲哀地反映在國內政策上。一六八五年，路易十四正式廢除《南特詔令》，因而瓦解了由祖父立下、長達一世紀的宗教寬容傳統。法國對胡格諾派的野蠻鎮壓，不僅疏遠了長久以來的新教盟友，還使得國內許多最優秀的工匠、金融家和軍官大規模出走，其中有許多人隨後轉而投靠法國的敵人，因而壯大了敵國，並振興他們的經濟。

路易十四似乎遲至晚年才意識到自己的錯誤，他告誡繼任者不要驕矜自大、務必讓法國與鄰國和平共處，也別讓老百姓承擔無止盡的戰爭所帶來的苦難和代價。然而這時已經太遲了。王國破產，其侵略戰爭長久以來早已讓鄰國懷恨在心，同時滋養出一種危險的新型反法日耳曼民族主義，這種情緒也逐漸壯大。蘇利、黎塞留和馬扎林傳承下來的均衡和謹慎治國觀已徹底白費，法國未來的國安局勢也將面臨淒慘的下場。

Chapter

2

多極世界中的代際競爭：威廉三世和安德烈赫丘勒・德・弗勒里

麥特・舒曼（**Matt J. Schumann**）於二〇〇五年取得了艾希特大學的博士學位，目前在東密西根大學和鮑林格林州立大學任教。曾出版關於跨大西洋七年戰爭的著作，以及英法戰略性競爭的歐洲大陸與大西洋方面的相關著作。

歐洲的外交關係於十七世紀早期經歷了重大改變，其影響深遠，延續至今。人們通常認為這時代的國家體系與《西發里亞和平條約》（一六四八年簽訂）密切相關，也通常會將之與教宗、哈布斯堡王朝爭取歐洲霸權之舉（也就是當時宣傳家所說的「普世君主制」〔universal monarchy〕）互相比較。[1] 隨著歐洲強權政治跳脫早期的基督教統一願景，各國之間的社會習俗也慢慢有了法律的效力。在此過程中，歐洲也出現新的衡量指標，以用於評估和認定政府與王朝是否合法、領土主張是否正當，用來衡量損害賠償及表達敬意的規矩，另也用於規範從商業到戰爭等種種國家行為。國際禮儀也跟進仿效，所以說，除了軍事榮耀之外，成功的國家還有賴於健全的機構和外交技巧，亦有賴於國內外政治的代際戰略。

英國和法國是這種政權下兩個較成功的國家。他們應對自身戰略競爭、歐洲時時都在變動的聯盟關係和多極權力結構的方式，往往多採用短時間的權宜之計。然而，一些目光長遠的政治家亦明白，國家有必要制定或推行更歷久不衰的戰略原則。國王威廉三世（William III）於此種國家體系內治理，首先是提升了荷蘭的威望，後來又賦予英國未來在國際舞台上的合法性。同時間，另一頭的樞機主教安德烈赫丘勒・德・弗勒里（André-Hercule de Fleury）亦扮演著核心要角，他就如其他幾位樞機主教政治家前輩一樣，饒富創意地重新訂定了法國各地權力政治遊戲的規則和工具。

I

從航海家迪亞士（Dias）和哥倫布（Columbus）的遠航到三十年戰爭的摧殘，漫長的十六世紀為歐洲的世界觀和外交關係帶來了重重挑戰。喧囂的宗教改革和大規模的跨洋探險撼動了早期普世教會的形象，隨著薩拉曼卡（Salamanca）一派學者提出神權與政權分離的理論，還有法國的尚・布丹（Jean Bodin）提出以國家主權作為基礎的公民秩序，作為教宗權威下統一政治結構的「基督教世界」也越來越明顯衰落。[2]雖然教會的分裂於全歐洲引發了暴力，但法學家阿爾貝里科・真蒂利（Alberico Gentili）卻觀察著國家間社會習俗逐漸積累及編纂成整套國際法典的過程，並從中推導出一套理論。[3]

也許布丹在不知不覺中也跟隨了法蘭西斯科・蘇亞雷斯（Francisco Suárez）和法蘭西斯科・德・維托里亞（Francisco de Vitoria）等薩拉曼卡學者的腳步，提出無論有何種其他考量，各國均擁有平等的尊嚴和平等的生存權利。[4]法國政治作家艾默里克・德・克魯賽（Émeric de Crucé）按類似的思路對國際社會提出了理論闡述，荷蘭的雨果・格勞秀斯（Hugo Grotius）也針對國際法得出相同理論。這些思想共同標誌著十七世紀初歐洲思想的趨勢，眾思想家設想出一個由各國家組成的社會，遵守各國共同訂定的基本規則來處理彼此間的關係和野心。

基督教在歐洲文化中仍有著強大的影響力，但它卻進入了漫長的衰落過程，成為共有認同感與願望的象徵。一五九八年，蘇格蘭的詹姆斯六世（James VI）著書探討國王的神聖權利，但神聖意志詮釋方式的差異卻引起了嚴重的暴力行動。[5]狂熱天主教徒曾嘗試暗殺詹姆斯（一六〇五年）、法王亨利四世（一五九三至一五九四年，於一六一〇年成功）及威尼斯政治家保羅・薩琵（Paolo Sarpi，一六〇七年）；一六一二年，天主教、路德宗及聖杯派（Utraquist）之間的鬥爭讓神聖羅馬帝國的天文學家約翰尼斯・克卜勒（Johannes Kepler）選擇離開布拉格；一六一九年，喀爾文主義與阿民念主義（Arminianism）雙方的爭端害死了荷蘭政治家約翰・范・奧爾登巴內費爾特（Johan van Oldenbarnevelt），格勞秀斯也因此鋃鐺入獄，然後流亡異鄉。

同時，國家的形象和威望——還有準社會、世俗國家間關係的形象和威望——顯然也依序出現了。格勞秀斯在《戰爭與和平法》（Law of War and Peace）一書中闡明了外交關係的理性道德，克魯賽則主張多邊主義和組成外交代表大會。[6]相反的，尚・德・西隆（Jean de Silhon）則向黎塞留的國家利益觀點取經，並針對國安需求上獨有的道德邏輯構思出一套冷酷務實的作法：「在良心與時勢所逼之間取得一個平均值。」[7]

後來的理論家也繼續拓展這些基本思想，但直到革命時代之前，這些奠定了新興國際法基礎的原則基本上一直延續不變。一七一三年，夏爾・伊雷內・卡斯特・德・聖皮耶（Charles Irenée Castel de St. Pierre）提出一項以永久和平為目標的大膽計畫，與《烏得勒支協約》（Utrecht Settlement）相輔相成，但計畫範圍與其提議之制度仍與克魯賽、真蒂利和維托里亞有很多共同之處。[8]一七五八年，艾默瑞奇・德・瓦特（Emmerich de Vattel）則出版了一部探討國際法的知名著作，但他也反覆、恭敬地借鑑了格勞秀斯的思想。[9]

總言之，新興的國際法學理論家們覺察到一種國家間的關係體系，該體系在必然為由社會構成的多極權力結構中，駕馭著不穩定的聯盟關係和互相重疊的戰略野心。雖然基督教的實質要旨已然不在，但該體系仍保留了早期「基督價值、普世及永久和平」理想的大部分形式。[10]歐洲強權政治在思想、行為上從教會統一和上帝主宰，轉向了更為現實的社會推理，而主權政治單位的保留（即便在國際上並不完全穩定）似乎也從這種變遷過程中存活了下來。

就算是在十七世紀以前，歐洲也極少有國家消失。即便日耳曼等地曾受三十年戰爭的摧殘，格勞秀斯和克魯賽也可能已覺察到了國際合法性的作用。神聖羅馬帝國的政治秩序雖淪為暴力行為，但其制度和傳統基本上仍保持完好。西隆也很可能已觀察到權力政治的無政府狀態是如何催生了重功利的社會秩序：「最弱者擁有足以殺死最強者的力量……透過祕密陰謀，或透過與處於同樣危險境地的他人結盟。」[11]湯瑪斯・霍布斯後來也有同樣的見解。同樣的，歐洲小國之所以得以存續，除了條約和傳統的約束之外，大概也是因為舞台上有如此多的參與角色，這本就潛藏著不穩定和扭轉局勢的潛力。

共識和合法性似乎也讓當代過份越軌的行為有所節制。法耳次（Palatinate）選帝侯腓特烈五世（Frederick V）因於戰場上失利，所以失去了獲選上的波希米亞（Bohemia）王權，也丟了自己的選侯國。然而在經過數十年的外國干涉後，《西發里亞和平條約》再讓其子卡爾一世・路易（Charles I Louis）重掌法耳次選侯國——領土雖有縮水，但仍然存在。「會談中的調解人也考量到瑞典取得帕默瑞尼亞（Pomerania）是否正當。其末位公爵博吉斯瓦夫十四世（Bogislaw XIV）於一六三七年輔去世，瑞典便以軍事佔領該地。調解人發現瑞典此舉可能有違公爵的遺願，因此便也承認布蘭登堡（Brandenburg）對該地的主張，並將該公國的土地分配給雙方。」在日耳曼之外，一六二三年，當烏比諾（Urbino）的德拉・羅韋雷（della Rovere）世系顯然將因為無繼承人而絕後時，教宗烏爾班八世亦極力勸服家族的末位公爵法蘭西斯科・瑪麗亞二世（Francesco Maria II）交出頭銜。於是，烏比諾在作為自治的附庸領地近兩世紀之後，於一六三一年重回羅馬的直接掌控之下。就連一六二七年後，因曼托瓦繼承問題而起的激烈紛爭也源於相互衝突（卻都合法）的王朝主張，而非肇因於國際間的無政府狀態。

三十年戰爭的餘波一直持續至大約一六六〇年，就連大國的政治局勢也變得極度脆弱，容易受到外國干涉的影響。雖然不列顛內戰「三王國戰爭」（Wars of the Three Kingdoms）為英國留下了非常厲害的新模範軍和聯邦海軍，但兩者都無法鞏固克倫威爾的政治遺產。在他於一六五八年辭世後不到兩年，英國就迎來以查理二世（Charles II）為王的復闢君主制。同時，樞機主教馬扎林也試圖於法國實施中央集權並減少債務，結果在與西班牙戰爭的同時又引發了內亂。在後來引發的投石黨之亂期間，杜倫尼（Turenne）和孔代親王這兩位傑出將領還短暫背叛了他們的國王。然而法王路易十四就如查理二世同樣於一六六〇年上台，手下還擁有忠誠的將軍、國內和平，國家也變得更加強大了。另一邊的波蘭立陶宛聯邦就沒有如此好運了。一六五四年，一場人稱「赫梅利尼茨基起義」（Khmelnytsky's Uprising）的哥薩克人動亂引得外國大舉干涉。俄羅斯、瑞典、布蘭登堡和幾個羅馬尼亞公國都派出軍隊，肆虐、佔領、洗劫了聯邦的大部分地區，隨後波蘭人起而抵抗，掀起一波叛逃浪潮，結果又使得外國勢力進一步介入，修復這個已元氣大傷的聯邦。

十七世紀中葉政治之脆弱和看似目無章法的狀態，以及更早期的理論家，都讓時人學到諸多政治教訓。實務和理論上的教訓都顯示，國家的存續既有賴於上帝，也同樣取決於人。就算是神授權力的君王也需要睿智的顧問、有能力的間諜、強大的武裝部隊和可靠的盟友才能治國。而本章要探討的兩位戰略家，分別為出生於一六五〇年的奧蘭治威廉（William of Orange，譯註：即威廉三世），以及出生於一六五三年的樞機主教弗勒里。他們倆都將此時期的個人經歷和見解，應用到了自身後來的職業生涯之中。

II

國際法在早期現代歐洲出現時，闡釋了合法國家行動的規範，以及這些行動予人之觀感。維托里亞、布丹、格勞秀斯等人曾試圖編纂和制定法律，但真蒂利和西隆的觀察可能才是正確的：國際法會隨時間的推移，從積累的社會慣例中獲得更大的效力。所以說，社會慣例為近代早期歐洲流動、多極的關係奠定了基礎；這種關係及其相應衍生之慣例是他處所沒有的，因此看來也就更值得我們注意。

至十七世紀中葉，歐洲的國際慣例似乎越來越重視保護財產及人命。儘管大西洋奴隸貿易有所成長，但奴隸制度在歐洲卻很罕見，且歐洲戰爭中也幾乎未出現俘虜行為。同樣的，貨幣進貢也出現在英法的《艾塔普條約》（Treaty of Étaples，一四九二年）和《布洛涅條約》（Treaty of Boulogne，一五五〇年）中，但至十七世紀中葉，這種行為在北歐和東歐以外的地區已經不太常見了。繼格勞秀斯的《海洋自由論》（Mare Liberum）之後，海事法院也更嚴厲譴責在海上掠奪財物之舉。而雖然一六三〇年確實曾有軍隊將馬德堡（Magdeburg）等城市洗劫一空，但此種情形亦大幅減少。至一六六〇年，歐洲國際社會顯然也不贊成草草剝奪構成國的法律和自由，更別說不許它們存在了。

然而，很多事情仍是被允許的。侵略者仍可能要求獲得特定損害賠償、要求可進出港埠或要求他國在貿易上妥協，若有鄰國幫腔，他們也能對土地主張主權。他們可以挑起內亂、為新的王室家族重整領土、重新安排繼承、完全撤換王朝，甚至能推翻一整個政府——就如一六七二年及一七四七年的荷蘭革命。同理，政府也能多少視自身需求重新協商結盟、不將船隻或軍隊投入特定戰役，或在戰時中途改變立場。條約或親屬關係可能會減少背叛的可能，但事實證明，兩者都無法保證盟友的忠誠。

至於歐洲國家為何會如此行事？對此人們有不同的解釋。泰勒（A.J.P. Taylor）等古典現實主義者曾將結盟的變化比作社交方塊舞，其中舞者會不停變換舞伴。[12]恰好那時代的歐洲人在解釋同樣的現象時，也有自己的方塊舞比喻版本——他們將其比作紙牌遊戲。除了彼此同為牌桌上的競爭者外，玩家拿到的絕對不會是平等的牌面（也沒有人指望能夠平等），他們的賭注和陣營每回合都會改變。甚至還有社論指出，紙牌遊戲是如何與那個時代的強權政治相互對應。[13] 薩伏伊公爵維克多・阿瑪迪斯二世（Victor Amadeus II）就是個顯著的例子。他於一六九六年藉單獨與法國議和而不再插手大同盟戰爭（War of the Grand Alliance），並且為鞏固與法國的關係，又於一七〇一年將女兒嫁給安茹的費利佩（其不久後將成為費利佩五世），而後再於一七〇三年西班牙王位繼承戰途中倒戈反對法國。

神聖羅馬帝國及其傳統上的領袖——也就是奧地利哈布斯堡王朝——更接近歐洲這場牌局的地理和意識形態中心。該家族是公認地精通婚姻政治，尤其是透過操縱帝國制度，來控制家族政治必然得面對、又最能引起紛爭的繼承問題。一六八九年，帝國皇帝利奧波德（Leopold）允許策勒的喬治・威廉（George William of Celle）以武力奪取薩克森勞恩堡（Saxe-Lauenburg）的繼承權；皇帝查理六世（Charles VI）亦於一七二八年分封威廉的繼任者英王喬治二世。然而，新任統治者總得再三強調勞恩堡享有的地方特權，喬治・威廉曾於一七〇二年重申，喬治三世也曾於一七六五年以法令重申。同時間，當一七六三年因薩克森邁寧根（Saxe-Meiningen）而起的爭端眼見要招來更大規模的暴力風波時，皇帝法蘭西斯便認定，帝國一七四七年裁決之效力大於已故公爵的意願。法蘭西斯威脅要動用武力干涉，他召開奧利克議會（Aulic Council）、任命守寡的公爵夫人為攝政王，還痛斥薩克森哥達（Saxe-Gotha）和薩克森科堡（Saxe-Coburg）支持錯誤的一方。

而同為征服者的奧地利人，也會在其君主特權和征服權，以及帝國和全歐洲有關合法主張及地方特權的法理制度之間權衡取捨。約瑟夫一世（Joseph I）於一七〇四年擊敗巴伐利亞後，曾短暫將上法耳次（Upper Palatinate）歸還給其先前的主人；然而在法國的施壓下，他又透過一七一四年的《拉施塔特條約》收復了巴伐利亞土地。一七四五年的第二次征服之後，雙方很快就簽訂非常寬容的《福森條約》（Treaty of Füssen），以「維持和平與戰前現狀」（status quo ante bellum）換取巴伐利亞在當年的帝國選舉中支持皇帝法蘭西斯。最後在一七五九年，當時正值奧地利軍運當頭、接連重挫普魯士之時，奧地利領袖顯然也考慮要大幅削弱對方的實力：剝奪王室頭銜及重新分配許多土地，但這兩個選項都不打算徹底終結霍亨索倫（Hohenzollern）在布蘭登堡的統治地位，也無意剝奪他們的帝國選帝侯身分。[14]

然而奧地利的兩個主要競爭對手——法國的路易十四和普魯士的腓特烈二世——卻意圖挑戰帝國法律和國際法的界線，並拓展其容忍極限。他們夠幸運能結合外交與戰爭手段來達成目的，另外兩位當代瑞典人相比之下就沒如此好運了，他們的作法讓國家吃了大虧：卡爾十世・古斯塔夫（Charles X Gustav）曾於一六五八至一六五九年設法讓丹麥結束獨立，而在半個世紀之後，卡爾十二世則是拒絕和談。比起兩位瑞典君王，路易十四和腓特烈二世並沒有比較樂於接受國際慣例和共識的約束，但他們仍更願意照規矩行事。

路易十四的多次戰爭確實拓展了法國領土，但使用「征服」這個詞可能就太過大膽了。他反倒是爭取得與薩伏伊的有限飛地交換、令奧地利皇室和西班牙的哈布斯堡王朝在法國周圍邊境地區讓步，還讓哈布斯堡改變了繼承順序。也許，從一六八四年《拉蒂斯本條約》（Treaty of Ratisbon）紀念勳章上國王的座右銘「勝利之後，才得安寧」（rest follows victory），便可見路易十四流露出對法律的蔑視。但在達成奈梅亨（Nijmegen，一六七八）、賴斯韋克（Ryswick，一六九七）和烏得勒支（Utrecht，一七一三）各協議後，他則分別為自己塑造出「依法謹守和平」（peace within their laws）、「歐洲安全」（the security of Europe）及「望舉世喜悅」（hope for the joy of the world）的公眾形象。另一方面，帝國法律則阻礙路易十四在亞爾薩斯（Alsace）推動反新教政策，也禁止他依法併入洛林（Lorraine），儘管兩者在法律上都屬於法國的領土。看來，國際法及其執法者確實也讓早期現代歐洲最強大、好戰又野心勃勃的君王有所節制。

腓特烈二世也是如此。一七四〇年，他找了個站不住腳的法律藉口入侵並吞併奧地利的西利西亞省（Silesia），因而替自己惹上了臭名。然而，為了正當化自己的不當得利，國王還得在三場西利西亞戰爭中大獲全勝，也有賴於持續近四分之一個世紀的精明外交手段。腓特烈私下認為，薩克森（Saxony）很適合作為國家的防禦堡壘，但他不確定普魯士能否在國際反對的情況下吞併這座選侯國。[15]其實，腓特烈的軍隊在一七四五年和一七五六年之後均曾佔領薩克森大半地區，可是國王在德勒斯登（Dresden，一七四五年）和胡貝圖斯堡（Hubertusburg，一七六三年）的談判桌上，還是只能放棄對薩克森這塊領土的所有主張。無論腓特烈二世的軍隊有多麼精良、無論他的戰功有多麼顯赫、無論他手下的法學家和外交官有多少妙計，帝國法律和歐洲的慣例仍限制著他的行為和戰略。

但這類禮數似乎不適用於遠離家鄉的歐洲人。一七二九年，路易斯安那州的羅莎莉堡（Fort Rosalie）遭當地原住民襲擊，於是法國殖民部隊展開報復，更成功消滅了大半納奇茲人（Natchez）。一七五五年，麻薩諸塞灣殖民地（Massachusetts Bay colony）下令以賞金換取潘諾比斯考特人（Penobscot）的頭皮，連兒童也不放過。[16]同年，荷蘭東印度公司（Dutch East India Company）又據《吉揚蒂條約》（Treaty of Giyanti）廢除了垂死的馬打蘭蘇丹國（Sultanate of Mataram），就此終結爪哇（Java）十多年的戰爭。位於爪哇日惹（Jogjakarta）的繼承國名義上為獨立，但荷蘭人至一七六〇年便已於蘇丹宮殿的大砲射程內建起一座堡壘。萬丹蘇丹國（Banten Sultanate）約莫自一六八〇年起也經歷過歐洲人的類似安排，荷蘭的斯比爾維克堡壘（Benteng Speelwijk）便距離蘇羅索萬（Surosowan）宮殿不到一英里。

就如路易十四和腓特烈二世，世界各地的領袖在認定自己有能耐時，都會設法尋求擴張和霸權，然而各地區的國際慣例似乎又有別於歐洲新興的國際法理。儘管美洲原住民活人獻祭的作法有所減少，但其戰爭仍以爭奪人口為主。一六七〇年代易洛魁人和休倫人（Iroquois-Huron）之間戰爭的情況就是如此；而在近一世紀後，切羅基人（Cherokee）和紹尼人（Shawnee）襲擊阿帕拉契（Appalachia）的英國據點時也是相同情形。在另一邊的非洲，洛茲維帝國（Rozvi Empire）也顯然於十七世紀末將大半津巴布韋（Zimbabwean）高原併入了納貢範圍。一七〇一年，阿桑提尼・奧塞・圖圖（Asantehene Osei Tutu）正興起的阿散蒂帝國（Ashanti Empire）擊敗了登基拉王國（Denkyira Kingdom），他在迦納（Ghana）做的事情也差不多。一七二四年，奧約（Oyo）的阿拉芬・奧吉吉（Alaafin Ojigi）向達荷美王國（Dahomey）徵收男女各四十一人、槍枝四十一支作為供品，象徵性地羞辱「四十一」這個達荷美喜愛的數字。

東亞地區盛行的慣例也有所不同。一六四四年，朝鮮王國面對滿族入侵，其朝貢對象便從明朝改成了清朝。一六八三年，康熙皇帝入侵台灣消滅明朝的勢力；至十八世紀之交，皇帝亦派出間諜大臣干預西藏政務；而至一七五〇年代，其曾孫乾隆皇帝發動一場旨在消滅準噶爾汗國的戰役，結果死亡人數高達一百萬人。日本的德川幕府選擇退出朝貢體系，但荷蘭和葡萄牙商人則不時選擇加入，歐洲商人普遍都順從中國對白銀貿易和貢品的偏好。

亞洲地區的各強權勢力也觸及漢字文化圈之外。從一七二八到一七四七年，納德爾・沙阿（Nader Shah）推翻了薩法維波斯王朝（Safavid Persia），在洗劫蒙兀兒帝國（Mughal）的首都德里（Delhi）後便徵收巨額貢品，接著他又征服了希瓦汗國（Khiva）、布哈拉汗國（Bukhara）及阿曼（Oman）。一七五〇年代，復甦的阿曼經由東非奴隸貿易獲得豐厚利潤，雍笈牙・貢榜（Alaungpaya Konbaung）也於同一年代攻下後勃固王朝（Hanthawaddy）和幾個撣族（Shan）邦國，奪回了緬甸在東南亞的霸權地位。廓爾喀族（Gorkha）的普利特維納拉揚・沙阿（Prithvinarayan Shah）則花了較長時間統一尼泊爾，他於一七四四年征服努瓦科特（Nuwakot）、於一七六五年征服吉爾蒂普爾（Kirtipur），後再於一七六八年征服加德滿都（Kathmandu）。

歐洲以外的國際體系顯然自有一套慣例，但此時代歐洲外交關係的顯著特徵就是相對克制，就算是最好戰的領袖在面對民眾譴責和武裝抵抗時，也感到有必要莊重自持。歐洲確實經歷過戰爭、陰謀、土地和貿易權的妥協，還有和平會談間的羞辱，但乾隆皇帝和納德爾・沙阿對鄰國之暴力和征戰舉動，對歐洲而言卻根本是無法想像的，就算是路易十四和腓特烈二世這類君王大概也只能稍微想像而已。歐洲領袖若想擴張國家，就必須參與各種條約談判，可能還得插手許多戰爭、加入王朝聯姻，而且肯定會費時多年。要想成功，就至少必須勉強遵守不斷變化的規則，也有賴長遠的計謀。

III

就如先前所述，洛林、勞恩堡和西利西亞的命運都證明了，歐洲內部有意征服者不只得沉得住氣，還得懂得解讀國際社群的社會線索。這些公國的命運有賴法律上的調解，其中一例就是一六九〇年代國王卡洛斯二世（Charles II）在世時的西班牙君主制及帝國；而即便在他死後，義大利的安排方式也要經歷四十八年與四場戰爭才塵埃落定！[17] 而有這麼一個人，受益於兩次短暫、幾乎不流血且基本上決定了大局走向的革命（一六七二年的荷蘭革命及十六年後的英國革命），他投注自己的大半時間和政治資本來組建與領導多國聯盟，這人又是何方神聖呢？

奧蘭治威廉的作風就如之前的方塊舞比喻，他也常常在拿得一首爛牌的情況下投入高額賭注，但他卻能攜手強大夥伴一起影響整場牌局，同時維持著遊戲規則。在奧蘭治威廉縱橫歐洲政壇的近三十年裡，他是與法王路易十四抗爭的焦點。他成功克服荷蘭和英國國內的反對勢力，並樹立了大大增強兩地國境安全的制度與機構。儘管威廉沒能活著見證後來的情勢，但他卻為聯合王國、整座大英帝國、密切的英荷關係、英國商業和海上霸權，以及英國對歐陸的持久承諾奠下基礎。

威廉的故事要從一六四一年的一次戰略聯姻講起。英格蘭、蘇格蘭及愛爾蘭國王查理一世將女兒瑪麗・史都華（Mary Stuart）嫁給荷蘭執政官（stadtholder）奧蘭治威廉二世，希望能在國內政策失敗的情況下獲得國外支持。結果，查理一世於三王國戰爭中吞敗，在一六四九年被處死。一年後，威廉二世於兒子出生的前八天去世。一六四九至一六五〇年，兩國都成為成熟的共和國。三年後，雙方陷入戰爭。

荷蘭大議長（Grand Pensionary）阿德里安・鮑（Adriaan Pauw）負責帶領荷蘭的戰事，一直到他一六五三年二月去世為止。副手約翰・德威特（Johan de Witt）接管了鮑的職位，並成為首位無執政官時期的決策人物，而他也許可說是整個荷蘭黃金時代的關鍵人物。德威特擴大荷蘭貿易、協助專業化荷蘭海軍、於北方七年戰爭（Northern Seven Years' War）大獲成功，並繼續與葡萄牙進行殖民競爭。然而從一開始，德威特最知名的就是努力（最初是與克倫威爾合作）阻止年輕的威廉繼承其父的職位。

德威特在反對威廉崛起這條路上走得步步為營。「奧蘭治主義」（Orangism）仍受舉國歡迎，而當查理二世於一六六〇年登上英國王位時，年輕的奧蘭治繼承人又獲得了外國支持。德威特更加掌控威廉接受的教育，但儘管年輕的威廉尊重導師的政治直覺，但兩人卻從未解開彼此互不信任的心結。德威特還曾設法將威廉未來會上任的總督（captain-general）職位與執政官職位分開並廢除後者，然而他漸漸也接受了這位年輕人終究會在政壇上崛起的事實。後來威廉成為總督，此時恰逢外交政策上的重大災難。

直接導致這場災難的原因，正是德威特於一六六〇年之後在國際舞台上採取的平衡策略。他的中間路線冒犯了查理二世和路易十四兩位國王，導致一六六二年與法國簽訂條約時劍拔弩張的談判，以及一六六四年與英國的戰爭。一六六七年，荷蘭成功突襲麥德威港（Medway），故得以迅速與英國達成和平，後又與瑞典簽訂三方協議以遏制路易十四在遺產戰爭（War of Devolution）中的野心。但德威特沒能保住這些新結交的關係，也無法討回法國早前的歡心。他本希望能平衡兩位國王的野心，但這兩人反倒於一六七〇年自己達成了摧毀荷蘭共和國的協議。一六七二年三月，荷蘭與英國的海上衝突再起，法軍在科隆（Cologne）和明斯特的支持下於五月入侵，荷蘭越來越孤立無緣，難以招架攻擊。

荷蘭所謂的「災難年」就這樣開始了，這是荷蘭大議長國度的關鍵時刻，也催生了後來的奧蘭治革命。德威特本盤算著該如何積極防守，至少必須守住荷蘭省，但國內壓力迫使他於八月四日辭職下台，將自己的頭銜和權力交給能幹的奧蘭治支持者加斯帕・法格（Gaspar

Fagel）。威廉正式成為執政官，這似乎也證實了路易十四的直覺：極強大的武力可以推翻荷蘭共和國，剩下的就只有奧蘭治餘黨了。威廉的虔誠信徒甚至還幫了路易十四一把，八月二十一日，約翰和科內利斯・德威特兄弟雙雙慘遭暴民殺害。驚慌失措的各省分急切打算求和，但威廉旋即將荷蘭軍隊聚集於荷蘭省的水防線（Water Line）之後，並誓言要繼續戰鬥，軍事局勢很快就穩定下來。

隨著西班牙、神聖羅馬帝國及布蘭登堡普魯士（Brandenburg-Prussia）逐漸意識到建立反法聯盟之必要，一支帝國與布蘭登堡聯軍於萊茵河右岸正式組建，但要聯合作戰卻很困難。於是威廉就這樣獨自穿越西屬尼德蘭，前往法國在沙勒羅瓦（Charleroi）的陣地。雖然這次襲擊也以失敗告終，但我們卻可從中窺見威廉的一些戰略思想：耐心並不表示消極，而雖然他偏好與盟友合作，但也不排除單打獨鬥。

威廉於一六七三年成功鞏固了聯盟，他與同時代另一位偉大將帥雷蒙多・蒙特庫科利（Raimondo Montecuccoli）合力圍攻波昂（Bonn），並切斷了萊茵河下游的法國補給線。一六七四年，威廉結合戰術和外交實力，率領一支多國軍隊與孔代親王作戰，並在瑟內夫（Seneffe）陷入血戰，僵持不下——雖然算不上取勝，但也足以讓路易十四下令將軍們不要再繼續戰鬥了。雖然威廉未能攻入法國，但他仍躍升為國際上抵禦路易十四的中心人物，而此一角色也將定義他的治國方略和戰略遺產。

威廉戰略的關鍵，在於努力與另一個往日敵人英格蘭化解干戈。除陸戰之外，威廉也設法在海上充分取勝，以與查理二世化敵為友。威廉手下的資深海軍上將米歇爾・德・魯伊特（Michel de Ruyter）在荷蘭沿海水域屢次擊敗英法兩國的艦隊；一場跨大西洋的冒險也短暫為荷蘭奪回了紐約市；軍隊亦從荷屬開普殖民地（Cape Colony）發動突襲，成功佔領聖赫勒拿島（St. Helena）。至一六七三年，萬一查理與其弟約克公爵詹姆斯出了什麼差錯，威廉的史都華血統、新教信仰以及對國會的整體支持，也將讓他有很大機會登上英國王位。在荷蘭間諜（也許還有西班牙財政部）的協助下，國會中開始出現擁護威廉利益的派系，其中又以甫成形的輝格黨（Whig）為最。但儘管如此，威廉決定暫且只求維持和平，於是簽下了一六七四年的《西敏寺條約》。

畢竟威廉還得鞏固自己的荷蘭基礎。他會尋覓、安置合適的人選，藉此在國內實現自己的大半目標，而他之後在英國也會這麼做。這名奧蘭治親王有幸於兒時結交了一群厲害的朋友，但當時他可不是為了之後讓這些人當官才與之往來。其中包括漢斯・威廉・班廷克（Hans Willem Bentinck），兩人從十三歲起就是親密好友，事實證明他是個多才多藝的人；還有先前提過的加斯帕・法格，法格與其繼任者安東尼・海因修斯（Anthonie Heinsius）兩人都是極其忠誠又能幹的大議長。

威廉在國內的勢力越趨穩定，於是他再次將目標轉向自己的英國王舅，盼望能徹底與英格蘭化敵為友，但這尚且還是個棘手的問題。而他的一項突破就是於一六七七年的戰役後造訪英格蘭，並娶自己的表妹瑪麗・史都華（譯註：此為瑪麗二世）為妻，瑪麗是約克公爵詹姆斯的長女，目前也是她同輩人中最合法、最有可能繼承史都華正統血脈者。英王查理二世和瑪麗本人都不太贊成這樁婚事，但威廉之所以堅持要娶表妹為妻，也是希望能暫且拉近與各位舅舅的關係，同時制衡法王路易的勢力。而現在，荷蘭與英國締結下新的關係，這已足以讓法國外交官願意坐到談判桌前簽下《奈梅亨條約》。

我們不清楚威廉在此階段是否有意利用聯姻來讓自己更有機會繼承英國王室，就與一六七三至一六七四年差不多，但這個想法大概也與他心中所想相去不遠。威廉在英國和荷蘭都培養出一批厲害的線人，以及能為自己辯護的能人。他的新教信仰、在國際上的權勢，還有與法王路易（連同路易的專制主義）的抗爭都無疑使他廣受英國公眾的擁戴，但威廉仍然選擇等待時機。他在英國的聲望，還有對王位的野心都未能使自己動搖，他仍先專心抵制法國。

一六七八年後，威廉的決心和他與舅舅們的關係曾受到多次考驗，原因可說是奧蘭治黨人的無心之過。舉例來說，隨著輝格黨越來越受歡迎，國會也要求將詹姆斯排除在王位人選之外。雖然威廉本可趁機利用這次的除名危機，但王室和國會之間的嫌隙讓他深感困擾，而他最後發現最明智的作法就是保持沉默。至一六八一年，泰特斯・歐茨（Titus Oates）編造的天主教陰謀（Papal Plot）令人民驚惶失措，但威廉同樣顯得淡然置之。一六八三年，有激進的輝格黨試圖直接殺死他的英國王舅們，但這場黑麥屋陰謀（Rye House Plot）似乎更提不起他的興趣。此事件也許引發了奧蘭治革命，但我們試想：若威廉是靠著土匪行為在不列顛王國崛起掌權，那他又如何能夠帶領一個重法律又堅持正統的聯盟來對抗法國呢？

一六八五年，約克公爵登上王位，成為詹姆斯二世兼七世（譯註：在蘇格蘭稱七世），此後威廉也曾反對蒙茅斯叛亂（Monmouth's Rebellion）。儘管威廉因荷蘭政策之故無法積極干涉，但他確實也從荷蘭的軍隊中派出英格蘭和蘇格蘭軍人來協助岳父，詹姆斯後來也分享了這場戰役的細節。[18] 威廉在官方上保持中立，這時也仍在打磨自己的新教背景，他會庇護一些戰敗和流亡的叛亂分子，以及被逐出法國的胡格諾派教徒。然而，無論這些流亡人士和虔誠信徒對威廉的志業有多大助力，他仍需要適當環境來利用他們的優勢。以血腥審判（Bloody Assizes）為例，詹姆斯越發嚴酷的暴政引起了更多臣民的敵意；但威廉若真的有意驅逐自己的岳父，那還需要一個更有說服力的理由。

威廉可用的理由有二。首先，隨著神聖同盟（Holy League）持續推進——從一六八七年於莫哈奇（Mohács）取勝，再到一六八八年圍攻貝爾格勒（Belgrade）——路易十四在一六八〇年代挾軍事優勢的外交手段也將轉向全面戰爭。第二個理由則與威廉更為切身相關，詹姆斯二世的王后摩德納瑪麗（Mary of Modena）產下一名男嬰，這重新燃起了英國人對繼承人將採行天主教專制的恐懼。接著威廉收到英國「不朽七人」（immortal seven）的邀請，這讓他不僅有更好的理由爭取海峽對岸的王位，也更有必要這麼做了：他認為，如果路易十四再壯大法國的實力，那麼神聖同盟抵禦土耳其人的進展可能只會是徒勞。

如今，近幾十年來，人們已剝去了「一六八八年光榮革命」（Respectable Revolution）的神話外衣，但這場革命仍常存於英國人的記憶之中，見證了威廉對歐洲政治長期博弈採取的策略之一。威廉手下有眾多消息靈通的間諜，他還組成一萬四千人的軍隊，以隨時應對突發狀況；威廉也結合運用家族關係、英格蘭的邀請和整體的戰略形勢，為自己的入侵行動奠下合法基礎。而詹姆斯未抵抗便逃之夭夭，讓威廉更方便於英國推動自己的志業，路易十四最近進軍日耳曼亦使威廉在國際上得利。

毫無疑問，威廉意圖利用英國的資源來專心對付法國，他採取的務實措施成功擺脫了詹姆斯派（Jacobitism）。威廉一部分的因應手段就是合併自己的荷蘭和英國情報網，而兩者在接下來好幾代都還是歐洲的頂尖情報網路。在蘇格蘭，丹地子爵（Viscount Dundee）於基利克蘭基（Killiecrankie）去世之後，威廉曾想藉著要求其餘的反對派簡單立誓效忠來平定他們；此舉在洛哈伯（Lochaber）地區並未奏效，於是他為了鞏固地位，最後導致了格倫科（Glencoe）大屠殺。在愛爾蘭也是一樣，威廉於一六九〇年七月在博因河（Boyne）再次驅逐了舅舅，接著留下友人戈德特・金克爾（Godert de Ginkel，後來的第一代阿斯隆伯爵〔First Earl of Athlone〕）於一六九一年負責掃蕩愛爾蘭的詹姆斯派抵抗勢力。金克爾於奧格瑞姆（Aughrim）正式取勝，並於高威（Galway）和利默里克（Limerick）提出慷慨的和談條件；可雖然這時的局勢並沒有格倫科那麼糟糕，但更長期的剝削、背叛，還有純粹的誠信問題，最終卻使得愛爾蘭僅有部分融入了後威廉派的不列顛國度。

威廉放眼海外，他在博因河一役獲勝後已能無牽掛地離開愛爾蘭，並帶領自己的新王國更深入歐陸角力。就在博因河一役當天，法國的盧森堡公爵也在西屬尼德蘭的弗勒呂（Fleurus）拿下勝利。而已在該處部署好英軍的威廉很快就派出更多人，其中還有一些蘇格蘭士兵。儘管威廉於一六九一年的勒茲（Leuze）、一六九二年的斯廷柯克（Steenkirk）和一六九三年的蘭登（Landen）戰役（後兩場還是由他親自領軍）中均失利，但他的部隊（無論是荷軍或英軍）無疑都有堅守陣地的能耐，在戰場上也能承受或造成敵軍慘痛的傷亡。至一六七三年，威廉的荷蘭部隊早已成為低地諸國盟軍的主力，但他在一六九〇年代，也為接下來十年間第一代馬堡（Marlborough）公爵約翰・邱吉爾（John Churchill）帶領的英荷聯軍奠下基礎。從一七四〇至一七五〇年代，英軍亦以大致上相同的方式成為了多國聯軍的核心。

同一時間在英吉利海峽上，就在威廉打贏博因河一役的僅僅九天後，法國圖維爾伯爵（Comte de Tourville）的海軍便於比奇角（Beachy Head）得勝，這引起了英國人對法國入侵的恐懼。雖然威廉起初曾希望與英國各政黨一同執政，但他很快就察覺到輝格黨的價值。輝格黨非常有助於促進英國參與歐陸事務、推動城市工業（尤其是於一六九二年將史都華王朝的壁爐稅〔hearth tax〕改成土地稅），在一六九四年亦成立英格蘭銀行（Bank of England）來增加公共營收，讓政府得以推動各項措施。這種價值觀和政策一致的優勢，不僅標誌著輝格黨在英國政壇上的長期崛起，也奠定了基礎，讓英國未來能培養出一支世界一流的海軍。一六九二年，英國海軍於巴夫勒和拉烏格海戰（Barfleur-La Hogue）取得首場勝利，這也預示著未來局勢的走向。

許多海軍和金融上的發展都呼應著威廉年少時德威特執政下的創新作為，而阿姆斯特丹和倫敦的金融市場與商業網絡也緊密相連。兩國的外交也同樣密不可分：至遲在一七五〇年代，外交圈內仍會隨意將英格蘭不列顛與荷蘭共和國通稱為「海上強權」（Maritime Powers）。[19] 威廉的部分荷蘭友人也於一六九〇年代來到英國，並為英國貴族留下了重要遺產。在威廉統治期間，顯然有大半時間是最受寵的班廷克成為了波特蘭伯爵（Earl of Portland）。後來得寵的阿諾・朱斯特・凱佩（Arnold Joost van Keppel）成為阿爾比馬爾伯爵（Earl of Albemarle）。威廉・拿騷・德・祖伊勒斯坦（Willem Nassau de Zuylestein）則成為洛奇福德伯爵（Earl of Rochford）。威廉過世很久之後，歷任的波特蘭伯爵和後來的波特蘭公爵，以及好幾代的阿爾比馬爾伯爵及洛奇福德伯爵，都還保留著自己的荷蘭姓氏和英國貴族頭銜，他們也繼續在英國政治、外交和軍事圈中佔有舉足輕重的地位。

同時，威廉也努力為自己的英國臣民推動有限制的良心（或思想）自由，讓王室的繼位過程順利不受阻礙。政治哲學家約翰・洛克（John Locke）對兩點都很感興趣，他撰寫文章捍衛一六八八至一六八九年的光榮革命，並很快就於新政府任職。隨著《一六八八年權利宣言》（Declaration of Right）於一六八九年成為了英國《權利法案》（Bill of Rights），威廉在領導英國聖公會（Anglican Church）的同時，也仍能保留自己的喀爾文信仰；國內的清教徒和長老會（Presbyterian）子民也享有相對較大的信仰自由。他可能也已經設想過，若國會仍然反對天主教史都華家族，那麼信路德宗的漢諾威王室可能就會是下一順位的繼承人。而一七

○○年的情況確實是如此，安妮公主的兒子格洛斯特公爵（Duke of Gloucester）威廉於此時去世，於是奧蘭治威廉等人便設法在一七○一年讓托利黨（Tory）佔多數的國會通過了《嗣位法案》（Act of Settlement）。

蘇格蘭反對《嗣位法案》，因此於一七○四年自行通過《安全法案》（Act of Security），但威廉和輝格集團早已抓住了造成蘇格蘭不安全感的一個把柄，日後這也將讓不列顛各王國更加緊密相依。雖說威廉和輝格黨在謀劃策略時，可能並未刻意跟隨銀行家威廉・派特森（William Paterson）在一六九○年代的金融和政治冒險活動，但派特森先後曾參與英格蘭銀行事務、為蘇格蘭位於巴拿馬的殖民地籌措資金，最後又支持英國及蘇格蘭聯盟，種種舉措最終的確與威廉等人的直覺不謀而合。威廉和輝格黨反對英國對達瑞恩計畫（Darien scheme）提供任何財務支持，當計畫正式失敗時，蘇格蘭政府因此債台高築。威廉沒能活著看到他對蘇格蘭最後一次殖民冒險的阻撓結出了何種果實，但他的從中作梗，卻無疑是說服了蘇格蘭議會（憤憤地）接受一七○七年《聯合法案》（Act of Union）的要角。

至威廉去世之前，眼看著另一場與法國的聯軍戰爭即將來臨，他已為自己的疆土定下未來很長一段時間的戰略基調。災難年的經歷，使他暫且將不列顛王國擱在荷蘭的抱負之後，但在一七○二年，他卻使英國躍升為國際上的政治、金融兼軍事領袖，引領一個重法律又堅持正統的廣大聯盟一同反對法國擴張，同時也讓各王國準備在政治上統一起來，培養一流海軍，並充分參與歐陸事務，支持馬堡的戰役將近十年。不列顛王國與荷蘭土地是如此緊密相依，兩者的武裝部隊、財政及戰略利益有半個世紀都互相依存，而詹姆斯一派可能帶來的變數將持續數十年，這也讓兩國因而養出了歐洲最優秀的情報部門。威廉三世多次為自己長遠布局，他同樣也至少讓不列顛領土做足了準備，以迎接與歐洲和全球國際關係在法律架構下的長期博弈，十八世紀的局勢於此大抵底定。

IV

威廉三世死後的二十五年，歐洲版圖已有所改變。當初歐洲各國於一六九九年簽訂《卡洛維茨條約》（Treaty of Karlowitz）時，雖然威廉與之相距甚遠，但他可能仍了解鄂圖曼帝國在條約中的讓步有多麼意義重大，然而威廉卻大概未能料到瑞典後來在北方大戰（Great Northern War）中的類似命運，也未能料及奧地利和俄羅斯會因此崛起。上述發展對法國而言都非常不利，因先前路易十四的征戰及密西西比泡沫（Mississippi Bubble）都讓法國元氣大傷、國庫空虛。雪上加霜的是，路易十四近整個在位期間都努力與西班牙打造的家族關係，卻在一七二五年破局了，兩大波旁強權的戰爭一觸即發。而就如於關鍵時刻登台的威廉，不久後成為羅馬天主教會樞機主教的佛雷瑞斯主教（Bishop of Fréjus）安德烈赫丘勒・德・弗勒里，也於此時接下了制定法國戰略的任務。

然而，弗勒里在許多方面卻代表著威廉相反的一面。十八世紀的頭二十五年，法國仍是個富裕又人口眾多的國家，其軍事聲譽也令人敬畏。然而法國此時失去了充滿幹勁的國家元首、關鍵戰略夥伴，雖懷抱強權政治野心但沒有明確方向。弗勒里上台時可能手握許多好牌，但他身邊卻有一群不尋常的合作夥伴，且沒有投下高額賭注的絕佳理由。儘管弗勒里的情況明顯不同於威廉，但弗勒里在牌局中打得耐心又警惕，亦嚴格遵守著比賽規則。

一七二六年六月，在弗勒里取代波旁公爵（Duc de Bourbon）原本的首席大臣職位後，他幾乎馬上就再次強調了各強權間的特殊聯盟：與不列顛和普魯士結成的「漢諾威聯盟」（Alliance of Hanover）。英法間的關係，是十年前在攝政王奧爾良公爵（Duc d'Orleans）腓力二世（Philippe II）的領導下所建立，英法的聯盟在一七二〇年代中期仍顯怪異，而兩國政府還合謀出版了一本匿名小冊子，向其他潛在的合作夥伴（包括荷蘭在內）強調結盟的優點。[20]英國和法國外交官也合作拉攏丹麥、瑞典和撒丁尼亞加入。儘管有人擔憂弗勒里不像以往攝政時代的樞機主教杜布瓦（Dubois）那麼親英國，但弗勒里卻重申了法國的承諾，尤其是其反西班牙的承諾。

一七二〇年代中期西法間的抗衡有幾個根源，尤其是因為西班牙試圖修改《烏得勒支協議》，這引發了後來的四國聯盟戰爭（War of the Quadruple Alliance，一七一八至一七二〇年）。在《海牙條約》（Treaty of the Hague，一七二〇年）成功解決許多問題後，攝政王便試圖透過雙重聯姻來讓西法兩國重修舊好：首先是讓阿斯圖裡亞斯親王（Prince of Asturias）路易斯和自己女兒奧爾良的路易絲・伊麗莎白（Louise Élisabeth）結婚，然後再撮合年輕的路易十五與西班牙公主瑪麗亞安娜・維多利亞（Mariana Victoria）。第一段婚姻一直延續到奧爾良公爵於一七二三年去世，路易十五崛起並命波旁公爵擔任首席大臣。一七二四年，費利佩五世將王位傳給路易斯，這段婚姻似乎成功在即，但伊麗莎白已罹患癡呆症，而路易斯在九個月內就去世了。波旁公爵隨後取消了第二段婚約，他和當時年輕國王的家庭教師弗勒里決定，改為撮合路易十五與流亡的前波蘭國王之女瑪麗・萊辛斯卡（Marie Leszczynska）。費利佩五世對這些法國親戚憤怒不已，他重新掌管馬德里，並意圖與往日敵人奧地利大公（Austrian Archduke）兼神聖羅馬帝國皇帝查理六世（Charles VI）結盟。

《維也納第一條約》（First Treaty of Vienna）正式確立了奧西聯盟，這也促使英法兩國締結漢諾威聯盟。雖然英國外交官也致力促成荷蘭、丹麥及瑞典加入此新聯盟，但他們在砲艦外交中打出的最強王牌皇家海軍，卻把俄羅斯推向了相反的陣營。[21]英西之間的商業爭端也升級至開戰邊緣，一場大規模的全面戰爭眼見即將爆發。這場衝突無法讓法國得到任何好處，也有人呼籲當局在義大利和荷蘭邊境集結軍隊並對抗西班牙，但弗勒里的決定對法國地緣政治來說，卻是怪異又精妙：他拒絕派出法國軍隊。

甚至在一七二七年三月英國向西班牙宣戰之前，弗勒里就反其道而行之。儘管他極力聲援法國的盟友，卻仍從未派遣軍隊至法國邊境。弗勒里反而是提議各國召開大會，藉此推動和平進程。最遲至五月，奧地利和西班牙便確定他們無意發動大規模戰爭。七月，西蒙・斯林格蘭特（Simon Slingelandt）擔任荷蘭大議長（威廉三世去世之後，大議長再次成為荷蘭的最高職位，就此開啟第二段無執政官時期），他與弗勒里的立場也大致相同（兩人唯一談不攏之處，就只有是否該先讓奧屬尼德蘭新興的商業競爭對手「奧斯坦德公司」〔Ostend Company〕倒閉，以及對付該公司的具體措施）。[22]雖然西班牙軍隊繼續圍困直布羅陀（Gibraltar），英國也於加勒比海保留了一支強大艦隊，但兩個交戰大國都能感到各方盟友不願軍援自己。

最終，英、西於一七二八年三月簽署《帕爾多公約》（Convention of the Pardo），這是一項很有效的停火協議，弗勒里正是主要的調解人。他還於一七二八年六月至一七二九年七月期間組織並延長了雙方於蘇瓦松（Soissons）舉行的更大規模會談。要讓交戰雙方和解並非易事，漢諾威聯盟的普魯士則於一七二八年倒戈投靠奧、西、俄陣營；但弗勒里仍然相信，只要能成功拉攏馬德里或維也納，就等同於達成了整體和平的目標。而兩國皇室自己則幫了弗勒里一把：查理六世拒讓自己的兩個女兒與費利佩五世和伊麗莎白・法內塞（Elizabeth Farnese）的兩位兒子聯姻。最後結果就如蘇瓦松會談，弗勒里的特使們成功讓各國於一七二九年十一月談成《塞維亞條約》（Treaty of Seville）：英、法、西三國簽署結盟，荷蘭也很快就加入。弗勒里透過外交上的阻撓和表面上的和平主義，成功斷去馬德里與維也納軸心、為法國的盟友贏得勝利，並支持重視和平貿易的法國商人，他完全沒有訴諸武力就達到了以上成果。[23]

弗勒里也讓西班牙在法國的外交體系中恢復了一席之地，進而引起英國的嫉妒。西班牙已改變立場，但英西之間的商業糾紛仍未解決。儘管一七一六年的《布布條約》（Bubb Treaty）經過些許修改，但英國商人仍繼續濫用西班牙在烏得勒支協議中讓出的貿易專營權（稱為Asiento），西班牙當局在解釋法律時的粗暴也繼續惹怒英國人。就算有弗勒里負責調停，新的聯盟也無法持續下去，且擔任外交官者也很快就有所更動：第一代哈林頓男爵（Baron Harrington）威廉・史坦諾普（William Stanhope）本是促成塞維亞條約的關鍵人物。

一七三〇年，他接替第二代湯森子爵（Viscount Townshend）查理成為英國外交關係負責人。不久後，英國政策就轉向了弗勒里可能早已料到的新方向：倒向維也納。[24]

有鑒於威廉三世留下的遺產，英國的倒戈就等同於荷蘭的背叛，但這對弗勒里來說卻並非全盤皆輸。一七三一年，即使法國外交部大概正因聯盟的轉變而惴惴不安，但此時局勢卻仍有別於一七二五年的劍拔弩張。這時候，英國和西班牙保持和平；英國和荷蘭領袖友善對待法國；還有一本英國小冊子甚至稱一七三二年為近代記憶中最和平的一年。[25] 其實，法國不再受到與英國結盟的束縛，弗勒里和他的門生遮爾曼路易・肖維蘭（Germain-Louis Chauvelin）要與馬德里打好關係也更容易了。他們需要等待時機，徹底鞏固兩者的關係，但時機卻是來自一個不尋常的地區：波蘭。

一七三三年二月，波蘭國王奧古斯都二世（Augustus II）的去世影響了法國和俄羅斯外交政策的走向。對法國外交部的鷹派來說，這代表波蘭的選舉君主制有機會讓史坦尼斯勞斯・萊辛斯基（Stanislaus Leszczynski）重登王座，而萊辛斯基正是現年二十三歲的路易十五的岳父。不過歐洲遙遠彼端的俄女皇安娜（Czarina Anna）卻對君王的選情心懷不軌，她下令俄軍務必保住自己推出的候選人：薩克森選帝侯奧古斯都三世，以助其登上王位。[26] 隨著雙方動員，弗勒里也與西班牙締結了《第一次家族盟約》（First Family Compact），後再和年輕的撒丁尼亞國王查理・伊曼紐三世（Charles Emmanuel III）獨立結盟。奇怪的是，俄羅斯為了波蘭的選舉王權鬥爭而逼迫奧地利參戰，這卻為義大利和萊茵河地區的戰役開闢了道路。

然而，更著眼大局的弗勒里還是讓法國按兵不動。他採取嚇唬人的策略，目的就是要讓很可能演變成全球大戰的火花止步於歐洲。而他手中最厲害的王牌，無疑就是維拉爾元帥（Marshal Villars）和貝里克公爵（Duke of Berwick）領導的法國軍隊；但法國拒絕出兵奧屬尼德蘭，以對荷蘭先前宣布中立的決定表示認可。就這樣，弗勒里也觀望著另一個海上強權的動作，看英國敢不敢考慮在無荷蘭援助下於低地諸國和世界各地開戰，與試圖顛覆王室選舉者站在同一陣線。而英國是否會投注資源來冒這場險？賭上自己的貿易、殖民地、關係良好的非軍事中立領土，甚至冒著讓國內社會和政府面臨詹姆斯一派叛亂的風險？弗勒里賭他們不會這麼做，事實證明他猜得沒錯。[27]

弗勒里費盡心思，還是沒能讓戰爭止步於歐洲，但隨著軍隊上戰場，弗勒里又會讓法國軍隊為何而戰？有沃邦（Vauban）一連串如鐵幕般的要塞庇護著法國，他還指望能得到什麼？那也得等待時機才會知道。法國、西班牙、撒丁尼亞集團在南義大利、北義大片地區及一小部分的萊茵蘭取得了勝利，俄羅斯則攻佔下波蘭和立陶宛的大半土地。一場血腥但基本上可預見的僵局隨之而來，卻被弗勒里以獨特的手法破除了。

在西班牙軍隊遠赴義大利的同時，葡萄牙國王若昂五世（Joao V）也許發現自己有機會能從一七二九年的雙重聯姻中得利。當年成婚的兩對夫婦，其一是他自己的兒子荷西與路易十五先前悔婚的新娘瑪麗亞安娜，另一對則是女兒葡萄牙的芭芭拉（Barbara of Portugal），與費利佩五世和薩伏依的瑪麗亞・路易莎（Maria Luisa of Savoy）誕下的小兒子，這位女婿也就是未來的斐迪南六世國王。若昂也許曾考慮於馬德里發動宮廷政變，以支持上述的第二對夫婦（雖然我們現有的證據尚不確鑿）。然而在一七三五年初，西班牙當局認定葡萄牙心懷不軌，因而粗暴地對待對方的大使館人員，結果雙方都召回了自己的外交官。這次交鋒讓人們開始憂心西葡也會於波蘭王位繼承戰期間再起衝突。若昂則援引一七〇三年的《梅休因條約》（Treaty of Methuen），於是英國政府依約派出載有九千名士兵的二十八艘軍艦。[28]

英國對伊比利半島緊急情況採取的回應雖然合法且合乎邏輯，但此舉也立刻讓他們更無暇顧及更大的衝突，這為弗勒里帶來了他正想要的契機。他先是從小處著手：譴責英國的砲艦外交，再次按兵不動（這次是不率軍前往西班牙）並立即帶頭設法修復伊比利半島的衝突。接著則從大處著眼：弗勒里私下寫了張照會給英國首相羅伯特・沃波爾爵士（Sir Robert Walpole），大力說服對方一起朝他倆共有的兩個目標邁進：其一是實現歐洲和平，這點毋庸置疑；其二（這點較為次要）則是削弱半個世紀以來不斷得逞的奧地利政權。[29] 接著弗勒里轉向維也納。

以下論調很有說服力，也及時阻止三萬名俄軍從波蘭進軍萊茵河而造成損傷。奧地利的表現已經夠糟糕了，他們失去義大利北部、還接連丟了那不勒斯（Naples）和西西里島，尼德蘭則是對著法國門戶洞開。然而，弗勒里也能稱法國在凱爾（Kehl）、特拉巴赫（Trarbach）和菲利普斯堡（Philippsburg）的勝利都只是為了轉移注意力。儘管維拉爾元帥曾積極參與義大利的首次戰役，但弗勒里同樣也大可以說那裡的活動多是由西班牙和撒丁尼亞主導，而他也曾試圖約束他們。奧地利是會更願意與弗勒里打交道（他也在蘇瓦松會談中為自己打下了名聲），還是與現正駐軍里斯本且準備擴大戰爭的英國「調解人」對話？

雖有些問題仍懸而未決，但弗勒里還是約莫於一七三五年底促成了停火協議。重建的那不勒斯王國交由西班牙費利佩五世和王后法內塞的長子唐・卡洛斯（Don Carlos）掌管。撒丁尼亞從米蘭得到了一些好處。法國的野心（包括路易十五岳父的野心）還需要更多時間、妙計及特殊的局勢轉變才能實踐。而歐洲外交事務上出現的最新轉折，也許恰好值得讓弗勒里好好把握：俄羅斯返回東方，還將不情願的奧地利盟友拖入一場與土耳其的新戰爭。[30]

土耳其戰爭打得並不順利。而在一七三七年七月，托斯卡尼大公（Grand Duke of Tuscany）的末位傳人吉安・加斯托內・德・梅迪奇（Gian Gastone de Medici）去世。弗勒里也趁機再次與奧地利合作，同時與之抗衡。他首先援引《第三次維也納條約》（Third Treaty of Vienna）的主張相互移交條款，將停火協議轉變為更穩固的和平狀態：查理六世長女瑪麗亞・特蕾莎（Maria Theresa）之夫「洛林的法蘭茲・史蒂芬」（Francis Stephen of Lorraine）將接管現在王位空缺的托斯卡尼大公國，並允許一位親法國的統治者接管洛林——此人就是萊辛斯基，而他將承認自己輸掉了波蘭一役。這樣一來，法國也就不必再像過去十五年來一樣處心積慮破壞奧地利於一七一三年以《國事詔書》（Pragmatic Sanction）鞏固的外交核心了。一年後，弗勒里的使節也促成《貝爾格勒條約》（Treaty of Belgrade），以奧屬塞爾維亞換得巴爾幹半島的和平。

簡言之，弗勒里耐心運用歐洲外交關係流動且多極化的特質，藉由外交阻撓手段和不承諾動用武力屢次成功為法國謀利。除外交成就外，他還促進了法國物業和商業在地方上、歐洲和全球的發展。[31] 他支持財政總監（Controller-General of Finances）菲利貝・奧里（Philibert Orry）下令「強迫無酬勞動」（corvée）來整頓和擴建法國的道路系統。至一七四三年弗勒里去世時，法國的道路大概是全歐洲最優秀的。同時，擔任海事大臣的莫帕伯爵（Comte de Maurepas）尚・弗雷德里克・菲利波（Jean-Frédéric Phélypeaux），也大力推動法國在黎凡特（Levant，譯註：泛稱東地中海地區）的商業擴張，並協助法國東印度公司將重心從路易斯安那州失敗的煙草生意，轉向印度洋獲利更豐厚的事業。

弗勒里與殖民地的互動也值得一提。一七三〇年，約瑟夫・法蘭索瓦・杜普萊（Joseph François Dupleix）就任昌德納加（Chandannagar）的監管，這大概與弗勒里無關，但杜普萊在印度擴大法國利潤和勢力的手法，整體上卻符合樞機主教大臣在歐洲和平的情況下，對法國商業和殖民主義的願景。弗勒里和莫帕也監督了法屬北美地區更多的堡壘建設，其中有蘇必略湖（Lake Superior）以西的大量探勘用哨站、路易斯安那州東部邊境附近用於保護喬克托族（Choctaw）的湯貝克貝堡（Fort de Tombecbé），還有莫米及沃巴什（Maumee-Wabash）淺灘（其連接密西西比河和聖羅倫斯〔St. Lawrence〕水道）上的文森斯堡（Fort Vincennes）。擔任商業監管（intendant of commerce）的重農學派（physiocrat）領袖雅克・克勞德・馬利・文森特・德・古奈（Jacques Claude Marie Vincent de Gournay）可能同是向弗勒里取經，他贊成放鬆商業管制，也像杜普利一樣會思考如何維護、操縱和利用歐洲的和平局勢來為法國謀求海外利益。

而後手段厲害的貝爾島公爵（Duc de Belle-Isle）崛起，卻讓弗勒里的職業生涯留下了悲劇的結尾。儘管這位樞機主教曾插手日耳曼政局，也會動用狡猾的外交手段來應付盟友和對手，但大約有十五年，他主要都是秉著追求和平及誠實的心態來調解斡旋，以此奠定法國的名聲。可是在一七四一年，隨著路易十五支持宮中鷹派，貝爾島公爵也將奧地利王位繼承戰帶入日耳曼更深處，他的野心比弗勒里八年前還要更大。此外，貝爾島公爵對腓特烈入侵西利西亞的支持也公然違反國際慣例，並破壞了法國對《國事詔書》的善意支持。

總而言之，年過八旬的弗勒里遺留的法國戰略思想，對於年輕一代來說太過於微妙，難以效仿——這與俾斯麥之後的德國命運大致相同。一七三七年，弗勒里開除了自己的門生；奧里和莫帕都無法取代弗勒里的角色。而事實證明，路易十五自己也是個無能的領袖。後來的首席大臣——舒瓦瑟（Choiseul）、維爾真（Vergennes）、塔列朗（Talleyrand）——都是有能力、善創造之輩，但卻無一如弗勒里那般充分了解到亮出王牌、卻按牌不動的珍貴價值。

V

約從《西發里亞和平條約》至革命時代，歐洲的外交關係發展出對世俗國家主權和準社會規範的獨特解釋，進而漸漸累積成一套國際法。體系內許多國家之間的動態聯盟時常會淪為暴力爭鬥，但同樣的，這種不斷變化又多極化的特質也推動了國際法的編纂。因此歐洲才會擁有其獨特的戰爭和外交文化，即使特定國家的局勢仍會受到偶發事件的影響，但牌局中的幾乎所有參與者都保證能生存下來。

此種政權的成功，不僅取決於精心營造和悉心呵護與他國的政治和商業交流，更有賴於與制度內社會規範相符的名聲（也可說是按規矩行事）。路易十四和腓特烈大帝的征戰催生出杜倫尼及普魯士的亨利（Henry of Prussia）等偉大將帥，但卻無人有奧塞・圖圖、雍笈牙或沙阿那般的作風。尤其是按照洛克的邏輯，歐洲人民可以起而抵制糟糕的政府；然而，歐洲國家共同體也需要時間來接受種種變革，例如正統的史都華王朝遭驅逐、一七一三年的《國事詔書》，或是帕默瑞尼亞、西利西亞及洛林等大片領土最後的歸屬。

威廉三世和樞機主教弗勒里躋身這場歐洲政治牌局中最成功的戰略家，兩人為國家牟利而付出的心血都可謂橫跨世代。威廉擺脫德威特的陰影，在各方面成為了奠定聯合王國基礎的先驅，還形塑出英國在歐洲與整個大英帝國的戰略。另一方面，弗勒里則繼承法國數十年成長積累的優勢和侷限，他一邊將歐洲和平當作武器，一邊探索著擴展法國威望和商業的新方向。

兩位戰略家樹立的典範可作為我們這時代的借鏡，隨著運輸、通訊、商務、力量投射的量與速度提高，此時代更有發展出多極世界之可能。除中美二元論外，當代體系也納入了歐盟、俄羅斯、印度、巴西，也許還有東協（ASEAN）和非洲聯盟（African Union）（若其結構更加穩固的話），這樣的體系或可與威廉三世和樞機主教弗勒里的世界並行比較。國際結盟有著複雜又變幻莫測的特質，如未謹慎待之，就會有很高的衝突風險。相反的，當代歐洲就如近代早期的神聖羅馬帝國，可能仍擁有一些可啟發、塑造及有助於規範更大體系的制度。威廉三世的例子突顯出小國在建立國際慣例、共識和結成聯盟以執行規範的作用，弗勒里則令我們了解小心採取克制戰略的收穫。最重要的是，先不論現有何種正式法律及維護世界和平的舉措，多極全球體系必定會發展出自有的社會邏輯，當今的戰略家也應當關注其中所隱藏的線索。

Chapter

3

拿破崙與單點策略

麥克・萊傑爾（**Michael V. Leggiere**）在北德克薩斯大學擔任歷史系教授和軍事歷史中心副主任，曾寫過許多關於拿破崙軍事戰役的獲獎著作。

從一七九九年十一月至一八〇四年五月，拿破崙．波拿巴（Napoleon Bonaparte）是作為開明的專制君主統治著法國，而後再以皇帝的身分治理至一八一四年四月為止，隨後則是一八一五年不光彩的「百日王朝」（Hundred Days）。然而，若要探討拿破崙的策略，我們首先得簡述一場從一七九二年開始、而後延續了近四分之一個世紀的衝突。

那一年，正在大革命的法國展開了七場同盟戰爭中的第一場，其中各大強權與較小型的國家組成各種聯盟與法國相抗。英法戰爭（一七九三至一八〇二年、一八〇三至一八一四年）、伊比利戰爭（一八〇七至一八一四年）以及一八一二年拿破崙侵俄都涵蓋其中，此七次同盟戰爭全數統稱為「法國戰爭」。而法國戰爭又可分為兩個時期：法國大革命戰爭（一七九二至一八〇二年），也就是由法國革命政府發起的戰爭；以及由拿破崙挑起的拿破崙戰爭（一八〇三至一八一五年）。

拿破崙在其戰爭時期的重大創新之舉，就是採取名為「單點」的策略來發動「殲滅戰役」（Vernichtungsschlacht），而本章便欲以此為背景來探究這段時期。單點戰略強調沿單一軸線進軍，於單一地點和時間與敵人決戰。此法有段時間曾屢創奇效。拿破崙的作戰技巧結合精良軍隊，加上敵軍只會使用過時的打法，這讓法國得以徹底碾壓第三次（一八〇五年）和第四次（一八〇六至一八〇七年）反法同盟。然而隨後拿破崙的軍力變弱，敵人的戰術和策略卻有改進，結果法國與第五次（一八〇九年）和第六次（一八一三至一八一四年）反法同盟的對峙都是以戰敗作結。

戰敗不僅標誌著拿破崙的垮台，也標誌著拿破崙戰爭時代的結束。若說法國大革命引發的政治和軍事變革讓拿破崙得以征戰四方，那麼工業革命帶來的變革，則使單點戰略再無用武之地。

I

要進一步理解拿破崙的戰略，就必須略為認識他的敵人。在一八〇九年之前，與拿破崙為敵的奧地利、普魯士和俄羅斯軍隊都將腓特烈大帝奉若神明。腓特烈於一七八六年去世後，軍事觀察家得出結論：這位普魯士國王的戰爭型態屬「陣地戰」（Stellungskrieg），而他在作戰時會採取「消耗策略」（Ermattungsstrategie）。腓特烈缺乏可碾壓大國、令其毫無防禦之力的資源，因此他會限制自己的行動和目標——「有限戰爭」故而得名。消耗策略會透過戰鬥、調度、堅守陣地和消耗手段（他認為以上全是實現戰爭政治目標的同等有效方式），來達成在和平談判桌和戰場上都能成功拿下的有限目標。[1] 腓特烈的戰略是透過將我軍調度至有利的位置來消耗敵軍，這方面的例子包含威脅敵人的交通線路、圍攻要塞、佔領富裕的省分、摧毀農作物和商業，以及控制關鍵的路口或橋樑。好比西洋棋，腓特烈的將領會設法把對手逼入僵局，同時儘量保留棋子，因為他缺少可替代棋子的資源。[2]

結果奧地利、普魯士及俄羅斯的軍事理論都幾無變化。其實，許多曾為腓特烈效力或與之對抗的軍官，都在各自軍中擔任司令或高階軍師職務。放眼全歐洲，這些人之中仍有少數人——包含普魯士的格哈德・馮・沙恩霍斯特（Gerhard von Scharnhorst）等開明的年輕一輩軍官——敦促著改變，而他們的君王也並非不了解法國大革命釋出的力量，但在舊制度歐洲的專制框架下，要達到與法國同等程度的軍事改革仍是不可能的。唯有劇烈的政治和社會變革，才能動搖軍隊的社會結構。[3]

十八世紀的軍隊受制於訴諸恐懼的嚴格紀律。因軍人是出於恐懼才服從，所以腓特烈的軍隊經常出現逃兵。因此無論是戰術、行軍或後勤，腓特烈軍隊的各面向都是為了防止有人逃跑而設計。[4]軍隊在戰術上的布局則著重緊密僵化的隊列，以便嚴密監督，並透過集中的步兵攻擊來將火力最大化。監控士兵之必要，再加上線性集合隊伍的需求，都限制了腓特烈手下將領的選擇和靈活度。若非萬不得已，否則就得避免在夜間行軍。[5]腓特烈也曾建議不要在森林附近紮營，並說士兵須由軍官領著去沐浴並受到監督。樹林和山丘除了可能讓士兵更容易逃跑之外，也會破壞砲火齊發的效果、毀掉線性的團結力，限制指揮官的戰術控制。[6]將領們受制於腓特烈複雜的調度方式和緊密陣型，故偏好在開闊的地形上以緩慢、有條不紊的方式移動部隊。不同於拿破崙的是，他們重視精準多於速度和靈活。

要採取線性戰術就得完善規劃整場行動。其基本戰術理念在於一擊壓制敵人。作戰陣形通常是將步兵編成縱深的波浪隊形，由騎兵防守側翼和後方。在戰鬥過程中，砲兵通常保持不動。因線性陣形非常容易受到側翼攻擊，所以腓特烈的將領通常會偏好保障側翼安全，而非打造強大的中心。整支軍隊會以一個整體、完全統一地向敵人挺進。所有後排的波浪列隊都會沿著平行方向跟隨第一排移動。雙方交火時，緊密排列的三縱陣列步兵會大規模、無目標地向敵人齊射。前線的恐慌情緒很容易向後蔓延，所以若前線部隊潰逃，後方的部隊即使沒有潰散，通常也會一起被拖垮。

物資則會經由食物和糧草庫存系統供給，這使得軍隊只能以巨大的補給列車攜帶大量糧食前進。軍隊也不能放心派出小隊搜尋物資，因許多人根本一去不回。「因為職業士兵的主要目標在於謀生，而非為了某種志向而奮鬥或戰死」，所以如軍隊沒有為士兵提供「可忍受的生活水準」，那麼也會出現逃兵。[7]對彈藥和武器庫的依賴同樣讓軍隊綁手綁腳。而因為貴族軍官出行時必須保持格調，缺乏政治熱情的士兵若無穩定的食物供應就會士氣低落，所以緩慢移動、笨重的部隊後方也會跟隨著龐大的行李列車。[8]

II

一七九九年十一月九至十日，拿破崙發動「霧月十八至十九日政變」（Coup of 18–19 Brumaire）推翻了法國政府。他在過程中也繼承下一支軍隊，該軍隊自一七六〇年代起就一直經歷廣泛的漸進改革，在過去十年來也經歷著革命性的變革。法國大革命藉著新生的政治和社會體系，開啟了戰爭的新時代。

多虧有一七九三年的「全民徵兵」（levée en masse），法國成為第一個「全民皆兵」（nation in arms）的國家，其中人民、軍隊及政府三者組合起來參戰，從而開創了從有限戰爭到全面戰爭的轉型。法國握有舉國的人力和經濟資源，故不再只能發動有限的戰爭來實現有限目標。全民皆兵的法國具有發動攻擊的本事，也能在徹底摧毀敵軍並佔領其首都的情況下打贏戰爭。[9]

隨著大革命改變法國的社會結構，軍隊的社會組成也同樣發生了變化，結果就是其社會凝聚力改為由民族主義支撐，而非自上而下強制執行的紀律。在革命的混亂和流血中，誕生了自律獨立的公民士兵，他們效力於人民的軍隊，他們為民族而戰，而非為國王而戰。[10] 與敵軍內不情願的平民和反覆無常的傭兵不同，法軍能享有賦予他們公民權的憲法，並生活在一個論功行賞的社會。[11] 法國士兵的個人利益與新社會脫不了關係，因而有了保家衛國的動機，這讓他們成為國家獨立的代表。此外，軍隊不再接受光靠貴族頭銜便帶兵打仗的軍官。[12] 而大革命期間的大規模貴族外流也整頓了軍隊裡的軍官組成，讓「天生」的領袖有機會出頭。任將軍的拿破崙即為一例，他於一七九六年四月獲任命為法國的義大利軍團司令，當時他年方二十七。

在拿破崙的軍隊中，徵兵制和民族主義相得益彰。一八〇〇至一八一一年間，有一百三十萬人受徵召入伍。法國在俄羅斯和德意志分別於一八一二和一八一三年受重挫之後，拿破崙又徵召了一百萬名士兵。雖然法軍至大革命結束時已轉變為專業部隊，但法國大革命的固有好處，就是培養出擁有高度動機和極端愛國的公民，這點正好為拿破崙所利用。他曾說過，每位士兵的行囊裡都能找到一把元帥杖，此話充分說明了士兵是有機會靠著功績往上爬的，無關乎貴族頭銜。拿破崙為了進一步激勵部下，也向帝國衛隊（Imperial Guard）祭出獎章、勳章、獎金、頭銜和晉升等慷慨獎勵。然而，儘管他曾設法強調「全民皆兵」的概念，但由於人民厭戰、死傷慘重也讓人心生厭惡，這使得一八一三至一八一四年逃避兵役和逃兵的比例很高。

雖然徵兵和來自封臣及盟友的部隊給了拿破崙前所未有的大規模軍力，但他還是得設法解決距離、空間及時間上彼此相關的問題。比方說，無論是對五萬人或二十五萬人的軍隊而言，從巴黎到柏林的距離都是一樣的。[13] 在從巴黎至柏林的單一軸線上，能運用的空間也是固定的：在行軍路線上的任何一點，在任何時間都只能部署相同數量的人力、馬匹、大砲及戰車。拿破崙透過速度和分散的調度方式解決了距離與空間這兩個問題。雖然巴黎和柏林之間的距離不變，但走完這段距離所需的時間卻改變了。為加快速度，拿破崙的軍隊每天都會行軍二十到三十英里，而敵人一般只會行軍七到十英里。法軍會於夜間行軍、穿越茂密森林、走過崎嶇的地形，並分成小部隊作戰。他們也改採簡易的後勤系統，取消十八世紀的傳統彈藥庫和補給列車。法軍的另一特色，就是透過採集和徵用物資來補給他們微薄的儲備，這讓軍隊更加靈活快速，機動性也提高了。士兵們知道，戰敗的下場是很淒慘的，會讓他們衣單食薄，但打勝仗就能吃飽，還能滿足物質和性需求。雖然此制度在德意志和義大利的富饒地區效果很好，但東歐和伊比利的貧瘠地區卻讓法軍吃了極大苦頭。

拿破崙克服空間問題的方法，就是進一步發揮將軍隊劃分為較小聯合兵種單位的概念，各單位都作為獨立的「迷你軍隊」運作。此種小型軍隊最初為專設的師（division），由步兵和砲兵組成，總人數介於五千至七千。聯合兵種師能快速、獨立地部署，要反擊或威脅敵人均可。拿破崙將此種小型軍隊分散於寬闊的戰線上，但彼此始終保持在可互相支援的距離內。聯合兵種師會沿平行的道路行進，藉此擴大我軍的作戰範圍、方便包圍調度，在擴大我軍作戰空間的同時也便於採集物資。雖然速度仍是首要目標，但一支聯合兵種師卻有能耐抵禦典型的十八世紀軍隊，不致敗退。他們可困住敵人，等著其他友方師沿不同的路線抵達敵人的所在位置。同樣的（這點可能還更重要），若有一個師遭擊潰，軍隊仍有機會存活，甚至可能贏得戰鬥。

拿破崙在一八〇〇年的義大利戰役中首次採用這種專設的聯合兵種師。在一八〇一至一八〇五年的歐陸和平時期，他又加入了騎兵來延伸這個概念，創造出拿破崙戰爭的強大工具：軍（army corps）。他以與聯合兵種師相同的理念為基礎組建軍：這是一支由步兵、騎兵和砲兵組成的小型軍隊，但規模要大得多。軍是名副其實的小型軍隊，規模從一萬五千人到四萬人不等（甚至超過）。而一八一三年，米歇爾・內伊（Michel Ney）元帥麾下的第三軍就有六萬人。一支法國軍便包含足以二十四小時堅守陣地、對抗十八世紀常規軍隊的所有必備條件。一個典型的軍包含三個配備建制砲兵的步兵師、一個騎兵旅、一個預備重砲組，其本身也配有由參謀、工兵和聯絡官組成的支援人員。為軍配備騎兵和後備砲兵，可讓軍長即時因應戰場上萬變的局勢。由此可見，「軍」這樣的單位能讓軍隊快速移動、極為靈活行事，也能開闢廣闊的戰線。更重要的是，這給了拿破崙銳不可當的強大攻擊力。

III

隨著軍隊分工，領袖也有必要重新規劃，好讓各個軍的行動能夠協調一致。拿破崙將此種級別的戰爭（將戰鬥資產轉移到戰場上，以及戰鬥資產的作戰陣形）稱為「大戰術」（Grand Tactics）；今天我們則稱之為作戰藝術（operational art）。拿破崙精進至今仍極受重視的戰役原則，其戰爭之道最關鍵的要素在於速度與靈活，還有將令人難擋的火力集中在攻擊點上。他在作戰時會採取縱深側翼調度，以從後方包抄敵人。拿破崙的軍總會沿不同路線前往戰場，但彼此仍保持在可互相支援的距離內：他們會在戰場上分頭、會合，再聯合出手。此種方法讓軍隊內部更加靈活協調、提升了戰鬥力，也能保障拿破崙底下的軍令能夠統一一致。此外，戰鬥的性質也從意在一舉覆滅敵人的大規模線性隊形，轉變為透過不斷在戰場上補足新兵力來消耗敵軍的手法，準備讓強大的預備隊發動最後一擊。

就軍隊層面而言，拿破崙仍直接指揮其精銳帝國衛隊、預備騎兵軍和預備砲兵的步兵、騎兵及砲兵。這讓他能將橫掃千軍的火力和兵力瞄準戰場上的任一處。他最喜歡的行軍隊形是「營方陣」（bataillon carré），也就是將各軍排成菱形，四點各安排一個軍。拿破崙自己則負責率領衛隊和預備隊於中央行進，與各點保持約二十四小時的行軍距離。因四側的間距均相等，所以各點間隔二十四小時，對角點則間隔四十八小時。也就是說，頭與尾、左與右都各相隔四十八小時。理論上，在前端遇敵後的二十四小時內，皇帝和衛隊及左右兩翼的軍都會抵達。再過二十四小時，全軍就能會合。菱形陣形還有個優勢：只要改變各個點的職責，就能讓軍隊在任何方向發揮同樣效果。這種陣型為拿破崙提供了必要的速度與靈活性，令他得以實踐自己的「殲滅戰役」戰略目標。

對拿破崙而言，成功的戰役，就在於以最節約的方式來運用時間和資源殲滅敵軍主力。他不把重點放在征服和佔領土地上，而是大為強調在最短的時間內匯聚兵力。他在一八〇六年解釋道，「在戰爭中，損失的時間是無法挽回的：什麼理由都是藉口，因為只要有延誤，就會對作戰不利。」一八〇九年，拿破崙指出：「就好比力學，時間是戰爭藝術中重量和力之間的關鍵。」[14]他要的是速戰速決，幾乎總是搶得先機、主動出擊。拿破崙手下軍隊的作戰範圍比對手要大得多，因為各部隊都比腓特烈時代的軍隊更加輕便。輕裝上陣讓拿破崙的軍隊享有更強的機動性，這點就勝過他職業生涯中曾應戰的大半敵人。這樣的機動性在戰爭三大層面都派上了用場，但受其影響最大的則在於策略和作戰層面。

拿破崙在謀劃過程中會將軍隊部署於單一戰線上，保持一條單一交通管道。若要迎戰兩支軍隊，他就會將自己置於兩個敵人的中間，採取「中央陣地調度」（manœuvre sur position centrale）。接著拿破崙會判斷哪支軍隊是己方交通管道的主要威脅，並出動所有能用的軍力來殲滅對方，然後以最低限度的必要戰力來應付另一支敵軍；至少在早期戰役中，拿破崙並未將戰鬥資源消耗在非必要目標上（如城市）。他會在輕騎兵掩護下往敵軍最脆弱的側翼推進，確保己方交通管道保持安全暢通。若條件許可，拿破崙就會採取他最喜歡的作戰調度法：「敵後調度」（manœuvre sur les derrières），也就是將我方軍隊部署在敵人的側翼與後方，藉此包圍對方並切斷其交通管道。在作戰層面，拿破崙很擅長同時部署和調度大規模的獨立部隊，然後將其集中在戰場上，發揮部隊的最大戰力。

IV

兵學家卡爾・馮・克勞塞維茲（Carl von Clausewitz）曾稱拿破崙為「戰神在世」。克勞塞維茲是在評估拿破崙的策略之後給出了此種慷慨評價。法國將軍拿破崙本能地意識到，

「全民皆兵」的國家可提供之資源足以取代腓特烈的用兵、布陣和消耗概念，而這只需一個簡單原則即可達成：戰爭。拿破崙實現政治目標的手段，就是設法以殲滅戰役來消滅敵人的主力部隊；戰鬥成為其「殲滅策略」（Niederwerfungsstrategie）的一大要素。拿破崙對戰爭作戰層面之精通，又讓他使「殲滅戰爭」（Niederwerfungskrieg）的概念更加成熟。他善用現代民族國家發動的戰爭形式，以全面徵兵得到的大規模軍力來「短時間、快速、大力打擊敵軍主力，進而摧毀對方的抵抗意志」。[15] 軍事史家漢斯・德布呂克（Hans Delbrück）總結道：「拿破崙總是把次要問題擺在次要地位，集中所有兵力一舉毀滅敵人。消滅敵軍後，他便入侵並征服敵方國家。」[16] 皮耶・貝塞森（Pierre Berthezène）將軍則於回憶錄中引用年輕的波拿巴將軍於一七九七年說過的話：

> 歐洲有很多優秀將領，但他們卻一次著眼太多地方；而我眼中唯一的目標，就是敵人本身。我努力消滅敵人，相信次要的問題自然會迎刃而解。[17]

拿破崙的戰役是「殲滅戰役」（通常也稱「決戰」）概念的典範。他發動決戰的作法，就是於一條總軸線上往敵人長途進軍，目標就是要在關鍵時刻與對方於一個單點上決一死戰。[18]安托萬—亨利・約米尼（Antoine-Henri Jomini）等軍事理論家認為，拿破崙作戰及策略天賦的精要正在於「單點策略」。[19]蘇聯軍官兼理論家格奧爾基・伊瑟森（Georgii Isserson，一八九八至一九七六年）便將典型的拿破崙戰役形容為：「大規模的長途進攻，其形成一條長作戰線，令兩軍於單一地點迅速決戰，而就此長作戰線而言，交戰的地點就是空間上的一個點、時間上的一個時刻。」[20]所以說，拿破崙縱隊在戰區內行軍調度的手法，會迫使敵軍於時空上有限的單點與我軍相接決戰，甚至是打一場可能決定戰爭結果的激烈戰鬥。[21]

V

一八〇四年五月十八日，法國宣布波拿巴將軍為「法國皇帝：拿破崙一世」。一年後，他再自立為王，將義大利共和國更改為義大利王國，此舉不僅進一步疏遠奧地利，更冒犯了俄羅斯，在俄羅斯人的眼中，拿破崙的行為太過份了。他獲加冕為法皇和義大利國王一事，是「對奧地利神聖羅馬帝國皇帝、查理曼大帝傳統繼承人及所有合法君王的侮辱」。[22]英國運用巧妙的外交手段與俄羅斯簽署了軍事公約，隨後又與奧地利和那不勒斯簽下類似協議。而儘管有兩個陣營都在向普魯士招手，該國仍選擇保持武裝中立。

拿破崙在為自己的英格蘭軍起了「大軍團」（La Grande Armée）的名號後，便將其從英吉利海峽（該部隊幾年來一直在此受訓，準備入侵英國）以驚人的速度調往萊茵河。軍隊於一八〇五年八月二十七日派出七個軍從營地出發，沿著平行道路行進四百五十英里，在九月二十六日抵達萊茵河。同時間，另一支緩速的奧地利軍隊入侵巴伐利亞，揭開了戰爭的序幕。奧地利軍隊原本估計至少要到十一月才會與法軍交戰，於是便慢吞吞地往西邊的烏爾姆市（Ulm）前進。而拿破崙則是先給每名士兵發下五十份彈藥和四天口糧，接著便迅速調動軍隊渡過萊茵河向東前進。[23]拿破崙透過「敵後調度」打出了軍事史上最盛大的包圍戰之一。他率軍南下，現蹤烏爾姆的東邊，徹底切斷奧地利軍隊與維也納的聯繫，將敵軍大半困於烏爾姆，並迫使對方於一八〇五年十月二十日投降。

同時間，拿破崙採取「中央陣地調度」，將大軍團置於烏爾姆市的奧軍與正在逼近的俄軍之間。俄軍在收到烏爾姆的消息後就撤退了，拿破崙繼續追擊，並於路上拿下維也納。他還發現奧俄聯軍正於布呂恩（Brünn，位於現代的捷克共和國）附近等著他。一八〇五年十二月二日，拿破崙在這場奧斯特里茲戰役（Battle of Austerlitz）拿下他最輝煌的戰術勝利，這是一場雙方都有時間準備的激戰。當拿破崙的第三軍仍在前來的途中時，他便以只有一個團駐守的右側為餌來引誘敵人聯軍。沙皇亞歷山大一世（Alexander I）上鉤了，他將部隊從中路調往左側，想擊潰法軍右翼。而第三軍不僅即時趕到阻止了俄軍左翼，拿破崙更大舉攻擊曝出弱點的聯軍中路。為保障勝利，帝國衛隊也將俄軍徹底擊潰。那時，奧斯特里茲一役成為拿破崙最大規模的戰鬥，也是他的第一次「殲滅戰役」。俄軍連正式結束戰爭的外交協議都未達成就回國了，奧國則是於十二月六日簽署停戰協定。第三次反法同盟結束。

然而在另一方面，英國海軍將領何瑞休・納爾遜（Horatio Nelson）於一八〇五年十月二十一日於西班牙特拉法加（Trafalgar）外海擊敗法國及西班牙艦隊，讓法國再無挑戰英國海軍霸權的機會。拿破崙明白，特拉法加一役大大限制了他出動船艦挑戰英國人的能力，也大大削弱自己掌控英吉利海峽的機會，因此他改為設法善用法國在陸地上的勝利。在法軍佔領那不勒斯王國的大陸區域之後，拿破崙便任命自己的兄長約瑟夫為新王，弟弟路易則受封為新任荷蘭國王。一八〇六年七月，拿破崙成立涵蓋十五個德意志自治邦國的「萊因邦聯」（Rheinbund），這些邦國在法皇的保護下結成軍事和政治聯盟，德意志地區的重組就此完成。此舉是壓垮普魯士的最後一根稻草，該國自一七九五年來便一直奉行中立政策。國王腓特烈・威廉三世（Frederick William III）對拿破崙下了最後通牒、向俄羅斯求援，也成功確保英國會派兵援助，以組建第四次反法同盟。而對普魯士的統治者來說，接下來的十一個月就是一場惡夢。

拿破崙將大軍團擺成營方陣，從巴伐利亞出發，穿越圖林根森林（Thuringian Forest）向北行進，他估計軍隊會於西北的艾福特（Erfurt）附近碰上普魯士主力部隊。他計畫沿薩勒河（Saale River）行進以掩護己方行動，並於普軍左側採取敵後調度，意圖切斷對方往東北延伸一百八十英里至柏林的交通線。他的先鋒部隊第三軍沿著薩勒河穩步前進，作為右翼主力的第四軍也是如此。然而在十月十日，拿破崙的左翼主力第五軍卻於艾福特以東不到三十英里處的薩菲爾德（Saalfeld）發現普魯士軍隊，並將之擊敗。儘管局勢尚未明朗，拿破崙仍繼續往北進軍，他認為普魯士仍位於艾福特的左側（西側）。三天後，第五軍再次遇上普軍，這次雙方卻是在薩菲爾德東北約二十五英里處的耶納（Jena）交鋒。普魯士的六萬五千名主力軍先前猜到了拿破崙的計畫，於是開始沿其交通線撤退，並於八月十三日抵達奧厄施泰特村（Auerstedt），普魯士亦在南方十五英里處派駐四萬人於後方守衛耶納，以保護側翼。拿破崙以為第五軍在耶納發現的就是敵方主力軍，於是將營方陣往西調轉，讓第五軍作先鋒，第三軍作右翼，第四軍作後翼，第六軍作為左翼。而為採取敵後調度，他命令第三軍（後方跟著第一軍）向西進軍，並往南掉頭包圍普魯士左翼。其餘軍隊則獲指示於耶納會合。

至十月十三日夜幕降臨之時，第五軍和帝國衛隊約三萬名士兵已立於耶納高地上俯瞰普國陣營。十月十四日清晨六點，法軍出擊。新部隊源源不絕抵達戰場，分別為拿破崙右翼的第四軍、左翼第七軍、以及中路的第六軍。到下午一點，拿破崙已有五萬四千名士兵投入戰鬥，接下來兩小時內再有四萬兩千人抵達。普軍遭到聯合兵種攻擊的重創，開始屈服。普軍中路在約莫兩點被攻破後，拿破崙便派出預備騎兵，無情追擊撤退的普軍。至四點鐘，他們就只能無助潰逃，再無抵抗之力。最終普魯士有一萬人死傷、一萬五千人遭俘、一百五十五門火砲被奪。[24]

儘管耶納戰役標誌著拿破崙的第二次「殲滅戰役」，但他擊敗的並非普軍主力部隊，這讓他難以置信。反倒是路易尼古拉・達武（Louis-Nicholas Davout）元帥率領的第三軍（含兩萬八千名士兵和四十四門火砲）在北方的奧厄施泰特遇上正往東北撤退的普主力軍。儘管達武面臨著敵人的三萬九千名步兵、九千兩百名騎兵和兩百三十門火砲，但他率領的三個師仍穩步前進，兵種間互相配合，最後還是成功阻斷了普軍。受阻的普軍有一萬三千人傷亡、三千人被俘、一百一十五門火砲遭奪，之後於中午十二點三十分開始依序撤退。法軍則損失七千多人，傷亡率達二十五％，但達武的部隊卻也證實了作為「迷你軍隊」的「軍」編制確有其功效。[25]

那天深夜，從耶納逃出來的人遇上剛從奧厄施泰特撤出、且井然有序的普魯士部隊。恐慌迅速蔓延，兩支普軍很快就形同烏合之眾。黎明時分，法國騎兵繼續追擊，俘虜敵方數千人。儘管國王腓特烈逃到了柯尼斯堡（Königsberg），在那裡也有一萬名普軍與前來的俄軍會合，但普軍在連續慘敗、只能無力投降後卻已崩潰。十一月六日，馬德堡（Magdeburg）及該地的兩萬兩千名駐軍陷落，耶納戰役正式結束。不到一個月，普軍就損失十六萬五千人，死傷人數超過三萬。普魯士人也相當不幸，他們因法皇的這場殲滅戰爭而吃盡苦果。[26]

大軍團從柏林往東與俄軍交鋒，但普魯士波蘭的惡劣天氣卻減緩了行軍速度，也讓軍隊只能重採傳統的冬季補給制。在俄軍於一月下旬發動總攻勢後，拿破崙再次以敵後調度因應，他將十一萬五千名士兵擺成營方陣，意圖從左側包抄俄軍。然而拿破崙的獵物在詳知法國的計策後，便於二月初開始撤退。拿破崙繼續追擊，但二月四日、五日及六日俄軍後衛的猛烈攻勢卻令他無法搶得優勢。可俄軍若不放棄與柯尼斯堡的交通線路及其珍貴的物資庫（儘管只是勉強維持，但這些物資庫仍讓軍隊得以溫飽），就無法再往前推進。最後，他們決定在二月七日率領六萬七千人堅守於埃勞村（Eylau）。當晚，拿破崙率領衛隊、預備騎兵軍、第四及第七軍共五萬人抵達埃勞。他估計右翼的第三和第六軍即將前來會合，於是在二月八日發動攻擊。

雙方在持續不斷的暴風雪中浴血奮戰。拿破崙意圖壓制俄軍，想撐到達武元帥的第三軍抵達包圍俄軍左翼為止。但拿破崙的第七軍卻在周圍一片白茫茫中，意外陷入雙方大砲的猛烈火線。不過短短幾分鐘，第七軍就全軍覆沒。但這再次證實了「軍」編制的能耐，這樣的損失並未使法軍崩潰，然而俄國的反擊卻粉碎了法軍中路。拿破崙見手頭上只剩少量步兵編隊，便下令預備騎兵衝破俄軍中路。這是軍事史上最壯闊的騎兵衝鋒之一：來勢洶洶的一萬名法國騎兵一路殺進俄軍中心。他們一抵達後便重整旗鼓，再次衝過俄軍防線返回埃勞。陷入一片混亂的俄軍需要時間重新整頓，這也讓第三軍有時間能抵達拿破崙的右翼，協助壯大法軍實力。隨著達武元帥步步進逼，俄軍左翼也往後退去，幾乎與中路形成直角。可是第三軍還來不及從側方包抄以斷俄軍退路，八千名普軍便即時趕到，擊退了達武的攻勢。俄軍和普軍在短時間內就扭轉局面，眼看就要包圍達武弱點盡現的右翼。但隨著夜幕降臨，戰鬥結束；第六軍抵達拿破崙的左翼，使得俄國決定於夜間撤軍。俄軍放棄陣地之時，法國便算是打了勝仗，但雙方都損失慘重：俄軍傷亡超過兩萬五千人，拿破崙這邊則有兩萬至三萬傷亡人數。酣戰之後，雙方都駐進冬季營地。[27]

拿破崙在向德意志附庸國召集增援部隊並休整軍隊後，便準備於夏季進攻。但在六月初，他還沒能先發制人，俄軍便試圖擊潰拿破崙看似孤立的第六軍。而法國「軍」編制的靈活優勢再次不證自明。俄軍不但未能擊敗第三軍的一萬六千人，自己反倒栽進一張密網。拿破崙根據標準作戰程序來部署軍隊，以保障各軍都能在二十四至四十八小時內集結完畢。俄軍撤退後，拿破崙發動反攻，欲透過敵後調度來展開殲滅戰役。據拿破崙的計畫，他的主力部隊將壓制俄軍，第三軍和第八軍則負責於同一時間包抄俄軍右翼。六月十日早晨，拿破崙與俄軍交戰，俄軍卻於一圈土壘防禦工事（其中包含阿勒河〔Alle River〕兩邊沿岸的六處掩體）背後死守。這場海爾斯堡戰役（Battle of Heilsberg）雖然血腥，卻沒有結果。這一仗讓拿破崙傷亡一萬兩千人，俄軍則損失六千至九千人。雖然六月十一日並未發生戰鬥，但俄國因擔心會與柯尼斯堡斷絕聯繫而決定撤退。拿破崙往北追擊，直逼弗里德蘭（Friedland），這時尚・拉納（Jean Lannes）元帥麾下新成立的「預備軍」（Reserve Corps）編隊卻於阿勒河西岸發現了俄軍。

俄軍沒料到剩餘的大軍團也將迅速前來，因此發動了攻擊。從六月十四日早晨六時起，儘管俄方步兵挾三比一的人數優勢，但拉納元帥的軍卻仍堅守陣地禦敵三小時。上午九點鐘後，第八軍和預備騎兵的先鋒部隊開始抵達拉納的左翼，第一軍、第六軍以及衛隊則抵達右翼。法國的新部隊源源湧進「單點」，最後在酣戰之時，拿破崙手下共有八萬法軍聽令迎戰六萬俄軍。他於下午五點三十分發動總攻擊，法軍右翼將俄軍左翼驅趕到弗里德蘭。砲兵和步兵合作無間，也重挫了俄軍緊密排列的部隊。俄軍的左翼遭撕碎後，部隊便於拿破崙大砲的恐怖要脅下撤過阿勒河。俄國士氣低落，死傷兩萬，因而請求停戰。[28]法軍傷亡達一萬兩千人，損失雖不小，但拿破崙大概也能說弗里德蘭一役又是一場「殲滅戰役」，因為其逼得俄國退出戰爭。此後，沙皇亞歷山大接受意義重大的法俄《提爾西特條約》（Treaty of Tilsit），此條約不僅為戰爭劃下句點，也讓兩個帝國之間建立了攻防聯盟。此外，俄國還加入法皇的「大陸封鎖令」（Continental System，此為拿破崙以經濟戰擊敗英國的野心）。至於普王腓特烈的下場，法普簽訂的《提爾西特條約》則將其王國貶得殘破不堪，不僅有一半領土和人口被剝奪，還將無限期由法國佔領。

拿破崙分別於一八〇五年的烏爾姆和奧斯特里茲、一八〇六年的耶納及奧厄施泰特村，還有一八〇七年的埃勞和弗里德蘭戰役勝過了腓特烈式軍隊，這些都是他的彪炳戰功。拿破崙每次打仗都會把軍隊擺成迎擊敵人主力軍的陣勢，在接下來的正面交鋒中，軍編制帶來的巨大優勢、法皇本人對戰爭藝術的精通、其殲滅策略，以及對手墨守線性戰爭的成規，都讓拿破崙受益無窮。拿破崙還有幸只在一個戰場、一處戰區、只面對一支敵軍。所以說，在一八〇五至一八〇七年間，拿破崙之所以能一舉擊潰敵人，部分是因為他的對手仍堅守線性戰爭的打法，這使得其主力部隊尤其難以承受拿破崙的大舉攻擊。在一支主力部隊集結於單一主要作戰區域的情況下，其隨之而來的敗仗也為戰爭劃下了句點。

VI

繼《提爾西特條約》之後，拿破崙評估伊比利半島的整體局勢。他除了意圖結束葡萄牙與英國的貿易之外，還覺得西班牙太過腐敗、效率太低，無法推行大陸封鎖令。於是法皇決定一邊公開對付葡萄牙，一邊暗中搞定西班牙。一八〇七年十一月三十日，法軍進入里斯本，此時葡萄牙政府卻正帶著國家的大半資金航向巴西。於是法國於葡萄牙樹立統治權，佔領其港口和堡壘，也解散了該國的武裝部隊。

拿破崙征服葡萄牙後，便開始與西班牙作對。他假稱要在法、葡兩國之間建立交通路線，便讓超過十三萬人的法國大軍越過庇里牛斯山脈（Pyrenees）。一八〇八年三月二十四日，這批軍隊卻沒有進入里斯本，反而現蹤馬德里，而其他法國部隊則於同時間掌控了西班牙的各大堡壘。一八〇八年五月二日，法國入侵引起馬德里人民的暴烈抗議。同時間，國王卡洛斯四世和其子斐迪南王儲之間的分歧，也使得拿破崙邀請相關各方於一八〇八年四月在貝約納（Bayonne）會見。拿破崙於該處逮捕了父子倆，迫使他們交出王位。接著拿破崙便將約瑟夫從那不勒斯召來，命其為西班牙的新國王。

在馬德里，民眾對可惡法國侵略者的反抗升級為普遍的叛亂。全國各地都出現了革命軍政府（Juntas），西班牙軍隊——無論是傳統部隊還是遊擊隊——均動員起來。一八〇八年七月，獲調至西班牙各大城市的法國部隊都遭遇瘋狂抵抗。登陸葡萄牙的英軍也逼迫法軍投降。此種迅速惡化的局勢需要拿破崙出面解決。一八〇八年十一月五日，他指揮在西班牙的所有法軍發動一場短暫的閃電戰，成功粉碎西班牙野戰軍，並將英國人趕入科魯尼亞（Coruña）的海外。此時，拿破崙本應轉向南方將殘餘的英國佬趕出葡萄牙，但有關奧地利正在備戰的謠言卻讓他決定於一八〇九年一月十九日返回巴黎。拿破崙再也沒有返回伊比利半島，並將戰爭留給手下元帥和哥哥處理——這麼做卻是鑄下大錯，因為那場戰爭大大耗盡了法國的資源。英國在葡萄牙的勢力，以及其對西班牙遊擊隊的支持，都迫使拿破崙於半島戰爭（Peninsular War，一八〇七至一八一四年）期間向伊比利半島派出五十多萬名士兵。隨後法國曾分別於一八〇九年，及一八一〇至一八一一年兩度侵葡，卻遭亞瑟・韋爾斯利（Arthur Wellesley）率領的英葡聯軍擊退。英國乘勝進攻西班牙，但被法國成功擋下。於一八一四年受封為威靈頓公爵（Duke of Wellington）的韋爾斯利恪守消耗策略，他巧妙利用法國元帥的缺點，從未讓自己陷入殲滅戰役的境地。

雖然英國和西班牙遊擊隊耗盡了法國的氣力，但拿破崙的資源似乎無窮無盡。即使他曾為了於一八一二年侵俄而撤軍，法國卻仍有二十萬帝國士兵在西班牙持續作戰。英國因法國撤軍之故，而得以於一八一二年八月攻下馬德里，但法國在年底前便將英國佬趕回了葡萄牙。英葡聯軍在一八一二至一八一三年冬季之交獲得大量增援後，便於一八一三年五月入侵西班牙。隨著拿破崙從西班牙召集老部隊來補足數萬名在俄國失去的兵力，法軍再次縮編，英國人從中得利。一八一三年七月二十一日，英國在半島戰爭的最後一場大戰中擊敗法國。隨後，所有法軍撤回庇里牛斯山之後。英國於一八一三年十月侵法，並在一八一四年四月拿破崙退位時抵達南部城市土魯斯（Toulouse）。據估計，法國在西、葡損失的人數超過二十五萬，部分官方估計更達四十多萬。[29]

回到中歐，拿破崙在軍隊組織、策略、作戰、戰術上享有的巨大優勢，都於一八〇九年開始消退。奧地利於這一年宣戰。他們顯然已從法國學到教訓，也開始採取軍編制。儘管奧軍高層缺乏恰當訓練，因而也不熟悉新的指揮結構，但分成八個軍的二十萬人大軍仍於四月入侵巴伐利亞。拿破崙在那裡擋下敵方攻勢後，兩軍便於維也納附近的多瑙河彼岸對峙。一八〇九年五月二十一至二十二日，奧地利於阿斯柏埃斯林（Aspern-Essling）擊敗拿破崙，主要是因為他低估了對手，且並未採取適當防衛措施便試圖渡過多瑙河。然而奧地利卻未能乘勝追擊，讓拿破崙有機會恢復元氣，並於七月五日至六日的瓦格拉姆戰役（Battle of Wagram）殘酷屠殺奧軍。在兩天的惡戰中，大約有十八萬八千名帝國軍迎戰十五萬五千名奧軍。第二天，拿破崙將奧地利軍隊一分為二，卻竟然未能如願擊垮敵方。雖然奧軍的傷亡率接近三十%（四萬人），但他們仍堅持戰鬥，證明法國不再是唯一的戰術大家。30

儘管瓦格拉姆戰役嚴格說來是法國的勝利，但它卻絕對稱不上是殲滅戰役。奧地利是首個效仿法國軍編制的大國，所以儘管損失巨大，他們仍存活了下來。不僅如此，拿破崙在瓦格拉姆一役中並未展現出其一貫的戰術技巧或分散式的調兵手法。我們反倒發覺他越來越偏好血腥、大規模的正面攻擊，並輔以大量砲陣。這表示法國步兵的戰術技巧正在退步，部分是因為新兵和非法籍的新軍人取代了奧斯特里茲和耶納的老兵；這時候，原有的老兵都與拿破崙手下幾位最老練的將領一起於伊比利作戰。還有個重大原因則在於，拿破崙瞧不起他的敵手，認為對方無法突破線性戰爭的極限。這種過度自信限縮了他批判性思考的能力。

第五次反法同盟戰爭於一八〇九年十月結束後，拿破崙便未再參與戰役，直至一八一二年六月十六日因沙皇退出大陸封鎖令，他才率領約六十五萬人侵俄。在策略和作戰方面，拿破崙試圖比照早期戰役的打法，但這一回規模要大得多。他沒能利用手下軍隊的優越速度和靈活性來包抄、消滅俄軍，只能追擊對方五百英里無果，俄軍則採取見機行事的費邊策略（Fabian strategy）撤退。九月七日，俄軍終於在波羅第諾（Borodino）與拿破崙展開激戰。在接下來的血戰中，俄羅斯在土壘、掩體和飛刺（flèches）的掩護下，將步兵擺成縱深的大規模波浪陣式，拿破崙則如瓦格拉姆一役，對其發動了同樣的大規模正面攻擊。帝國軍的死傷人數為三萬至三萬五千，俄國則為四萬至四萬五千。這次，拿破崙未讓衛隊發動致命一擊，於是俄軍蹣跚離開波羅第諾，法軍則於一週後抵達莫斯科。但戰爭卻因俄國拒絕談判而未能結束，這令拿破崙不敢置信。他與九萬五千名裝備不良、補給不足的士兵留在莫斯科，直至十月九日才終於下令開始撤退。到十二月底，大雪、飢餓、疾病和俄國人的追擊，致使拿破崙原本約有四十五萬人的主力部隊中只有兩萬三千人存活下來。[31]

在沙皇亞歷山大的推動下，俄國人將戰事西移，欲將法國勢力逐出中歐。一八一三年二月，普魯士加入俄國與英國組成第六次反法同盟。法軍在俄羅斯遭受的重創和此新結成的聯盟都沒有嚇倒拿破崙，他下令在法國、德意志和義大利進行總動員。儘管他憑藉無與倫比的組織能力於四月底成功組建一支二十萬人的新野戰軍，但他卻沒能彌補在俄羅斯損失的十八萬馬匹，而這也就表示，軍隊不僅缺乏突擊戰術的主要工具，也缺乏偵查用的耳目。

從策略和作戰的角度來看，一八一三年春季戰役對拿破崙來說相對平淡，他同樣碾壓敵軍。他再次鎖定敵軍主力為主要目標，作戰行動也僅限於單一戰區。法軍在五月二日的呂岑（Lützen）戰役及五月二十一日的包岑（Bautzen）戰役中都戰勝反法同盟。呂岑戰役再次讓拿破崙展現出其作戰優勢。他擺出營方陣向萊比錫挺進，方便於有必要時將各軍調往呂岑。

五月二日，同盟軍隊在數小時內就遭到雙重包圍慘敗，整場戰爭本來近乎要結束了。然而繼呂岑之後，拿破崙卻因騎兵短缺而無法如耶納那般繼續追擊讓盟軍一擊斃命，故也未能實踐殲滅戰役。

五月二十日，拿破崙於包岑襲擊同盟軍隊。就如前一年的波羅第諾，他發現有大批俄軍守在土壘和掩體後方。為化解此情勢，他計畫讓內伊元帥於五月二十一日向東進軍，並橫渡同盟軍陣地以北的史普里河（Spree River）。在拿破崙以超過十二萬兵力鎮住同盟軍隊的同時，他希望內伊能率領六萬多人往東南方行進，以包抄同盟軍的右翼。魯莽的內伊不顧參謀長約米尼的警告，他在觀察到敵軍右翼「露出弱點」後就執意轉往南方。內伊的軍隊與盤踞在陡峭山脊上的普魯士軍隊相遇，無法繼續前行。若內伊當初按指示往東南方行進，那麼亞歷山大和腓特烈就會雙雙被俘，戰爭就此結束。

就組織上而言，拿破崙的對手已大有長進。聯合兵種學說的發展讓他們更可靈活變通，軍編制也使之得以吸收戰場上的損失，並相對無損地繼續行軍。拿破崙的騎兵不足給了對手活命的機會，也令他難以探查敵情。拿破崙經常受引用的一句話就是：「這幫人也學到點東西了。」可見他也不情願地承認，對手與自己在戰術上的差距已不再那麼大了。對拿破崙來說，這樣勢均力敵的狀態意味著他必須保住作戰優勢。呂岑和包岑戰役證明，在俄國的慘敗並未影響他的作戰能力。反法同盟既無法挑戰他，也無法預測他的行動；他們的戰爭計畫仍蒙在拿破崙的陰影之下。所以說，要想擊敗拿破崙，他們就得擬出嶄新、創新的計畫才行。

VII

在雙方同意由奧地利斡旋的停戰協議後，拿破崙在談判桌上的強硬態度逼得維也納也加入了反法同盟。名為「查登堡及賴亨巴赫計畫」（Trachenberg-Reichenbach Plan）的第六次同盟戰爭計畫，呼籲由三支多國軍團圍繞薩克森和西利西亞的法軍形成一廣闊弧線，分別為：作為主力軍的波希米亞軍團（含二十二萬奧地利人、普魯士人和俄國人）、西利西亞軍團（含十萬〇五千俄國人和普魯士人），以及北德意志軍團（含十四萬普魯士人、俄國人、瑞典人和北德人）。[32] 依計畫，這些軍團只會與單獨的敵方軍交戰，並且避免與拿破崙激烈戰鬥。若有任一支軍團遭到法皇集中火力攻擊，該軍團就撤退，另兩支則攻擊法軍側翼和交通路線。這樣的計畫旨在分裂和消耗法國。儘管拿破崙擁有內線優勢，但他卻必須迎戰同時往己方中路、側翼和交通線進攻的軍隊。此外，由於拿破崙一次只能親自對付一支同盟軍團，所以另兩支軍團會負責攻擊其側翼和交通線，受威脅的軍團則採取費邊策略誘使法皇追擊，藉此拖長和暴露他的交通線路。

拿破崙計畫召集三十萬士兵於西利西亞迎戰反法同盟，他認定其為由二十萬俄國人和普魯士人組成的敵方主力軍。時機至關重要。他得搶在奧地利人從波希米亞進攻自己的德勒斯登基地前，於西利西亞打完殲滅戰役。匪夷所思的是，拿破崙竟違反了僅將最低所需戰力分配給次要部隊的原則，他組建七萬人的柏林軍團（第四、七、十二軍，以及第三騎兵軍），交由元帥尼古拉・烏迪諾（Nicolas Oudinot）指揮進攻普魯士首都。隨著停戰結束在即，拿破崙收到的情報卻指出同盟軍的主力部隊實際上為波希米亞軍團。停戰協議於八月十七日到期後，他並未發動閃電攻勢，反而耗費數天來確認消息。雖然拿破倫最後確定情報屬實，但他仍決定攻擊次要的西利西亞軍團。然而，拿破崙於八月二十日一與敵方相接，敵軍便按照查登堡及賴亨巴赫計畫向東撤退。在追擊西利西亞軍隊三天無果後，拿破崙得知波希米亞軍團已越過撒克森邊境，正進逼德勒斯登。他立即下令二十萬人聚集到德勒斯登參與殲滅戰役。他將留在西利西亞的七萬五千人（第三、五、十一軍和第二騎兵軍）組成博伯軍團（Army of the Bober），由雅克艾蒂安・麥克唐納（Jacques-Etienne Macdonald）元帥負責指揮。33

八月二十三日，當他領軍前往德勒斯登時，北德軍團則於該市以南十一英里的大貝倫（Großbeeren）擋下烏迪諾的柏林軍團。儘管烏迪諾只損失三千人，但他仍一路撤退到易北河（Elbe River）畔的威騰堡（Wittenberg）。三天後，西利西亞軍團在卡茨巴赫河（Katzbach River）沿岸擊退麥克唐納的博伯軍團；麥克唐納於逃往薩克森的途中損失了三萬多人和一百〇三門槍砲。同天，八月二十六日，波希米亞軍團也襲擊德勒斯登。在戰鬥中，拿破崙和帝國衛隊趕到擊退了敵軍。夜間，第二軍和第六軍前來增援，拿破崙的戰力增加到十三萬五千人，抗衡著二十一萬五千名同盟軍。二十七日，戰鬥持續，拿破崙包抄同盟軍左翼，滅了奧地利兩個軍團。由於法軍也圍著右翼進攻，因此同盟軍在損失三萬八千人後撤退。儘管帝國衛隊的傷亡人數（一萬）相較之下要少得多，但拿破崙這次還是未能獲得決定性的勝利。雖然他手下擁有足夠騎兵，但疾病卻使得法皇只能離開戰場，未能指揮後續追擊。八月三十日，同盟軍將其過度擴張的第一軍團困在德勒斯登以南三十五英里的庫爾姆（Kulm）。帝國損失達兩萬五千人；同盟軍死傷則有一萬一千人。[34]

拿破崙在大貝倫、卡茨巴赫及庫爾姆吞敗後，決定要向柏林發動第二次攻擊，即使他知道同盟的主力軍位於波希米亞。他計畫率領三萬人從德勒斯登出發、於九月六日與柏林軍團會合，並重新進攻普魯士首都。拿破崙從未發起柏林攻勢，眼看麥克唐納遭圍攻的博伯軍團即將崩潰，他必須親自介入。九月三日，拿破崙在重整紀律、增派大量援軍後，便率領博伯軍團對抗再次撤退的西利西亞軍團。在拿破崙追擊的同時，波希米亞軍團又開始進攻德勒斯登，法皇只能趕回這座薩克森首府。同時，接替烏迪諾擔任柏林軍團司令的內伊則於六日與北德軍團短兵相接。在隨後的登內維茨戰役（Battle of Dennewitz）中，內伊的損失達兩萬一千五百人，普魯士則損失九千七百人。[35]

戰役還持續不到一個月，拿破崙便已陷入絕境。自從停戰協議到期以來，他已經損失了十五萬名士兵和三百門槍砲——另還有五萬患病者。當法國各指揮官於大貝倫、卡茨巴赫、庫爾姆及登內維茨戰敗時，皇帝則在易北河和博伯河之間來回奔波，打算攻打其中一支同盟軍隊，卻是徒勞無功。他手下的兵將也因不斷地來回行軍而心力交瘁。

繼登內維茨戰役後，西利西亞軍團與北德軍團越過易北河會合。拿破崙於威騰堡以南突襲兩個軍團，最後一次嘗試打出殲滅戰役。十月九日，他在巴特迪本（Bad Düben）和德紹（Dessau）地區集結了十五萬名士兵，但同盟軍一樣遵照作戰計畫，兩支軍隊都向西撤過薩勒河逃脫了。在此節骨眼上，拿破崙乾脆決定守在萊比錫，讓同盟軍隊包圍自己，進行一場史詩鬥爭。一週後，反法同盟軍開始往拿破崙的位置集結，引發一場大規模的包圍戰。在戰役的最後一天，十月十九日，三十六萬五千名同盟軍士兵在一千五百門火砲支援下，進攻拿破崙的十九萬五千人及七百門火砲。這場戰鬥以損失慘重做結：同盟軍傷亡五萬四千人，法帝國軍傷亡七萬三千人，其中包括三萬名俘虜和五千名德意志逃兵。[36] 此劫使拿破崙失去了德意志。一八一三年十二月，同盟軍入侵法國，很快就迫使他退位。一八一五年，拿破崙短暫回歸，卻於滑鐵盧一役慘敗。

VIII

大軍團在第三次反法同盟戰爭的前幾年受到高強度訓練，其實力於一八〇五至一八〇七年達到頂峰。一八〇七年，拿破崙在歷經無可彌補的損失後，將許多倖存的士兵調往伊比利半島，從此他們再也沒有回來。在耗盡這支訓練有素的珍貴部隊後，他越發仰賴德意志、義大利及波蘭的人力，但這些人並未受過與原始大軍團同等的訓練。從一八〇九年起發動拿破崙戰爭的帝國軍隊表現，根本比不上他們的前輩。除品質下降外，拿破崙的策略也有顯著變化。他未能繼續推動戰術創新來在戰場上解決問題，反倒越來越依賴大量集中的砲陣、龐大的步兵編隊和無新意的正面攻擊，這點從阿斯柏埃斯林、瓦格拉姆及波羅第諾戰役可見一斑。

此外，拿破崙鮮少透過作戰調度來求勝，只有包岑為例外。儘管他在作戰的藝術上未逢敵手，但查登堡及賴亨巴赫計畫的消耗策略卻使他和手下軍隊疲憊不堪，讓他失去平衡、破壞了其單點策略。一八一三年的失敗，則反映出帝國最後幾年間拿破崙戰爭體系的四個重要考量。首先，他明白軍隊品質的下降限制了他在戰爭三大層面上的選擇。其次，拿破崙極為蔑視對手，加上他認定自己是絕對正確的，這扼殺了他以創新手法解決戰場問題的能力。第三，他重保住次要目標多過實踐殲滅戰役。第四，拿破崙手下年邁的元帥和無能的將軍常使軍隊難以採取「跳脫框架」的思維。由於缺乏有能力的參謀，其軍長的策略制定和作戰水準多無法媲美法皇本人。拿破崙的體系很能培養厲害的戰術家，卻無法培養軍官獨立指揮的能力。

在戰爭的演進過程中，「消耗策略」和「殲滅策略」的差異反映出兩種社會政治制度的差異。法國大革命帶來的政治和社會變革，解放了拿破崙發展後者的能量。他對作戰藝術的精通，使他能夠在單一點和時間與敵人交戰——也就是單點策略——並結合集中的軍力和火力來實踐殲滅戰役。拿破崙戰爭藝術的中心主題閃電攻勢，旨在摧毀敵人的重心：軍隊。[37]拿破崙的策略一律在於促成決定性戰役。消耗策略旨在穩定將敵人逼入僵局，同時儘量保留棋子，因為替換棋子的成本太高，殲滅策略則是不計後果硬是將殺敵人，不顧忌損失多少棋子，因為替換速度快，成本又低廉。正因如此，奉行消耗策略者（薩伏依的尤金親王、腓特烈大帝）必須是能夠與奉行殲滅策略者（亞歷山大大帝、凱撒和拿破崙）匹敵、甚至是更偉大的天才。[38]

雖然法國大革命讓拿破崙得以令單點策略臻於完善，但另一場革命——工業革命——卻讓這樣的手法過時了。槍支和大砲的技術於十九世紀大有進步，戰場上的殺傷範圍因此倍增。步槍的精準射擊和射程讓軍隊必須尋求掩護，故戰場上也布滿了防禦線和巨大土壘（這成為一戰塹壕的早期設計）。所以說，一名步槍手只要躲在壕溝內，就能殺傷數十名接近的士兵，自己則幾乎沒有危險。將步兵排列成拿破崙式的攻擊縱隊或腓特烈式的線性隊伍來正面進攻，已無異於自殺行為。軍隊該做的並非震懾敵人，而是採行靈活有彈性的戰術編制、迅捷的調兵戰術、快速開火和精準的槍法。

戰場上殺傷力的提升讓防禦策略更顯優勢，也令拿破崙式的殲滅戰役看來並不可行，於是一種新的戰略概念框架應運而生：「延長戰線」（extended line）。為避免正面迎擊敵人，指揮官們改採「分散式作戰策略」，橫向拉伸拿破崙集結部隊的單點，形成此種延長戰線。沒有了側翼，攻擊方就得設法突破一條綿延的戰線。而快速又可靠的鐵路和汽船也利用緊密的戰場內線縮短了距離，創造出分散式的戰場。[39]就此意義而言，十九世紀單點策略的最後一個突出例子就屬一八六六年的普奧戰爭了，期間三支普魯士軍團以柯尼格雷茨（Königgrätz）為圓心往內集結，打出一場包圍戰。然而，在僅四年後的普法戰爭中，普德聯軍則「以四場單獨的戰役來擊敗法國，分別為斯皮什倫沃特（Spichern-Werth）、梅斯、色當（Sedan）及巴黎戰役，而每場戰役都代表著多次規模各有不同的較小型戰役。這也就表示，戰鬥不再是雙方部隊匯聚於單一一處交戰，而是在持續擴大的前線或『戰線』之上分散進行各種次要戰役」。[40] 此一趨勢將於第一次世界大戰達到頂峰。在慘烈的西線上，決戰再無可能，故殲滅策略及其必備的殲滅戰役，也為「陣地戰」和「消耗戰」所取代。[41]

Chapter

4

約翰・昆西・亞當斯與民主策略的挑戰

查爾斯・艾德爾（Charles Edel）是戰略與國際研究中心的澳洲主席和資深顧問。曾經擔任美國國務卿的政策規劃幕僚，著有《國家建設者：約翰・昆西・亞當斯與共和國的大戰略》（Nation Builder: John Quincy Adams and the Grand Strategy of the Republic）。

一八二三年，約翰・昆西・亞當斯（John Quincy Adams）在寫給弟弟的信中表示：「我們樹立的榜樣影響力之大，令所有陳舊的歐洲政府倍感不安。」他預言，美國樹立的榜樣，將有「無一例外地推翻所有政府」的能力。[1]但亞當斯也明白，要讓美國成為足以影響世界的力量，光有影響力仍不夠，還需要權力才行。亞當斯相信，除思想的力量之外，美國的規模和成長空間，都表示它有潛力與數百年來一直主導著世界政治的歐洲國家匹敵——甚至可能取而代之。

此種想法在亞當斯一八二一年七月四日的知名演講中表露無遺。他指出，《獨立宣言》原則呈現出的美國革命是首個全球意識形態，必將「觸及全球表面」。[2]但主張這種「必然發生的命運」與真正制定能引導國家走向權力、同時保證其堅持正義之道的策略，卻完全是兩回事。[3]事實上，亞當斯職涯觸及的領域如此之廣，思想又如此有影響力，他的一生幾乎橫跨內戰前的整段時期，所以他可說是共和國早期最重要的謀略家。

亞當斯同時代的人也認可這點。亞當斯於眾議院驟逝後，有名國會議員表示，沒有哪位美國人「在國家歷史上佔有如此重要的地位，或是……於國家制度中烙下如此深刻的印記」。這名國會議員總結道，亞當斯「立於更高更廣的境界，遠遠走在我們所有人的前頭」。[4]報紙訃告表示：「在國家的重大民政事務中，鮮有人佔有比他更高的地位，或發揮比他更重要的作用。」[5]

亞當斯認為，美國治國之道的目標在於守護及拓展共和國及共和主義的理念。然而目標並不等同於策略。亞當斯就如多數美國建國之初的政治家，一樣想為國家面臨的各種基本挑戰尋求答案。該如何保衛國家安全？如何讓國家拓展到整個北美大陸？如何奠定長遠發展的基礎？還有，美國如何以其所樹立榜樣之力量，為世界帶來最正面的影響？

可是，要在民主原則的基礎上為一共和國制定大戰略，在很大程度上卻是空前的創舉。早在迪恩・艾奇遜（Dean Acheson）自稱正親身參與美國建立全新世界秩序的任務前，建國政治家們便已自認正在執行一項同等重要的任務。湯瑪斯・潘恩（Thomas Paine）令美國人了解自己的使命是要建立一共和國，以「重新展開新世界」，進而為他國指引明路。但當開國元勛們想在歷史上尋找典範，研究如何建立一個能以明確民主手段來維護安全、行使權力、促進繁榮及拓展影響力的政府時，他們卻發現手邊的選項都不甚實用。雖然美國初代決策者具備傑出的歷史意識，但他們也能看透歷史在帶領他們打造新事物時之侷限。

因此，並非只有亞當斯曾面臨過此項挑戰，他也不是唯一一個欲為此年輕共和國面臨之諸多挑戰尋求解方的美國決策者。可是，他漫長的職業生涯、他對美國策略挑戰之深思熟慮，以及其思想在他生前和身後之影響力，都標誌著亞當斯與眾不同之特質。我們可藉由審視亞當斯的一生，來充分了解他是如何設法克服美國建國之初代決策者在奮力制定獨有的民主策略時，所面臨的各種重大問題。[6]

I

亞當斯大概是十九世紀最有意思的美國人了。他曾任律師、政論作家、外交官、政治人物、教授，他也是詩人、充滿熱忱的業餘天文學家、葡萄酒專家，他還推崇科技，且終其一生都熱愛園藝。亞當斯於年輕時結識班傑明・富蘭克林（Benjamin Franklin）和湯瑪斯・傑佛遜（Thomas Jefferson），待他成年時，同輩人則有安德魯・傑克森（Andrew Jackson）、亨利・克萊（Henry Clay）及約翰・凱爾洪（John Calhoun）。亞當斯於晚年時與年輕的亞伯拉罕・林肯（Abraham Lincoln）一同任職國會。而在國際上，他也曾與同時代最傑出的人物有過來往，其中有奧地利的梅特涅親王（Prince Metternich）、俄國沙皇亞歷山大、英國的卡色萊子爵（Viscount Castlereagh）及法國的拿破崙。當英國作家查爾斯・狄更斯（Charles Dickens）、法國的亞歷克西・德・托克維爾（Alexis de Tocqueville）及拉法葉侯爵（Marquis de Lafayette）訪美時，他們也都喜歡有亞當斯作伴。故亞當斯發起「門羅主義」（Monroe

Doctrine）、華盛頓《告別演說》和林肯「解放奴隸宣言」（Emancipation Proclamation）中的思想均受其影響，也就不令人意外了。

亞當斯成長於美國革命期間，他是約翰・亞當斯及其妻艾比蓋兒（Abigail）的長子。在父親獲大陸會議（Continental Congress）任命為美國特使之後，亞當斯便作為父親的私人祕書隨其前往歐洲。亞當斯於十四歲時造訪聖彼得堡，當時美國正設法與俄羅斯展開外交關係。他在歸國後，也在一旁看著父親與傑佛遜商議於一七八三年結束了美國獨立戰爭的《巴黎條約》。亞當斯在回到美國就讀大學之時，大概已是當時遊歷最廣的美國人，他也親眼見證了制憲會議（Constitutional Convention）的辯論過程。

他早年曾撰寫政論文章，為華盛頓總統於一七九三年要求法國召回其大臣「公民熱內」（Citizen Genêt）之舉辯駁，他也主張美國對歐洲事務保持中立，因而獲派為美國駐海牙大使，其為當時美國僅有的五個外交職位之一。亞當斯於一七九四至一八〇一年間先後獲派駐荷蘭和普魯士。一八〇〇年，父親於總統選舉中輸給傑佛遜，隨後亞當斯返回美國。

年輕的亞當斯一返國便投身政治，並於一八〇三年成為美國參議員。他在一八〇七年主張對英國實施商業禁令，結果丟了麻薩諸塞州選區的支持，於是亞當斯辭去參議院職務。而後總統詹姆斯・麥迪遜（James Madison）命他為美國駐俄大使，他也於就任期間與沙皇亞歷山大一世談成美俄間的商業條約。一八一二年，英美爆發戰爭時亞當斯也沒有缺席，他作為美國代表團主席負責與倫敦商議止戰事宜。亞當斯在成功結束談判並得以保留戰前邊界後，便獲任為美國駐倫敦聖詹姆士朝廷（Court of St. James）大使。

後來，亞當斯獲詹姆斯・門羅（James Monroe）總統任命為美國國務卿。他於任職期間也努力逐出（或幾乎逐出）西班牙、俄羅斯和英國在北美的利益牽扯，並將美國的權力範圍大舉拓展到太平洋。他也負責梳理美國與新興諸南美洲共和國的關係、保住佛羅里達州的美國邊界，並與西班牙簽署《橫貫大陸條約》（Transcontinental Treaty），將美國的領土主張延伸至太平洋。

一八二四年，亞當斯於一場有爭議的選舉中獲選為美國總統。他不顧越來越有組織且越來越高的反對聲浪，執意大舉推動國內的基礎設施、教育及工業投資，希望奠定更堅實的基礎，以利國家及民眾的長期繁榮發展。由於政治分歧加深，加上他本人在政治上的頑固性格，亞當斯的各項重大舉措都以失敗告終，一八二八年也未能成功連任。

亞當斯在卸任總統後只度過了短暫的退休生活。一八三〇年，他代表麻州當選眾議員，自此便一直擔任該職位，直到十七年後死於腦溢血為止。亞當斯在人生和職涯的最終階段，都一直在譴責南方的蓄奴派（slave power）並與之鬥爭，以限制、約束及終結奴隸制為目標而努力。

亞當斯的影響力是如此深遠，故我們能透過探討其職涯、思想及作用來追溯美國民主策略演變過程的各面向。但即便亞當斯曾有許多成就，他遭遇的挫敗卻幾乎不少於他的功績。其中有些是他自取其咎，但也有一些是因國內巨大、火爆、往往亦相互矛盾的脈動帶來之固有挑戰。亞當斯試圖將建國元勛們的願景轉化為實質政策，讓國家不僅強大起來，更能繁榮、公正地發展，亞當斯正是藉此展現出民主策略可能蘊含的意義，也揭示了這項策略所面臨的挑戰。

II

亞歷山大・漢彌爾頓（Alexander Hamilton）於《聯邦主義論》（Federalist）第八篇寫道：「國家舉措的最高指導原則正在於抵禦外侮。」此話呼應了一項普遍觀點：美國早期決策者必得面對的首要挑戰，就是設法生存。[7]這在建國之初的幾十年間尤其中肯，因美國從一開始便很容易受到歐洲的干涉、操縱及分化。美國即便在取得獨立並成為公認的主權國家後，仍須應對歐洲列強的企圖，他們總藉著操縱美國政策而得利，並影響美國的發展軌跡。而隨著美國成長茁壯、變得更加富裕，它也必須應付有可能鼓吹分裂並試圖限制國家成長的歐洲列強。

至少在美國建國後的前半世紀，其政策制定的方向都是由這項挑戰所主導，不過該挑戰也可說是一直延續至整個美國內戰，並形塑了林肯為保聯邦完整和遏阻外國列強的策略。而亞當斯的大半職涯也受此挑戰主導。在亞當斯從英返國就任國務卿前，有位英國同僚就曾強調危險迫在眉睫，並以歐洲的觀點向他解釋道：

美國……是世界上唯一前途無量的幸福國度。「前途過於不可限量，」他表示，「前提是你們得長久維持統一；但你們做不到。你們很快就會分裂成數個政府：如此幅員遼闊的國家勢必無法長久受單一政府的統治。」[8]

此種觀念認定美國難免走向解體，並認為美國內部本身的緊張局勢和離心傾向會是解體的主要原因。然而亞當斯判斷外力也會有同樣的作用。在維也納會議恢復歐洲和平後不久，亞當斯便觀察到，出於各種原因，「所有復甦的歐洲政府都深深敵視我國。」[9]他擔心越來越深的敵意會再次引發暴力衝突，進而威脅到美國的安全和整體性。

若未能抵禦外侮，國家的共和原則及其新生的民主制度都不可能生存下來。開國元勛為此制定了他們認為能保障國安的三重方針，其中包括增進美國團結、保持中立不插手歐洲的鬥爭，還有培養在規模、強度和形式上都適合民主國家的威嚇力量。

美國憲法追求的是增進全民團結，以因應緊迫的國安挑戰。美國在宣布脫英獨立之前，一直是屬於這個世界上最強大的帝國。而為團結抵禦英國，這些殖民地便組成了鬆散的邦聯。但這個根據《邦聯條例》（Articles of Confederation）建構起來的合眾國先前與倫敦交涉的經驗不佳，也害怕接替遠方暴君的只會是又一位在地暴君，他們無法履行一個國家的許多基本職能，包括保衛邊界、償還債務，以及制定國家貿易政策。有鑑於上述種種問題的惡化，美國各領袖起草憲法的明確目的，就在於建立一個能有效滿足國安需求的統一政府。就連不喜中央集權政府的傑佛遜也明白團結對於推動外交政策有多麼重要，他表示：「我盼望能親見各州在所有外交事務上團結一心，在所有國內事務上也團結一心。」[10] 為實現此目標，依憲法創立的政府將負責管束軍隊、確立美國貿易政策的方向，並運用其簽訂條約的權力來掌控國家的外交方向。

就此概念而言，安全係來自於全民團結。亞當斯指出，他認為「我國聯邦會是我們的希望之錨，聯邦解體則會令我們深陷險境」。[11] 要了解此觀點對美國初代決策者的重大意義，我們不僅得探討他們在《邦聯條例》下的歷史經驗，也得了解潛藏其下的恐懼。

亞當斯和開國元勛們最大的恐懼，在於歐洲的政局會於美國重演。若合眾國分裂成多個主權國家，那北美就會成為新的歐洲，彷彿一個競爭激烈的競技場，各鄰國則於場中爭奪利益。此種競逐狀態將使國家有必要設立永久的軍事機構、引發軍備競賽，也難免不利於公民自由以及對人權之尊重。此外，北美大陸若分裂成多個互相角逐的主權國家，這可能還會增加外力介入與軍事干涉的機會。

歐洲在美國策略的想像中始終是令人擔憂的存在，原因不只在於其威脅之虞，也在於美國人願不惜代價拔除歐洲之分化狀態於北美生根的可能性。而亞當斯正道出了整代美國決策者的心聲，他指出，美國若能團結一致，便能「大步……往強國之路邁進；可是國家一旦破碎，我們很快就會分裂成各個小部落，受歐洲列強的動搖，彼此戰爭不斷」。[12]

一八〇七年，英國襲擊美國的切薩皮克艦（USS Chesapeake），亞當斯因支持傑佛遜政府的反應而受批評，批評者認為這有損新英格蘭地區（New England）的商業利益，對此亞當斯回應道，他本人與國家的更高利益在於團結面對外侮，避免政治分裂。他還寫了封語氣尤其霸道的信來解釋自己的行為，稱：「我的責任感絕不受黨派立場動搖。」[13] 若要在政治上團結，商業實體和政黨都得跳脫區域利益為國家著想。亞當斯擔心，如大家做不到這點，美國的下場就是分裂成「眾多無足輕重的小部落或集團，為了一塊岩石或魚塘爭戰不休，而這正是歐洲霸主和暴君常玩的遊戲，可作為美國的警世寓言」。[14]

亞當斯主張對歐洲的戰爭採取中立政策，以免國家淪落至此，也讓聯邦有時間成長茁壯。美國早期持不同政治理念的政治家都一致認為，保持中立會減少歐洲對美國的關注，同時能緩和（而非加劇）內部分歧。中立還讓美國能善用商業優勢和地理上的孤立位置、讓國家能擴大領土。再者，若能有技巧地追求中立，還能阻止歐洲進一步侵佔西半球。

隨著英法競爭加劇，兩國在美國的行動和種種針對美國航運的舉措，也讓保持中立更是知易行難。此外，因國家規模和實力均有成長，決策者和民眾亦越來越渴望——越來越有能力——支持世界各地的民主運動，這讓美國又更難保持中立了。從美國對法國大革命、海地革命、希臘反抗鄂圖曼土耳其、南美殖民地反抗西班牙的反應來看，都可見國家越來越不易採行中立政策。

亞當斯很早便擁護中立。華盛頓先是於一七九二年英法相互宣戰後發表《中立宣言》，後則在一七九三年因法國大臣公民熱內干涉美國政治而將此人送回，亞當斯在最早發表的文章中曾為這兩件事辯駁。年輕的亞當斯認為：

身處這個遠離歐陸的國家；這個因真正獨立、脫離所有歐洲利益和歐洲政治而享有幸福的國家，我們公民有義務保持和平與沉默。[15]

亞當斯認為，保持中立可降低國家受外國勢力影響的風險，也緩解美國人支持革命事業的熱忱。亞當斯在職涯中越來越篤信這樣的觀點。他於半世紀後回顧一七九〇年代英法戰爭引起的辯論，寫道：「美國對該戰爭的義務是保持中立，保持中立也是美國的權利。中立亦是美國毋庸置疑的政策和切身利益。」[16]

對歐洲戰爭保持中立變得如此重要，故若有誰明目張膽違反——一七九〇年代是法國，而後在拿破崙戰爭期間則是英國——美國也曾為捍衛自身中立權而拿起武器，與法國的準戰爭和一八一二年的英美戰爭都是因此而起。對中立的支持聲浪於一八二三年亞當斯創始門羅主義時達至頂峰，該主義也宣告美國將對歐洲事務保持中立，且不會干預歐洲殖民地。同樣的，門羅主義的中立和不干涉原則也是奠基於「其他政策都會招致歐洲涉足西半球事務」的信念，另一個基礎則是對互惠的期望（美方對這點相當篤定）。亞當斯在試圖解釋門羅主義時向俄羅斯表示：「連同西班牙在內，只要歐洲繼續保持中立，美國就會比照辦理。」[17]

同樣重要的，美國對歐洲（或別處）交戰各方的中立政策可不能只限於主張，還得受他人尊重才有效果，這時就需要建立威信了。但這點雖然顯而易見，卻也存在爭議。一個共和國會需要培養多大的軍力呢？哪類型的軍隊最適合、最有可能捍衛自由的人民並保障公民自由？是地方民兵？公民軍隊？還是強大的大規模海軍？國家領袖如何保障職業軍人能受人民約束？考量到當時美國和歐洲軍隊在規模和軍事投射實力上的不平衡，問題在於美國的國防需求應以絕對，還是相對的方式來衡量。而美國人如此厭惡徵稅，這個新國度又該如何籌足必要資金？

雖然美國的誕生大多要歸功於贏下暴力爭鬥的陸軍，海軍卻更是早期美國策略的基礎。畢竟海軍對共和政府和公民權力較不構成威脅，卻能守衛大西洋及保護美國的商業活動。漢彌爾頓於《聯邦主義論》第十一篇指出，強大的海軍可捍衛公民自由、嚇阻外侮，並寫道：「建立聯邦海軍……我們就有更強大的資源能影響歐洲諸國對我們採取的行動。」規模夠大的海軍可保護國家的貿易及落實中立政策。漢彌爾頓在強調這點的同時，也主張「國家若因軟弱而可受人欺侮，甚至會喪失保持中立的特權」。[18]

縱有漢彌爾頓的警告，國防的強化仍非常不平衡。獨立戰爭結束後，軍隊被縮減為單一個團。但一七九〇年代威脅大增，因此國會批准擴大海防並建造六艘巡防艦。然後，隨著局勢穩定下來，傑佛遜也大砍國防預算——海軍預算縮減了六十七%。而在英國燒毀華盛頓特區後，戰爭的慘痛經驗也令美國決策者重新思考是否有必要鞏固國防。

亞當斯曾譴責美國此種不一致的思維，他對歐洲權力平衡的變化極為敏感，也能敏銳覺察美國有必要擁有夠強大的自衛能力。一八一二年戰爭前夕，亞當斯曾寫道：「我們無力在海上捍衛自身權利，也無法於海上互惠行使權利。」[19]隨著戰事開展，此種觀點也變得越來越堅定，他相信「國家若沒有隨時能用以自衛的武力，就無法享受自由和獨立」。[20]待止戰之後，亞當斯說道：「戰爭或許也有啟示作用……或能教會我們珍惜具備防禦實力的可敬海軍。」[21]因此，他持續主張美國培養海軍，不過他也警告說，美國應以不過度引起更強權懷疑的原則來擴張兵力。亞當斯在整個從政生涯中都擁護海軍，始終如一地推動擴大永久的海軍維安機構、收購新的海軍儲備資源、建造新港口，以及將海軍推進太平洋。

III

團結、中立和威懾旨在讓外力打消分裂美國的念頭，同時讓國家走上遵循民主發展的道路。這三點也旨在抵抗想限制美國擴張領土者。最初，支持擴大國家規模的論點有個先決觀念：比起建立十三個主權國家，將十三個殖民地合併為單一國度更有助於守護邊界並同心自衛。很快的，保障美國在北美大陸霸權的動機也加入擴大國家規模的論調。正如漢彌爾頓在《聯邦主義論》第十一篇所寫，美國的目標是「成為歐洲在美洲的仲裁者，並能據我國利益來調節歐洲競爭各國在此地區的平衡」。[22]美國變得越大、越強大，歐洲就越難以遏阻其野心。

幾乎所有美國早期的政治家都認為，最能維護美國共和原則與制度的作法，就是培養美國成為北美的主導勢力、防止競爭對手挑戰其主導地位，以及確立自身的勢力範圍。[23]美國若欲解決這道挑戰並保護國家的共和主義，就得藉由擴大共和國規模來「壯大勢力範圍」。[24]故美國早期多數策略的前提，都是要一邊削弱歐洲對北美主權的主張，一邊支持美國自身的主張。亞當斯也抱持同樣的思維，他相信：「世界應該接受，北美大陸就是我們合理的主宰範圍。」[25]

美國的早年歷史就是一部西擴史。就連在國家獨立之前，殖民地便有很大聲浪稱英國人在北美的首要目標應是「保住足夠的『空間』，因為『空間』大大有賴於子民的成長。」以上是富蘭克林說過的話，他不斷主張，保障英國安全的方法就是「增加人民，並擴大領土、實力及商業活動」。[26]美國憲法的基本結構便彰顯出此種脈動，其中第四條賦予國會將新州納入聯邦的權力。[27]國會分別於一七八九年成立西北領地（Northwest Territories）及一七九〇年簽署《紐約條約》，意圖在美國與西南部的克里克（Creek）部落之間劃定穩定邊界，美國藉此納入了首批新領土。但事實證明，國家人口爆炸成長，美國人也仍肆無忌憚地越過國家劃定之邊界，此種壓力並非聯邦政府所能遏制。「除中國的長城或軍隊之外，」憤怒的華盛頓認為，「幾無辦法能遏阻……殖民者蠶食鯨吞印第安土地。」[28] 然而驅逐美洲印第安人卻只是美國擴張的一部分。

地緣政治以及巧妙操縱歐洲的力量平衡，對美國的邊界擴張也同樣舉足輕重。對歐洲之爭保持中立，並不代表美國決策者不會威脅要插手擺弄天秤。傑佛遜大概是最大力倡導美國與歐洲隔絕的人了，但他也知道這麼做完全「並非美國公僕可自由遵守的理論」。[29] 傑佛遜不僅對這點心知肚明，他在路易斯安那購地案期間的行動也顯示他懂得身體力行。他透澈掌握歐洲力量平衡的現狀，因而能以「讓我國與英國及其艦隊結盟」來威脅法國談判代表，使歐洲的局面為美國所用。[30]

這段歷史也讓亞當斯積極推動美國領土擴張，留下了各式各樣的紀錄。他支持路易斯安那購地案，並認為「買下路易斯安那」使得「權力中心」進一步西移，為國家「注入了極大力量」。[31] 美國越能深入往大陸擴張，就越有機會成為西半球的常態強國，如此便更能保障安全，行動不再如此容易受歐洲左右。在歐洲，亞當斯支持舊世界列強之間的平衡；但在北美，他主張採取可削弱歐洲列強權力控制的策略，並在時機成熟時一舉取代他們。亞當斯早期的構想為「一個橫貫北美大陸的國家」，[32] 他在任國務卿的八年間正是朝此目標努力。

亞當斯在國務院任內努力削弱西班牙、俄羅斯及英國在北美洲的勢力，同時填補權力空缺並將美國的力量一路投射至太平洋。他在這方面的成果相當不錯，方法在於巧妙結合外交和武力：一邊以外交手段對付日益強大的大英帝國，一邊則向日益衰弱的西班牙帝國大展軍事實力。成效很理想。一八一八年《英美條約》順著洛磯山脈劃定了美加邊界，並宣布山脈以西的領地將於接下來十年間開放共同拓墾。至於西班牙，亞當斯則利用戰爭和吞併作為要脅，不僅迫使馬德里方交出佛羅里達州，還使之簽署《橫貫大陸條約》，將國界延伸至太平洋。亞當斯主張，保障安全的必備手段，就是在可行處劃定國界，在不可行處使用拖延戰術。

擴張是亞當斯策略的核心要素，他相信唯有安全的國家才能落實民主。雖然亞當斯對英國的政策大多是以和為貴，但他還是確保倫敦方明白，「在北美大陸的領土問題上向我們挑釁，對英國是一點好處也沒有。」[33] 此原則也在亞當斯的引導下納入正式的聲明政策，呈現於門羅總統一八二三年的國會致詞中。亞當斯認為西半球從此仍會是歐洲殖民的禁區，並將成為美國專屬的利益範圍，這樣的概念之後一直被稱作「門羅主義」。

在後來幾十年間，美國大大實現了這個願景：一八四五年併入德州、一八四六年墨西哥戰爭後收購加州和大半西南地區、一八四六年的《奧勒岡條約》（Oregon Treaty）於太平洋西北地區劃定英美邊界、一八五三年的蓋茲登購地案（Gadsden Purchase）則又再購入了位於當今亞利桑那州和新墨西哥州的更多領土。

可雖然美國決策者視領土擴張為共和國繁榮的要件，並汲汲營營地追求，但此舉也漸漸衝突到全民團結的理念。奴隸制並未如開國元勛所願地消失，卻是隨著國土擴張、蓄奴州的增加而更根深蒂固。亞當斯終生厭惡奴隸制，並經常設法削弱蓄奴制對國家體制的影響。但他在成為總統前因擔心國家分裂（也擔心損及自己的前途）而未對此議題過度施壓。可是，後來的密蘇里危機（Missouri Crisis）卻將蓄奴制引發的嚴重民族分歧展露無疑，亞當斯也在經過無甚大作為的總統任期後開始堅決反對奴隸制，並稱蓄奴制是國家共和性格的污點。他也開始反對領土擴張，認為這樣會將奴隸制更深地嵌入美國的民主結構。而這個矛盾也一直要等到林肯領導國家經歷內戰的試煉、廢奴、確保國家主權不受爭議、並在過程中讓美國稱霸北美大陸後才能解決。

IV

要說亞當斯早年有過什麼體悟的話，那就是：美國權力與勢力的基礎在於國家繁榮。他年紀尚幼時便與父親一同遊歷歐洲，親眼見證父親是如何處心積慮向荷蘭銀行家和歐洲各國政府爭取信貸額度保障。雖然信貸是一條重大命脈，但亞當斯也明白，在創造財富和權力的更大結構下，信貸只佔其中的一小部分而已。

亞當斯就如許多有商業頭腦的開國政治家，他認知到，維持國家經濟及長遠繁榮的關鍵，正在於良好的財務狀況、健全的工業基礎、拓展遠方市場，以及由強大海軍支持的強健貿易。他詳讀英國歷史、花時間遊歷歐洲及分析不同的市場、累積商業外交經驗，並擁護市場開放，這都讓他認知到，經濟實力不僅與美國的海外影響力息息相關，實際上更往往為其奠定了基礎。

開國元勛在這方面努力將英國模式改造成適合美國的版本。他們認為商業、製造業、基礎設施及穩定的財政狀況，是讓國家充分釋放經濟潛能的關鍵基礎。但即使他們努力推動上述要素，美國仍須努力探索該如何建立一個以個人福祉為導向的經濟體系，而非以國家權力為重。

對於一個曾反抗過的前殖民地而言，商業的重要性顯而易見，有一部分原因至少在於人民對英國控管美國貿易活動有所怨言。漢密爾頓認為，商業是「最有助於國家增加貨幣的強大工具」。[34]可有些人認為，國際貿易的吸引力（更具體而言為國貿的成就潛能）還不僅如此。潘恩在《美國危機》（The American Crisis）中寫道，由於歐洲積極想進出美國港埠，所以美洲殖民地在獨立後，更應奉行以商業為基礎的外交政策。潘恩認為，美國可藉此擺脫舊的重商主義模式，並「與世界接軌——與世界和平共存，並接觸有興趣與美國貿易的市場」。[35] 依潘恩的思維，商業具備改革國際體系的力量，可將世界編織成一張互相依存的網，進而對參與其中者產生「文明化效應」並促進和平。

漢彌爾頓等人則不那麼篤定商業能帶來永久和平。無論商業是會終結還是引發國際衝突，人們普遍都認為美國可藉商業成長來使國家更為強大，更有能耐影響世界政局。同理，人們整體也同意國家必須具有強大海軍並能進出其他市場，才能讓初生的美國商業繁榮起來。即便大家對國家經濟和政治未來的發展願景開始出現巨大分歧，但上述兩種觀點都廣為人所接受。

要讓繁榮盛況走得長遠，就得保有良好的財政狀況，好讓美國在有必要時能夠借款，並吸引資本注入。定期償還國債是達成此目標的方法之一，這對一個生來便負債的國家而言更是至關重要。美洲殖民地正是靠著借來的資金才得以與英國開戰，貸款的數字最終來到兩億美元，用於為大陸軍和州民兵提供糧食、裝備和支薪。[36] 當然，借款總是要還的。根據漢彌爾頓的說法，國債也是一種解方，「不濫用的話，國債會是我們全民的福祉。」[37] 依漢密爾頓的邏輯，透過定期向債券持有人支付利息來償還債務，可讓最富有者藉著新政府的償付能力來得利，並刺激稅收（前提是稅制並未過度高壓），進而刺激工業成長。

此種投資也對經濟成長的其他要素大有助益，像是可支持及保護國內製造業，以及建造國內運輸的必要基礎設施，以便將商品和服務有效率地從農場送至工廠，接著再送至港埠與全球市場。建立工業基地的目的，則在於同時促進國家成長和鞏固國安。而雖然人們一直在努力想讓美國的商品打入新市場，但大家也意識到部分關鍵產業和技術須由國家補貼投資，並受關稅保護。人們認為，這會有利於欲挑戰全球既有競爭對手的美國企業。而其中有個關鍵作用，在於保護美國重點商品的完整供應鏈，「讓美國可自行供應軍事等必需品，不必仰賴外國。」[38]

亞當斯非常注重讓國家保有良好的財政狀況及推動經濟成長，他整段職涯都貫徹著此種理念。亞當斯畢業於哈佛學院時發表了自己的首次公開演講，那時他便自述有多重視國家堅實的商業、強大海軍、財政狀況彼此間相互依存的關係。他主張定期償還國債可提升公共信用，故也是「打造偉大國家的根基」。[39]在亞當斯的構想中，就算是弱小的國家也有可能藉著定期穩定償還債務，躍升為可吸引投資的強國。亞當斯於職涯早期便設法落實自己的直覺。他於旅外期間持續倡導成立一支夠強大的海軍來保護美國商業，而他在派駐荷蘭、普魯士、俄羅斯和英國時，也曾負責管理美國的貸款、爭取新的信貸額度、拿下歐洲市場的門票，並商定新的商業條約。

隨著亞當斯的職涯發展，他也開始帶頭擁護以貿易作為美國的治國利器。他漸漸相信，美國外交官不只是負責起初被他蔑稱為「金錢談判」的任務，[40] 他們還得利用商業來培養政治影響力。為讓其他國家「感到有必要與我們交好」，就得一邊揮舞美國市場的入場卷，一邊要脅不讓對方享受美國的豐富資源和持續增加的人口。幾乎所有歐洲強國都用貿易來服務政治目標，同時作為誘因與武器。亞當斯主張比照辦理，並利用美國貿易使其他國家「採取更友善的行為準則」。[41]

亞當斯在國務院任職期間持續拓展美國商業的觸及範圍。除起草門羅主義外，他在國務卿任內最為人銘記的作為，就是簽署《橫貫大陸條約》拿下佛羅里達，延伸美國邊界至太平洋，還有與英國談成穩定的北方邊界。然而，更助長美國未來貿易成長的，卻可要歸功於亞當斯為國家商業利益保住了太平洋立足點，以及可將美國商業、外交和軍事實力橫跨太平洋投向亞洲大陸的跳板。

亞當斯最早於任參議員期間便很支持國內的工業和基礎設施，但他要等到成為總統時才真正將重心和國家資源投入內部改善計畫。此類舉措其實是亞當斯總統任內國內議程的核心。他相信這種投資能連結國內偏遠地區，同時讓人力、物資及思想更有效率地於全國各地及海外流通。[42] 若說增進全民團結和加速美國實力成長是最終目標，那麼對亞當斯來說，「方法就在於內部改良和國內工業」。[43]

而亞當斯也與前輩們面臨了相同的挑戰：該如何確保（或至少嘗試確保）經濟成長不只是使少數人得利，更能惠及多數人？該如何確保政府政策不僅是關注國家集權，而是將權力下放？正如有位歷史學家寫道，亞當斯「決心使用聯邦權力……來規劃及資助讓國家快速、但有秩序地過渡到商業及工業社會」。[44] 比起傑克森式民主黨人推動的另一套政策，亞當斯的願景大概更為協調有序。可是這項願景也遇到了頑強的阻力，因為美國民眾長久以來一直很抗拒由政府來組織他們的生活或經濟活動。此種拉鋸是共和國早期的普遍現象。這個問題也要等到內戰期間才能解決（還只是暫時解決），當時幾乎所有支持小型政府的人都脫離了國家政府，使得聯邦後來得以核准建造由政府設計的全國鐵路，也讓政府有機會注入大量資源來推動國家工業化。

V

美國自建國之初就懷抱著雄心壯志。美國人民認定自己的國家天生高人一等，這種觀念與其政治理想早在美利堅建國前便已存在。美國以自由燈塔之姿影響全世界的想法，可追溯到十七世紀初北美殖民地建立時，英國殖民者約翰・溫洛普（John Winthrop）給美國起的名號「山巔之城」（City on a Hill），便最能體現這種精神了。類似觀念於美國早期思想處處可見，並彰顯於美國革命的普世化脈動和語言之中，美國革命不僅是一場反殖民鬥爭，更是一場為了代表全人類主導未來歷史走向而發起的鬥爭。

一七七五年，潘恩指出「新世界誕生在即」，將合眾國的建立比作即將顛覆世界政局的神聖之舉。此種美國天意觀把美國的崛起當作上天的賜予。以亞當斯的話來說，美國「註定會成為歷史上在同一份社會契約下人口最多、最強大的國家，這是天意，也是大自然的旨意」。[45]這種信念認為美國的理想將撼動世界。

然而美國該如何給世界帶來最正面的影響？這仍是一個待解的問題。幾乎所有美國政治家都相信，國家在充滿民主制度的世界裡會更安全。而美國決策者反覆思考的問題，便是國家應該多積極投入塑造世界。要支持國外的民主運動嗎？應介入反殖民鬥爭嗎？應該以物質資助給為自由而戰的人，還是只提供道德上的支持和熱忱即可？除上述問題外，隨著國家強大起來，還有另一個越發引起爭論的議題：美國國內也有其民主缺陷，如此又如何能夠於國外捍衛民主價值？此種民主缺陷是否讓美國失去了在國外作為民主先鋒的資格？在美國歷史上，這個問題於內戰前最是引人深思，畢竟該國存在蓄奴制的事實常令其自由理想站不住腳。

對許多建國者而言，美國不僅是反抗殖民與反獨裁國家的現代先驅，也為其他國家指明了方向。然而美國是否會伸出援手？這道問題很快就成為焦點。甚至在憲法起草之前，傑佛遜就曾寫信給時任外交大臣的約翰・傑伊（John Jay），告訴他巴西人曾於法國找上他，想知道美國有多願意支持他們的革命計畫。傑佛遜寫道，他們「視北美革命為巴西革命的先例，也最指望美國會誠心支持他們」。[46]但巴西人也承認他們擔心民間缺乏熱忱，故「若無強國援助」，他們也不願發起革命。美國拒絕了其要求，但問題之後仍會再次出現。

歷史學家大衛・布萊恩・戴維斯（David Brion Davis）寫道：「美國人意識到共和原則也可外傳給他人後，便不再感到孤立，而《獨立宣言》欲捍衛的非法、當屬叛國的志業也因而合法化了。」[47]但此認知不僅有合法化的作用，更讓摸索著該如何定義民主策略的決策者備感挑戰。若能支持標榜高舉自由旗幟的外國革命，並延續美國打下的基礎，這確實也令人欣慰，並符合美國人的優越論心態。然而經驗證明，出於各種原因，並非所有革命都值得支援。支持外國革命會消耗美國的精力、分散國家資源；而動用武力支持也有違美國的使命及性格。

法國大革命的爆發帶來了第一次的真正考驗。許多美國人都認為，上演中的事件正是應美國革命而生。其中又以傑佛遜最表支持，他宣稱「一七七六年的舊有精神正在重燃」。[48]隨著事件於法國越演越烈、革命越發暴力，而後演變為恐怖運動，也有人開始表達疑慮。甫展開公職生涯的亞當斯正是最早提出質疑者之一。

亞當斯並未隨著法國大革命鼓動的熱忱起舞，他認為太輕易推翻一個政府本質上是危險的，對「替換政府應和換衣服一樣容易」的觀點感到不以為然。[49]亞當斯抨擊潘恩和傑佛遜一頭熱地鼓動革命迅速蔓延整個歐洲。他主張謹慎行事，並指出不同的歷史和文化會產生不同的社會，在美國可行的作風未必能在他處比照辦理。雖然亞當斯認為歐洲國家有一天也許能演變成共和國，但他後來反思道，只有在訴求「不可剝奪的反抗暴政權利」的地方運動有足夠社會條件時，此種轉變才有可能實現。[50]

亞當斯也斥責「建議我們主動參戰」的人是想「將匕首瞄準國家的心臟」，因為支持法蘭西共和國的行動會「讓所有歐洲人團結對抗我國」。[51]亞當斯當時的地位還不足以影響國家政策，但待他前往歐洲後一切就不同了，國務院和白宮的思維都受他之後的建議影響。他認為美國應於道德上支持自由主義運動，但最好不要參與，此信念在他於海外任外交職務期間更加堅定，因為他看著法蘭西共和國演變成一個在歐洲爭戰不斷的帝國，後來也目睹歐洲君主國是如何尋找藉口，以用來消滅被他們視作意識形態敵人和生存威脅的共和政府。

在亞當斯任國務卿期間，時值希臘人反抗鄂圖曼土耳其的高壓統治，南美各殖民地亦紛紛宣布脫離西班牙帝國獨立，這也讓美國有機會檢驗自身對於在國外宣揚自由與共和政府理念的承諾。兩個反叛方都自稱是以美國為榜樣，並要求受到認可與援助；而兩方都受到廣大美國民眾的熱烈支持。時任眾議院議長的克萊便指責政府為革命人士做得不夠，他主張派遣美國使團至希臘，並提醒同仁，為自由而戰的南美洲人是「採納我國原則、仿效我國制度，在特定時候也使用我國革命報紙上的語言和觀點」。[52] 克萊敦促政府採取更果斷的干涉主義政策，他還疾呼道，美國同胞怎有「顏面逃避這項與全人類共享此份最珍貴禮讚的義務」。[53]

亞當斯警告，主張美國動武支持希臘和南美獨立者應保持克制。他於一八二一年七月四日的演講中指出，美國人誠心祝福大家，但只會自我捍衛，其中亞當斯有句名言：「美國不會自行出國尋找怪物來消滅。」他認為，《獨立宣言》乃至美國歷史的中心思想，在於「人民成功抵抗壓迫，推翻暴君和暴政」。在自由與壓迫間的戰爭裡，美國會支持哪方根本不消說，但亞當斯也明白事情有輕重緩急。美國應繼續改進自身的共和制度，還是協助那些聲稱與美國理念同在者？一次只能選擇一個。亞當斯向那些主張採取更積極外交政策者喊話道，美國「大概已能預見，歐洲世界於未來幾世紀的競爭……都會是舊權力和新興爭取權利者間的拉鋸」。[54] 美國若不想白耗力氣、不想捲入非必要的外國戰爭、不想支持缺乏民意支持的事業、不想用武力取代影響力，國家便承擔不起更積極的外交政策。亞當斯認為，美國會站在新興的爭取權利者這一邊，但未必會直接為他們而戰。[55]

亞當斯在七月四日演講中主張克制的強硬態度，掩飾了他從不羞於在海外宣揚美國價值或動用軍力的事實。但這番言詞卻無法掩蓋他畢生對獨裁政權的反感，以及他出擊遏阻其觸手伸至新領土的意願。亞當斯在門羅主義（他視其為「出自我手的最重要文件」）隨附的信中強調：「若有誰意圖……將君主制法則引入西半球，我們便不得冷眼旁觀。」[56] 門羅主義主張，美國要想保住自身利益，就必須納西半球為其專屬勢力範圍。亞當斯於隨附的信中進一步延伸此原則，稱美國應設法阻撓新的君主制生根西半球，藉此擠壓非共和政權的國際空間。對亞當斯來說，美國或得克制干涉他國事務的衝動才能將影響力觸及海外；但在關鍵地區，美國也必須擴大勢力，才能防止獨裁政權滲透民主的土地。

亞當斯提出的問題，就是美國該如何應對國內的獨裁挑戰。蓄奴制擺明了便與美國欲作為舉世榜樣的理念自相矛盾，這點自建國之初便幾乎無人忽視。確實，人類受奴役的事實明顯背離對自由的承諾，《獨立宣言》甚至還抹去提及奴隸制的段落，憲法也刻意模糊處理。這類刪減值得注意。在獨立戰爭期間輔佐華盛頓的約翰・勞倫斯（John Laurens，其父為美國最富有的奴隸販子之一）堅決反對蓄奴，他很好奇，懷抱「激昂人權主張」的美國人怎能忍受「令人難堪的下流奴隸制」。[57] 決策者在制定民主策略時，要不是設法為此種矛盾開脫，就是忽略之。隨著奴隸制越深植美國的制度結構，國家願景與現實間的摩擦也越明顯和棘手。一八二〇年密蘇里妥協案甫通過，亞當斯就寫道：「美國憲法中自由與奴隸制之間的協議於道德和政治上都是敗壞的，讓我們革命的初衷站不住腳。」[58] 只要奴隸制仍根植於美國制度，美國再努力也永遠無法真正影響世界。

VI

建國者意圖鞏固、擴張美利堅共和國並使之富足，同時壯大國家在世界舞台上的聲勢。以上目標都必須在民主體制內實踐。此種作風並無前例可循，這也就表示建國者必須限制國家權力以擺脫舊世界外交的舊手段，並開闢一條允許不同聲音存在的路線。

各種問題也就此浮上檯面：他們如何擴張國家而不犧牲民主本質？如何打造夠強大的軍隊而不損害國家使命？如何引導國家的經濟發展而不過度干涉？而在國內民主制度有缺損的情況下，他們又能如何影響世界？

亞當斯作為政治人物、外交官和美國政治家的不凡職業生涯，大大影響了美國大戰略的制定和方向。一七九〇年代，剛從政的亞當斯便提出採納中立外交政策的理由。隨著世紀之交，他也耗費二十年推動大陸和商業擴張，後於任總統期間率領一個有活力、行動積極的政府，並大舉投資國內基礎設施和新貿易政策。亞當斯在任公職的末幾年一直打擊奴隸制、反對其擴張。他的思想貫徹華盛頓的《告別演說》和門羅主義，就連林肯的《解放奴隸宣言》也是受到亞當斯在參議院反蓄奴演講的啟發。

亞當斯代表著建國者與林肯間的傳承橋樑。建國初代政治家設想出一座強大的共和國，但時勢卻令其只能是遙遠未來的希望。而在內戰期間賦予政府前所未有大權的林肯大大實踐了此願景，他大力統一國家、樹立其為橫跨兩大洋的強權，並保障共和政府能長久延續。可亞當斯才是引導美國走上成為西半球強權之路的人，他為長遠的經濟成長奠定基礎，為國家開創了修法以配合其建國初衷的願景。

亞當斯的影響遠遠延續至十九世紀中葉之後。他堅守美國價值、推動美國勢力和商業往遠方擴張、不斷宣導美國的力量是來自國內，他也對獨裁政權深惡痛絕，以上都持續為美國獨特的民主治國之道描繪出了大致輪廓。

亞當斯未能解開美國該如何調節自由與力量的棘手問題——無論是在國內還是國外。這是他無盡挫敗感的來源，也讓他時常覺得自己在人生和職場中都一事無成。然而，不僅時人視他為該時代最有影響力的美國人，史學家也所見略同，他們一致認為，亞當斯解開了美國早期治國之道面臨的重大挑戰，理當名列美國史上最偉大的人物。

Chapter

5

卓越策略：特庫姆塞與肖尼邦聯

柯瑞．謝克（Kori Schake）帶領美國企業研究院的外交和國防政策研究團隊，著有《安全通行：從英國霸權到美國霸權的過渡時期》（Safe Passage: The Transition from British to American Hegemony）。曾經在國家安全委員會、美國國務院和國防部工作。

當今策略家們擔心美國無力採取必要的「全社會」（whole of society）策略來因應現有安全挑戰，美國也罕能真正駕馭其豐富多元的特質來推動共同目標。然而，卻有個有力的先例證明，北美洲人也曾齊心協力策劃、執行一項策略（其中囊括足以應對威脅的政治、宗教、經濟、外交和軍事面向），並調度整體資源來實現想要的結果。那段時間為一八〇七至一八一三年，當時有一群北美洲人曾合力設法阻止殖民定居者主宰一片後來成為合眾國的領土，而這項策略就是「肖尼邦聯」（Shawnee Confederacy）。[1]

肖尼邦聯是以特庫姆塞（Tecumseh）為首的北美印地安人聯盟，其領地範圍從伊利湖（Lake Erie）一直延伸到墨西哥灣，涵蓋美國從北到南的完整邊境。特庫姆塞召集的戰鬥力量為印地安酋長史上之最，形成長達一千二百英里的屏障，以限制美國往西擴張。

特庫姆塞將軍事實力佐以組織能力和外交技巧。他推崇向內凝聚的宗教信仰，這有利於部落內部的政治權力發展並能鼓勵人們加入邦聯；他利用社會影響力來減少族民對殖民商品的依賴；他爭取到外國的經濟支持，因而能讓戰士更有餘裕增加戰鬥；他成功遊說歐洲以軍事介入；他打造出一支軍力足以擊敗美國、組織完善的部隊。肖尼邦聯的威脅令美軍規模立刻成長一倍，更曾造成美國當時已知最慘重的戰鬥損失。

而美國政府卻不是在戰場上擊敗這個精密策略，而是動用經濟手段。政府看準肖尼邦聯是仰賴英國養家活口這點，成功削弱這支印地安軍隊的兵力。美國為在戰鬥中擊敗肖尼邦聯，令海軍切斷英國通往肖尼村莊的補給線，因而將戰士引開戰場。一八一三年，特庫姆塞於泰晤士戰役（Battle of the Thames）陣亡，沒有了他的領導魅力和敏銳策略，邦聯也逐漸瓦解。

自從歐洲人踏上北美大陸起，後來成為合眾國的政府都一直在與原住民抗衡，直至美國掌控整個大陸為止。邊境戰爭在美國建國過程中屢見不鮮；一七六八至一八八九年間，美國曾對印地安部落發起九百四十三次軍事行動，與肖尼邦聯的戰鬥只不過是其中之一。[2]

肖尼邦聯並非第一個試採全體社會策略的北美印地安政治團體。數十年前的一七六三年，萊納佩族（Lenape）的先知尼奧林（Neolin）便曾一面宣導精神上的純淨、不仰賴歐洲的商品和作風，一面呼籲全體部落合作抵制美國擴張。而渥太華族酋長龐蒂亞克（Pontiac）帶兵打仗的能力非常厲害，故英國於一七七六年指定他為阿岡奎部落（Algonquin）的酋長，但這項任命未獲其他原住民認可，結果使得合作破裂。

此邦聯甚至不是肖尼鬥爭起義的開端。一七九一年，肖尼軍隊就曾殲滅一支本想將他們趕出俄亥俄河谷（Ohio valley）的美國遠征隊，一千七百名美軍中有六百三十人死亡，按邊境戰爭的標準來看，這次傷亡非常慘重。

而一八〇七年成立的肖尼邦聯與眾不同之處，在於其利用宗教和社會手段來煽動激進立場及統一部落、推廣可抗衡土地割讓的經濟模式、制定可為部族提供生計同時騰出戰爭人力的外交政策，他們在戰場上的表現也很成功，以上種種看在美國政府的眼裡更是危險。這些特質彼此相輔相成，在特庫姆塞的領導下，肖尼人巧妙謀劃，用手邊資源充分提高成功機率，可說是將策略的藝術發揮到極致。

雖然邦聯只持續了六年，但他們幾乎成功劃定可阻止美國西擴的固定邊界，這讓定居者更加認定印地安人無法與邊境的定居點共存，進而導致密西西比河以東的印地安部落遭強行驅逐。這片大陸後來成為了合眾國，結果經肖尼邦聯以後，印地安人便再無希望扭轉這片土地定居者的主宰地位。

I

美洲的殖民過程與印地安人並非全然無法共存於同一地理空間。納拉甘西特族（Naragansett）就於歐洲人初抵達時成功生存下來；也有豪德諾索尼聯盟（Haudenosaunee League，又稱易洛魁〔Iroquois〕）與英國定居者並肩抵抗其他部落及法國人。其中文明五部落（Five Civilized Tribes，其中包含切羅基、契卡索〔Chicksaw〕、巧克陶〔Choctaw〕、克里克，以及塞米諾爾族〔Seminole〕）採中央治理、民族多元，使用類似於定居者的耕種和狩獵方法、具市場經濟，也願意學習英語，因此特別適合共存。美國的開國元勛還借鏡印地安人的模式來發展自身的民主理念。

但《獨立宣言》列出的一項異議卻寫道，英國人「處心積慮要煽動我們的邊境居民——殘忍的印地安野蠻人」。而雖然雙方在美國革命期間都曾有印地安人加入助陣，但歐美定居者仍與土地和生計受擾亂的各部族摩擦不斷。[3]

雙方競爭在西北領地尤其慘烈（當時的俄亥俄河谷）。「印地安國度」成為危險的代名詞，但縱使危險重重，移民仍是首先流向美國，然後繼續西移。西北部的印地安人多與英國站在同一陣線，他們藉此向西部邊境施壓，以嘗試奪回定居者手中的領土。

一七八一年，英軍司令康瓦利斯（Cornwallis）向華盛頓投降。十個月後，英美的印地安部隊仍在西北部爭戰不休。一七八二年，仍是青少年的特庫姆塞和三百名戰士成為英國進攻布萊恩駐地（Bryan's Station）的戰力。民兵軍官丹尼爾・布恩（Daniel Boone）在記敘這次戰役時，也講述了肖尼人在戰鬥時是如何使用當時的常規戰術：「敵人強大無比，他們衝上來，一開火就突破了右翼。敵人就這樣進入我們後方，我軍不得已只能撤退。」[4]

而面對強大的印地安部隊，布恩的信也透出一股不祥之感：

我已盡己所能鼓勵我國人民，但我再無正當理由能說服眾人——或我自己——在如此險境中以身犯險。此郡居民一想到印地安人今年秋天會再度進犯我國就擔驚受怕。若真是這樣，這些定居點就會瓦解。5

一七八二年，英國和印地安人取勝後，英國便停止攻擊定居者。在《巴黎條約》中，英國不僅同意讓十三個美洲殖民地獨立，也放棄跨阿帕拉契整片地區的主權，範圍為五大湖以南、佛羅里達以北和密西西比河以東。美國政府欲於邊境扶植能夠保衛土地的民兵，故迅速將土地贈與退伍軍人。且由於政府想加強掌控有印地安民族定居但並未同意交出的領土，因而有必要保護土地。舉例來說，定居者的民兵於一七八二年和一七八六年都曾引戰破壞肖尼人的村莊。

華盛頓總統嘗試採用更和平的政策，其政府於一七九〇年在東北部與克里克人談和，但在俄亥俄卻未有進展。該地其他部落曾屢次擊敗美軍，肖尼族在其中一役給美軍造成的戰場損失更是歷來之最，傷亡的也不只有士兵。一七九〇年華盛頓總統收到的一份報告估計，肯塔基有一千五百名定居者被殺，現代的俄亥俄州和印地安納州地區累計死了數百人。於是華盛頓援引美國憲法授權對俄亥俄河谷的北美原住民發動首次戰爭，以示回應。

一七九〇年，美國陸軍原本只有七百人，大多缺乏訓練、裝備不良。肖尼邦聯成立之後，國會才因肖尼人的成功加倍擴編軍隊，成立「美國軍團」（Legion of the United States）來保護邊境定居者。一七九三年，安東尼・韋恩（Anthony Wayne）將軍帶兵與以肖尼人為首的各部落作戰，其過程堪稱傳奇。他將千名士兵組成聯合兵種作戰小隊，一邊推進一邊建築堡壘，並於一七九四年的倒木之戰（Battle of Fallen Timber）擊退數量為己方兩倍的敵人，在短期內奪下印地安人對西北領地的掌控權。一七九五年，各部落簽署《格林維爾條約》（Treaty of Greenville），交出如今為俄亥俄、印地安納、伊利諾及密西根州的土地。同時間，沿五大湖原庇護和支持著印地安軍隊和居民的堡壘，也被英國人拱手讓出。

海地革命的成功促使美國政府於一八〇三年買下路易斯安那，但也拉響警報，預示著奴隸和原住民起義或有機會成功。此購地案名義上讓美國領土擴增一倍，並於密西西比河谷創造可供民眾西移的廣大土地。但這片土地並非空無一人，而是有印地安人居住於此；而路易斯安那購地案的功能，僅止於給予美國政府在無歐洲主張下取得土地的權利。

II

肖尼邦聯並非由其偉大領袖特庫姆塞所發起，而是始於他的弟弟坦斯克瓦塔瓦（Tenskwatawa）。[6]聲稱見到異象的坦斯克瓦塔瓦表示，印地安人因過於依賴白人而被偉大的神靈拋棄，重獲恩典的唯一方法就是：不飲酒、不穿歐洲服飾、不使用槍支、不再繼續接觸白人。印地安納總督威廉・亨利・哈里森（William Henry Harrison）讓坦斯克瓦塔瓦接下讓太陽靜止不動的挑戰，結果無意中更穩固了他的權威。坦斯克瓦塔瓦具備一定的天文學知識，因而能準確預測日食。

一八〇五年，特庫姆塞兄弟倆開始號召受坦斯克瓦塔瓦教義吸引的人，遷移到他在瓦巴什河（Wabash River）沿岸的據點（據《格林維爾條約》交給美國的土地），形成北美大陸最大型的印地安人社區，皈依者來自眾多民族：肖尼、易洛魁、齊卡茂卡（Chickamauga）、梅斯克瓦基（Meskwaki）、邁阿密、明戈（Mingo）、奧及布威（Ojibwe）、渥太華、基卡普（Kickapoo）、萊納佩德拉瓦、馬斯古頓（Mascouten）、波塔瓦托米（Potawatomi）、索克（Sauk）、圖特洛（Tutelo）及懷恩多特（Wyandot）。這群人自稱先知鎮，此為泛部落合作的起源，也大有助於培養共同的作戰力量。史學家萊曼・德瑞波（Lyman Draper）便曾確認：

坦斯克瓦塔瓦「預言世界將迎來末日，而人民必須改革、屏棄白人的慣例——這都是為了幫兄長和英國人一把」。[7]

在此全體社會策略形成前，特庫姆塞在肖尼族中還只是個小人物。但他證明了自己聰明、勇敢又有說服力，能夠利用弟弟的靈性魅力招募軍隊。特庫姆塞在奇利科西議會（Chillicothe council）上首次宣布採取軍事行動來對付入侵的定居者，他也提及可由弟弟的宗教運動吸引到的信徒組成聯盟。

宗教不僅是一種團結、號召的助力。特庫姆塞戰勝白人入侵的理論更與坦斯克瓦塔瓦的宗教狂熱密切相關。在歐洲人登陸後來成為美國的領土之時，印地安人數約為五百萬，可分為五百多個部落，許多都與歐洲各民族一樣，彼此截然不同，所以要團結各民族朝同一目標努力是項艱鉅任務。為取得歐薩吉（Osage）部落的支持，特庫姆塞認為，「我們必須為彼此戰鬥，而最重要的是，我們必須熱愛偉大的神靈；祂與我們同在；他會消滅我們的敵人。」[8]

III

特庫姆塞的故事開頭並不出奇。他於一七六八年出生於西北領地（現俄亥俄州）。

一七七五年，特庫姆塞七歲，父親便於與維吉尼亞民兵相抗的卡納瓦戰役（Battle of Kanawa，位於普萊森得點〔Point Pleasant〕）中陣亡。維吉尼亞民兵先前與易洛魁人簽署了一份交割肖尼人和明戈人土地的條約，因而入侵俄亥俄河谷強行履約。該戰役意義重大，因為肖尼人於戰敗後交出了俄亥俄河以南的所有土地（當今的肯塔基和西維吉尼亞）。

一七八〇年代，特庫姆塞開始襲擊定居點的物資船。他於一七九二年首次作戰，當時他與切羅基族的一處分支同住於田納西。一七九三年，三十個印地安部落團結起來，設法從定居者手中奪回土地。他們的確切目標是讓定居者遷移到俄亥俄河以北（在倒木之戰中，韋恩將軍的部隊擊垮的就是此聯盟）。

俄亥俄總督認為，韋恩將軍之所以能大獲全勝，不僅有賴其軍力，同樣也要歸因於印地安聯盟的分裂，他在布坎南駐地（Buchanan Station）一役結束後寫道：

> 軍隊經過田納西河來到會面點後，於進攻模式與地點上無法達成共識，這大概就是延誤的原因了，我想不出其他理由。這通常是大型印地安聯盟的絆腳石，尤其是在聯盟含有多個民族的情況下。[9]

根據總督布朗特（Blount）的說法，由多個民族組成的北美印地安軍隊缺乏政治向心力，因此難以團結行動。

早在一七九五年，特庫姆塞和弟弟坦斯克瓦塔瓦就開始周遊各部族。雖然特庫姆塞的傳記作者對於其立場是何時開始變得激進仍有爭議，但肖尼族的生活經歷是如此嚴苛，爭論這點已幾無意義。對於進犯部落土地的定居者，以及美國政府對印地安群體的殘忍軍事行動，特庫姆塞無時無刻不感痛恨。

雖然特庫姆塞並非團結各部落的唯一功臣，但他仍是關鍵角色。他和前人的不同之處，在於他能不懈地號召多個北美原住民族合作往同一政治及軍事目標邁進。其頭號敵人哈里森的描述，讓我們能窺見這位肖尼領袖的才能：

> 特庫姆塞追隨者對他的急切服從和敬重態度著實驚人，這在在顯示出他就是那種偶爾會出現的罕見天才，這種人就是發起革命、推翻既有秩序的材料。要不是因為特庫姆塞太靠近美國了，不然他可能會造出一座與墨西哥或祕魯一樣輝煌的帝國。
>
> 他百折不撓。雖然他們缺乏書信溝通，但他以積極與勤勞來彌補這點。他四年來一直不斷奔走。今天你才在左近見到他，不久後卻又聽到他人在伊利湖或密西根湖畔或密西西比河

岸的消息，他於所到之處都給人留下有利於他達成目標的良好印象。[10]

特庫姆塞在成立先知鎮的一年內，便利用弟弟的宗教取得政治優勢，他讓坦斯克瓦塔瓦宣布簽約割地的酋長為邪巫，藉此拔除他們。特庫姆塞從伊利湖一路來到墨西哥灣，遊說各部落加入邦聯、拿起武器反抗進犯的定居者。他非常成功，原是由他尋人合作，至一八一二年卻反變成休倫人來懇求投靠。特庫姆塞的號召為印地安人牽出一條南北防線，阻止定居者繼續蔓延整片大陸，這是前所未有、後也將無來者的創舉。要是肖尼邦聯當時成功的話，他們就能阻止歐洲人進入俄亥俄以西的地區、美國也無法將密西西比河用作國家發展的經濟動力、無法利用西部自然資源，而美國也就只會是個東部沿海國家，而非橫跨大陸的龐然大物。

IV

特庫姆塞和坦斯克瓦塔瓦援引原住民族傳統的土地共有概念，認為所有部落均無權將其土地割讓給美國。特庫姆塞的經濟哲學表述如下：

白人……貪得無饜，總是進犯他人。要遏阻此種邪惡行徑，唯一方法就是讓所有紅種人聯合主張在這片土地上享有共同平等的權利。原本就是如此，現在也應如此；因為土地是屬於所有人，從未被分割……白人無權奪走印地安人的土地，因為土地是印地安人先擁有的，是屬於他們的；他們可以出售土地，但必須徵得所有人同意；任何未由所有人達成的交易均屬無效。[11]

此法的作用在於讓任何交割領土的領袖、派系或部族喪失其合法效力。因特庫姆塞握有宗教理念、主張的經濟模型誘人又為人所接受，還掌管一個大規模聯盟，所以他有能耐要脅主張妥協遷就的領袖。特庫姆塞與哈里森談判時，曾講明雙方的經濟模式及其政治目的：「我和弟弟的目標都是阻止土地被出售……你想藉著為各部族分配特定土地來分化印地安部落，使他們彼此爭戰。」[12] 因為交出領土的部落當然又會遷徙到其他部落的居住地和獵場。

一八〇七年，特庫姆塞在與俄亥俄總督的奇利科西會議上譴責割地的行為，這位肖尼人就此一躍成為北美印地安領袖之首。奇利科西市長寫道：

雖然他（特庫姆塞）無畏否認這些虛假條約的效力，並公開宣稱打算抵制白人定居點繼續於印地安土地上擴張，但他全然否定有意對美國發動戰爭。[13]

總督察覺不到威脅，於是便解散了他徵召來進軍先知鎮的民兵，當時部隊裡約有一千五百人。

V

特庫姆塞利用與白人領袖的會議成功打造聯盟，他設計演講內容，來呼籲對手已號召好的其他部落領袖效忠自己，同時安撫白人，不讓他們認為先知鎮聚集的軍隊會構成立即威脅。

一八〇九年，印地安納總督哈里森說服德拉瓦族、波塔瓦托米族、邁阿密族、威亞族（Wea）及基卡普族交出三百萬英畝的土地，欲藉此孤立肖尼人。一八一〇年，他主辦文森斯會議（Vincennes Conference），欲再次評估是否要對先知鎮採取軍事行動，而特庫姆塞帶著四百名身塗戰漆的戰士現身、拒絕承認該條約的合法效力，並滿腔熱血地聲稱要代表一個統一的國家發言：

我是真正的肖尼人，我的先祖都是戰士，他們的後人也是戰士。我的存在因他們而生，我從部落裡未取一物，我創造自己的命運。噢！我在想到掌管宇宙的神靈時，也盼望我的紅人部族，和我的國家能為自己創造命運，就如我腦海中的偉大思想。而我不會前去要求哈里森總督撕毀條約、抹去地標，我只會對他說，先生，請您返回自己的國家了。[14]

特庫姆塞說服部落相信定居點的威脅確實存在。「若我們不為共同理念團結起來對抗共同的敵人，滅族的危機便迫在眉睫。」特庫姆塞也向不情願的巧克陶部落喊話道：

皮垮德人（Pequod）如今在哪裡？納拉甘西特人、莫霍克人（Mohawk）、波卡諾基特人（Pocanoket）和我族其他許多曾強盛一時的部落在哪裡？在白人的貪婪和壓迫前消失了……白人必須停止篡奪我們共有的國度，否則我族——土地的合法主人——將永久遭毀滅抹去。現在我是許多戰士的頭兒，有強大的英國士兵做後盾……讓我們團結同心，保衛我們的國家、我們的自由和我們先祖的墳墓，戰到只剩最後一位戰士為止。巧克陶人和契卡索人，你們是我們種族中罕有的閒散民族。[15]

此次演講大概連修昔底德也會想記錄下來，卻未能說服巧克陶人加入邦聯，因為特庫姆塞所求的不只是要部落拒簽允許白人定居的條約，或是要部落保衛自身據點和獵場。肖尼邦聯更是項共同防禦協定，一有部落受到軍事攻擊，各部落都必須貢獻戰力協防。邦聯也有像北約第五條一樣擴大自身權力的約定，盟友都不必具備足以捍衛自家領地的軍力，因為他們可要求其餘部落增援。

讓特庫姆塞訴求更精煉的一部分，在於他塑造出印地安人策略重防禦的本質，定居者的策略則是貪得無饜地侵略。特庫姆塞於招募之旅中，形容定居者為「一群熱愛創新的人，善於謀劃、能迅速有效實踐其計畫，不顧這給我們帶來的委屈和傷害有多大，我們則只要能保住原有的事物就很滿足。」[16] 他也援引受難的慘劇來團結已皈依基督教的印地安人：「我們怎敢相信白人？畢竟耶穌基督降生時，你們殺了他，還把他釘在十字架上。」[17]

特庫姆塞甚至提出奴隸制的不公，稱印地安人也有可能會為奴隸制所害：

我們殘存的一點古老自由，難道沒有一天天被剝奪嗎？他們現在不就像是對待黑人那般踢打我們嗎？他們還會等多久，才會把我們綁在柱上鞭打，讓我們像他們一樣在玉米田裡為他們賣命？我們在遭受此種恥辱之前，是應等待那一刻的到來，還是戰死沙場？[18]

特庫姆塞很機敏，他試圖將購地的舉證責任從部落（須證明所有權）轉移到美國政府（須證明土地為合法購買）身上。他也在威脅要殺死出售土地的酋長之後轉移道德責任，並向總督哈里森喊話，提醒他：一八一〇年，「你曾說，若我們能證明土地是由無權賣地者所出售，你就會還地給我們。若你不還地，他們被殺害的話，你也有一份」。[19]

特庫姆塞甚至有一回還說服總督哈里森供應食物給先知鎮。這位肖尼領袖極盡說理之能事，力勸盟友加入邦聯，並從各種角度向與他對話的歐洲裔美國人施壓。這還不夠，遲至一八一一年，特庫姆塞仍於南部（克里克、歐薩吉、塞米諾爾和巧克陶族）以及東北部、西部遭排斥。要擴大和鞏固邦聯，就得讓籌碼更加誘人。

VI

特庫姆塞策略的另一項重要發展，就是翻轉了部落內戰士和領袖之間的關係。按慣例，印地安社會在和平期間是由推選產生的領袖統治，只有在打仗時才會選出戰爭酋長，戰後他們再退回部落。但許多部落認為抵抗白人入侵只是徒勞，或至少代價高昂，撐不了多久；他們也覺得反正土地取之不竭。所以，特庫姆塞須採多樣的手段，來讓求和的領袖失去其合法地位。

特庫姆塞之所以能加強控制那些贊成遷就異文化的酋長，其中一個原因，在於他扶植拒絕於和平期間屈居次位的戰士階級。故就算部落不願意全數加入邦聯，裡頭也會有年輕戰士抗命加入。[20]這讓特庫姆塞在與英國人談判時，可以理直氣壯地說：「現在負責管理我族事務的，是我們這些戰士；潛在戰區的邊界或鄰近地帶都有我們坐鎮。」[21]

特庫姆塞很以自己的成就為傲，他曾說：「自從我落腳於蒂珀卡努（Tippecanoe）以來，大家一直在努力解決分歧——消滅村落中多行不義的酋長，是他們把土地賣給了美國人。我們的目標是讓戰士來掌管我們的事務。」[22]

VII

《格林維爾條約》的持續進犯惹怒了印地安人，英籍印地安事務官馬修・艾略特（Matthew Elliott）稱這恰好為英國外交政策創造了大好機會：

從印地安人現下的態度看來，我國政府哪怕只是稍作慫恿，肯定就能讓他們立刻全副武裝，先前心有不甘的部落、其他從未派出戰士抵抗（定居者）的部落，現在也會欣然接受邀請。[23]

哈里森之後回憶道，英國的政策確實把握了這次機會：「在英國的影響下，次年夏天於格林維爾達成的和平協議遭遇重重反對。」[24]

英國有意支持印地安部隊，不僅是要讓美國在革命期間腹背受敵，其更大的野心在於培植一座印地安國度，為加拿大增添一緩衝區，防範迅速擴張的定居者。[25]

特庫姆塞明白英屬加拿大的利用價值，在戰士征戰期間，其有潛力可作為部落的庇護所、軍庫，以及軍隊及經濟的命脈。一八一〇年，他早早就讓英國許下承諾；當時特庫姆塞帶著一百名部落酋長和一千名戰士強勢現身會議，不要求軍隊，只要求補給：「我們自認有能力保衛國家……我們現在決心自行保衛國家，在扶植你們之後便不再插手，只盼你們能繼續為我們填補空缺的資源。」[26]

VIII

總督哈里森深知特庫姆塞威脅之巨，他於一八一一年向戰爭部長寫道：

（特庫姆塞）現在只差一步就大功告成。可是我希望能在他返回之前，毀掉他自認為已完成的進度，甚至連根拔起地基……他的缺席，正好是瓦解邦聯的良機，我期待能不必真正動武就完成這項任務。[27]

哈里森努力「徹底斷絕原住民與先知的所有關聯，且由於他們是他所佔土地的主人，我會設法勸服他們，讓原住民向他表示他們不贊成他留下……但為保障事情能成，我們也必須展現軍力」。[28]但這種破壞邦聯政治團結的嘗試並未成功。

真正一次成功的行動，則是在一八一一年，哈里森得知邦聯的戰場司令離開先知鎮到別處招募成員了，因此他襲擊該定居點。雖然特庫姆塞人不在，敵方部隊也有人數優勢，但肖尼人仍撐到彈藥耗盡為止。而儘管美國報紙認為哈里森是戰敗的一方，死傷的美軍人數還多過先知鎮的損耗，但蒂珀卡努戰役確實讓邦聯放棄了先知鎮。哈里森總督的軍隊燒毀該處，冬季糧食供應也隨之斷絕。[29]

特庫姆塞認為，蒂珀卡努一役證明了部落絕無可能與文明共存——「我族受萬惡之人的威脅；他們不對紅種人趕盡殺絕，便不罷休。」[30]特庫姆塞倒也沒搞錯。哈里森稱自己接下來的政策是「要有部落膽敢拾起戰斧……他們可不能指望能像上次戰爭結束時一樣受到寬待，他們不是被滅族，就是被趕出密西西比河」。[31]

但哈里森摧毀先知鎮一事，卻為特庫姆塞招來了原本猶豫不決的部落，這是他先前費盡口舌都達不到的目標。哈里森很明白特庫姆塞想做什麼，他向戰爭部長解釋：「他的目的無疑是煽動南印地安人與我們為敵。」[32]

特庫姆塞緊急徵募切羅基、契卡索、巧克陶、克里克、波塔瓦托米、懷恩多特、齊佩瓦（Chippewa）、索克、歐薩吉和塞米諾爾族。雖然他沒有說服所有人，但也已經很成功了，結果就連哈里森也承認特庫姆塞已一統邦聯，並認可他是唯一能談成協議或派兵戰鬥的領袖。先知鎮遭毀後，特庫姆塞將防線延伸至墨西哥灣水域。定居者要的話，就只能殺出邦聯或是以遠洋船隻繞行。

IX

凡是厲害的策略家都會順應時勢調整方法，特庫姆塞也不例外。先知鎮遭毀後，他察覺部落灰心喪志，於是便在招攬人時改為強調部落是可以打贏戰爭的。「白人憑什麼令我們害怕？他們跑不快，輕鬆就能射下，他們只是人，我們的父輩也曾殺過許多白人。」[33]

而他說得對。美軍實力不強。一七八六年，美軍在與瓦巴什人作戰時內部就曾出現叛亂。哈里森亦於一八一一年抱怨手下軍隊缺乏紀律，「西部鄉村的民兵只有在充當騎馬步兵時才算厲害。」[34]一八一二年，即便與英國的戰爭一觸即發，美國卻連募兵都有困難——入伍人數少；指揮官準備不足，未曾經過實戰考驗；軍中同僚又都是「鼻孔朝天、無法自主又腐敗的仕紳……完全不是從軍的料」。[35]

隨著邦聯軍力增強、英美兩國在拿破崙戰爭問題上摩擦加劇，英國也加強支援；前述摩擦最終演變成公然衝突，亦即一八一二年戰爭。特庫姆塞開始接連在卡納德河（Canard River）、布朗斯鎮（Brownstown）、蒙高貢（Mongaugon）和底特律堡（Fort Detroit）取勝，他的軍隊隨後更加壯大。此外，接連的勝利也更讓人篤定英國會支援這位肖尼族領袖對抗定居者。當美軍入侵加拿大東部時，肖尼聯盟和英國佔下底特律堡，並又襲擊了其他幾處堡壘，將美國逼入兩線陸戰，而各戰線的距離如此之遠，美國更須出動兩支軍隊才能應付。

在一八一三年的萊辛河戰役中，邦聯打下一場最關鍵的勝仗。特庫姆塞率領八百名由懷恩多特人、肖尼、波塔瓦托米、渥太華、奧及布威、德拉瓦、邁阿密、溫尼巴戈（Winnebago）、克里克、基卡普、薩克（Sac）、法克斯（Fox）等印地安戰士組成的軍隊參戰，僅花二十分鐘就擊潰美軍，只有三十三名美國士兵成功逃命。哈里森指揮的增援部隊未能及時抵達救援，他稱此為「舉國的災難」。[36]

英國和肖尼邦聯部隊聯合起來圍攻遍及西北領地的堡壘。雙方部隊並未整合，但行動卻十分縝密。在爭奪史蒂芬森堡（Fort Stephenson）的戰役中，英國從海上進攻，肖尼人領導的兩千名士兵則採陸攻。肖尼人本一直擔心英國人會叛逃，特庫姆塞很有先見之明，他擔心一七九五年的先例重演，那時「父（指英國人）於我們不知情時牽起他人之手，恐怕父這次又會故態復萌」。[37]

英國與肖尼邦聯結盟時，是負責控管聯合出擊的時機和地點。而他們能夠領軍的原因，並非在於其作戰優勢受到認可，卻是在於英國承諾要為邦聯的村莊提供衣食。肖尼邦聯對英國後勤的依賴，註定了自己的滅亡。

一八一三年泰晤士戰役期間，一支美國海軍中隊閃過英軍對伊利湖的封鎖，斷絕其海上補給線。美國指揮官得意宣稱「敵我相接，敵軍已落入我們手中」，同時將哈里森的兩千五百名士兵送至前線。邦聯軍隊撤至泰晤士河最高處的航點，但在肖尼人戰鬥的同時，英軍指揮官卻親自帶著婦女和行囊撤退。[38]

特庫姆塞眼見英軍準備撤退，便想羞辱英國指揮官：

> 看我們的父正綑綁所有東西，準備逃跑，卻不讓他紅皮膚的孩子知曉自己的意圖，此景令人震驚……你總告訴我們你們永不離開英國的土地；可現在，父親，我們見你正在退卻，很遺憾看到我們的父還未見到敵人就撤退了。[39]

這段話沒有效果，特庫姆塞轉而索取彈藥：

> 美國人還未在陸上打敗我們，我們也還無法篤定他們已於海上取勝，故我們希望留下與敵人戰鬥，若他們現身……你們手中有著我們偉大父親為紅皮膚孩子送來的武器和彈藥。你們若想離開，還請將彈藥交給我們。[40]

此項要求一樣也未能成功。

甚至在美國海軍軍官佩里（Perry）斷絕英國補給線前，英國就已減少了他們本承諾要給邦聯村莊的支援。族人傳來消息，說他們飢餓又害怕，並向英國人乞求衣食；[41]那時威靈頓公爵的軍隊正在參加半島戰役，他們也同樣需要彈藥和食物。對於英國人來說，歐洲大陸的力量平衡比北美大陸更為重要。

肖尼人對泰晤士激戰的第一手敘述指出：「特庫姆塞在戰鬥中身先士卒——他以身作則，令大家等到美國人開火，因為敵軍會射擊得太高，印地安人接著再衝上使用戰斧攻擊。」[42]哈里森向戰爭部長提交的戰後報告總結道，英國在戰鬥中只造成三名美軍傷亡，其餘損傷都是由印地安軍隊造成。[43]

肖尼的偵察兵查希尼（Charr-he-nee）回憶說，邦聯軍隊一見特庫姆塞倒下，便大聲喊道：「酋長倒下了，我們撤吧。」[44]泰晤士河戰役結束了西部戰爭。特庫姆塞的死讓邦聯再無凝聚力；軍隊散去，部落也返回各自的村莊。

肖尼邦聯的幾近成功讓定居者產生怨恨之情。正如史學家達倫・瑞德（Darren R. Reid）下的結論：「二十年的心理戰、圍攻及荒野主宰，都沒能將歐裔美國人趕出這個國度，但邦聯確實成功深化了西方對印地安人的敵意，也沿著阿帕拉契山脊就此畫下一條概念上的邊界。」[45]

西部墾拓的規模和速度，也讓定居者持續要求佔地主張受到保護及合法化。[46] 在肖尼邦聯瓦解後，密西根總督劉易斯・卡斯（Lewis Cass）又花了十五年鼓吹驅逐當地部落，他後來成為總統傑克森的戰爭部長。一八三〇年，卡斯實施《印地安人驅逐法》（Indian Removal Act），強行遷移當初文明五部落中最不願加入邦聯的四萬六千名原住民。就這樣，這些印第安人被迫從寬達兩千五百萬英畝的家園和獵場，遷移到密西西比河以西的保留地。

X

儘管敵人在政治、科技、經濟和人口上都佔優勢，但肖尼邦聯卻仍幾近成功，這展現出優秀策略之珍貴價值。肖尼人與其邦聯盟友須善用手段、出奇招並有效率運用手邊資源，才不會馬上就被擊垮。他們也做到了。

隨著定居者大舉步步進逼，尤其更有大量定居者願意冒著邊境的艱險前來，印第安人都無奈以為沒有比屈服更好的選擇，此種態度正是特庫姆塞所須克服的。他的主要策略挑戰來自於內部，他必須團結族人、讓大家培養出抵制定居者擴張的意志。特庫姆塞為政治、宗教、經濟及外交投注的心血，都旨在營造、促進邦聯部落之間的向心力。他在世時眾人的團結一心正是關鍵。

即便偉人史觀（great man theory）已經過時，但特庫姆塞此人確實是肖尼邦聯得以團結的關鍵。先前曾嘗試過此策略核心要素者均未能成功。是特庫姆塞察覺到宗教作為政治工具的潛力，接著堅定藉此手段剝奪內部反對人士的合法地位。是他為達目的而願破壞民選領袖和戰士間的傳統權力關係；是他在與定居者的會議上所言促使印地安人不願忍讓、且堅不忍讓。特庫姆塞為鞏固聯盟而急切地親自奔走，只有他才能理解多元論點，並說服部落挑起武器。是他憑藉勇氣和作戰能力於戰場上取勝，也是他透過外交手段來利用勝利保住與英國的盟友關係，讓對方提供必要支援，讓村落能在沒有男性的情況下得以生存。若無特庫姆塞，便無肖尼邦聯。

策略的失敗往往肇因於想像力的不足。而肖尼策略之所以會失敗，也是因為特庫姆塞未能想像來到美國、擴張到西北領地等地的移民數量之多，也未能想像全球利益影響之深，會就此拽走英國的關注和資源。雖然主張忍讓的酋長也無法推知墾拓移民的規模，但他們的策略也許能為邦聯的部落帶來更好的結果。交出部分土地以求共存，而非大舉遷移可能是一個辦法——也可能不是，畢竟傑克森將軍確也曾背叛在同一場戰爭中與其軍隊並肩作戰的印地安人、棉花經濟對土地的需求永不饜足、定居者對土地汲汲營營的追求，也使西進擴張永無止境。

就印地安人口數量和地理分布而言，拿破崙戰爭期間在歐洲上演的戰爭規模是他們所難以想像。部落進行陸戰時的海上行動非常有限，因他們大多居住在遠離水域處；拿破崙戰爭中的大型海戰與北美內陸對控制權的爭奪大相逕庭。儘管兩大洲步兵的近戰方式可能差異不大，但歐洲與歐裔美國社會所發展及積累的火力規模，仍與印地安人的經驗相差甚遠，至其無法想像的地步。儘管如此，部落集結軍隊的方式仍常讓這類武器難有施展空間。此外，他們還大多很懂得如何造反，因此在其人口仍然分散的情況下，征服成本可能會層層疊加，這同樣證明了一味容忍的策略成功機率不高。

肖尼邦聯的經驗證實了「制勝之道，在於後勤」（logistics win wars）這句歷久彌新的軍事格言。邦聯本主導著戰場、能有效圍困堡壘和定居點，也具備可挺過損失的社會韌性。但摧毀其成功機會者，卻在於非作戰人員無法獲得糧食供應。肖尼邦聯的戰士可說是一場敗仗都沒打過，但其對外部物資供應的仰賴，卻讓他們輸掉了戰爭。

肖尼邦聯的瓦解，讓我們得出一個讓人喪氣的結論，那就是就連卓越的策略也會失敗。原住民未能開發自己的軍火製造和更營養密集的糧食生產方式，特庫姆塞也就沒辦法改善邦聯的前景。雖說英國的確於戰役後期棄戰，但那也不算是決定成敗的原因。邦聯的弱點在於過度依賴英國為印第安村落設置的販賣部，美國政府一察覺這點，便以此搶得戰略優勢。可悲的是，任何策略確實都不太可能成功阻擋來勢洶洶的西擴行動。勞倫斯・佛里德曼（Lawrence Freedman）爵士在《戰略大歷史》（Strategy: A History）一書中指出，亞當和夏娃除了服從上帝之外，別無他法。[47] 印第安人的絕境更甚，因為就算是滿足定居者的要求，他們也不太可能保住土地、社會或自由。不同部落曾嘗試過不同的策略，但無一成功。

還有個讓人喪氣的結論，就是嘗試失敗也會有損未來的前景。眼淚之路（Trail of Tears）之所以拔除了密西西比河以東的印第安人社區，正是因為肖尼邦聯幾乎成事。就這樣，它也給邦聯外部落的命運蒙上長長的陰影，奠定了定居者和美國政府往後將採行的政策，直到印第安人再無獨立地位為止。

肖尼人領導的聯盟具備實施策略的能力，這點不必再明說。然而種族矮化持續存在，人們不時也會爭相解釋邦聯為何能有此成就，這不僅表示我們有必要證明肖尼人明顯懂得策劃戰略，也得證明他們亦很清楚自己的戰略思維。故舉例來說，特庫姆塞在一八一二年與哈里森談判時，就曾清楚提及肖尼人的作風，他表示若部落的經濟體系不被正式承認，他便拒絕參與高層政治：

你們想阻撓印地安人按我們的意願行事——不許他們團結、不許他們將土地視為眾人共有的財產；你們暗中離間部落，叫他們別遵守這種習俗；我們在完成計畫之前，絕不願接受你的邀請前去會見總統。[48]

特庫姆塞和他領導的印地安民族落實的正是當代所稱的「全社會策略」：宗教層面的行動可營造部落間的共通特質、創造一種必然的成功之感；內部政治層面的行動可團結不同部落；經濟行動能終結對歐洲商品的依賴、截斷定居者用以圖利的貿易；外交行動可保障英國的支援和物資供應；軍事行動則能在戰場上擊敗軍隊、圍困堡壘——以上種種，都是由一位不畏戰、又有魅力的領袖策劃而成。

假使肖尼邦聯當初成功牽起從加拿大到墨西哥灣的持久防線，美國便可能不會稱霸北美；定居者也許便得繞過邦聯的土地經由海路移民，從印第安各州的東和西部往內開拓，如此肖尼人也就必須防守兩條邊界，但倘若他們在一八一三年成功的話，至少邦聯或能爭取一點寶貴時間來思考如何因應挑戰，特庫姆塞也許甚至會如哈里森所想像的那樣，打造出一個輝煌堪比墨西哥或祕魯的帝國。

Chapter

6

法蘭西斯・利伯之戰爭法與自由國際秩序的起源

韋恩・謝（Wayne Wei-siang Hsieh）是美國海軍學院的歷史系副教授，著有《西點軍校畢業生與南北戰爭》（West Pointers and the Civil War），合著有《殘酷的戰爭》（A Savage War）。

愛德華・米德（Edward Meade）於《當代戰略全書》（Makers of Modern Strategy）第一版引言中，將策略定義為：「掌控和運用國家或多國聯盟資源（含武裝部隊）的藝術，目的在於有效促進及保護自身重大利益，以防範實際上、潛在或僅為假想中的敵人。」[1] 自初版《當代戰略全書》首刷至今已過去八十年，但大多學者及政策專家仍認可此為合理定義。《當代戰略全書》的第一和第二版都意在教育美國大眾，協助人們學習如何履行理智引導權力工具的重大任務，以落實民主治國之道；第二版也得應時勢探究大規模核戰的可能。全球共產主義的陰影已從世界舞台退場，但以美國為首的所謂自由國際秩序，卻正受到全球流行疫病、氣候變遷、移民及不同政治秩序願景（諸如中國共產黨獨裁發展型國家、自封伊斯蘭國的宗教千禧年主義之類）等的挑戰。

自由國際秩序已不能再號稱是法蘭西斯・福山（Francis Fukuyama）所述、近乎必然的意識形態認同，但在這個意識形態斷裂的時代，歷史學家卻更能理解戰後自由秩序的思想基礎。現代戰爭法源自十九世紀中葉的美國內戰及其他相關衝突，現仍是自由秩序的起源之一。該法律體系既導致暴力，也限制暴力，一邊則將公理和平的夢想寄託在正義戰爭的烈火與鮮血中。其盤根錯節的源頭來自基督教正義戰爭（Christian Just War）學說、啟蒙哲學、法國大革命後的民族主義，以及十九世紀的強權政治，以上都造就此種二元特質，而我們若不了解這些歷史源由，就無法完整理解我們當代人是如何爭論「保護責任」（Responsibility to Protect）之類概念的法律基礎。而本故事的中心人物為德裔美國政治理論家法蘭西斯・利伯（Francis Lieber），因為他在內戰期間為聯邦軍隊制定的行為準則《利伯法典》（Lieber Code），正是海牙和平會議和日內瓦公約（Geneva Conventions）的重要先例。利伯因而在自由國際秩序的故事中佔有一席之地，就好比《當代戰略全書》首兩版中無處不在的兵學家克勞塞維茲。

I

學者彼得・帕雷特（Peter Paret）強調過克勞塞維茲在冷戰期間身為理論家的重要地位，克勞塞維茲似乎代表這樣的路線：在核子時代，戰爭仍可作為理性的政策工具。反之，在利伯談及的時代，關鍵問題不在於戰爭是否能為理性的政策工具，而在於先探究其是否合乎道德及倫理。就如克勞塞維茲，利伯是於拿破崙的動盪之後開始寫作，他本人也曾於法皇欲稱霸歐洲時參與相關戰爭，而兩人都相信民族主義的力量，同時也接受戰爭必然的存在。利伯的兄長們曾屬於軍事改革派，帶頭者格哈德・馮・沙恩霍斯特（Gerhard von Scharnhorst）便是克勞塞維茲的導師。沙恩霍斯特是著名的軍事理論家，他也反對解散名為「蘭德維爾」（Landwehr，譯註：十九至二十世紀歐洲的一種軍隊編制。在普魯士係由十八至四十五歲的男子組成之民兵）的軍隊編制，裡頭的軍官正來自於利伯家族的中產階級人士。雖然克勞塞維茲（至少以普魯士的標準而言）相對支持自由主義，但對於涉及暗殺反動劇作家奧古斯特・馮・科策布（August von Kotzebue）的激進學生圈，他卻是深惡痛絕，而年紀較輕的利伯正是因為屬於其中一份子，最終才遭政治流放。事實證明，較年長的克勞塞維茲大多不在意戰爭中的道德或行為準則問題，並將其貶為「難以察覺的限制，幾乎不值一提，這就是所謂的國際法與慣例」。利伯不同於多數美國人，他在成為一名成熟的學者時曾讀過克勞塞維茲的著作，還直接批評其《戰爭論》（Vom Kriege）對戰爭的定義，但利伯也承認，該名普魯士將軍有「很厲害的頭腦」。[2]

故兩人都代表與拿破崙的共同遺緒相關卻又相異的面向，而因我們仍繼承了那時代創造出的民族國家國際體系，所以這兩人仍與當代切身相關。然而，現代有許多繼承其思想者試圖將兩人的想法套用於新的情勢，這也可說是在某種程度上濫用了他們的思想。以克勞塞維茲為例，他視戰爭為政治政策的工具，可用以阻止危險局勢升溫，此言廣受引用且常為冷戰期間的美國讀者所強調，但做此解讀的代價，可謂淡化了克勞塞維茲本人於分析戰爭時考量到的衝突升級動態。克勞塞維茲大概未能料及核武的興起，但他確實料到了幾世紀以來持續升級的暴力，還有科技進步和現代全球化力量的持久影響。利伯則為推廣自由民族主義理念而樹立了行為準則，並憑藉手上的國家權力來試圖馴服衝突的進程，薩曼莎・鮑爾（Samantha Power）等利伯的後繼者，則於後冷戰的美國霸權中察覺為自由目的（如保護責任）而掌控戰爭的機會。簡言之，利伯駁斥了冷戰期間由許多美國讀者誤讀的克勞塞維茲。而這樣的誤解，也讓自由派在面對將戰爭作為理性主義和合法主義政策工具的挑戰時感到失落。

諷刺的是，美國自封策略家者若能多注意法國是如何解讀克勞塞維茲的思想——尤其是勒內・基拉爾（René Girard）和米歇爾・傅柯（Michel Foucault）的詮釋，大概就能免去許多悲劇。在種種後冷戰暴行結束後（南斯拉夫解體、盧安達種族滅絕、伊拉克宗派戰爭），基拉爾撰文指出，現代條件實際上加速了由克勞塞維茲首次指出的暴力升級動態：「我們如今難道不是為了毀滅而毀滅？當今暴行似乎都是由人蓄意為之，科學和政治更將衝突推至極端。」全球化織出一張不可控的網，恐怖分子和疫病於其上傳播，氣候變遷更讓情況惡化——「暴力於全球上演，結果就如末日預言所料：我們已再難分辨災難是人為還是自然導致。」[3] 二〇〇七年，美國首都圈（Beltway）內自封為策略家者可能會斥此為怪異法國知識分子的準神祕之談。但之後的種種事件卻令其改觀：二〇一四年摩蘇爾（Mosul）落入極端主義運動分子之手，其善用社交媒體來散播貌似回歸遠古的宗教觀念、塔利班於二〇二一年佔領阿富汗、舉世都在與冠狀病毒抗戰。

在基拉爾觀察後冷戰秩序的約莫三十年前，傅柯便曾自行重新解讀克勞塞維茲的思想，強調政體內部的政治和暴力問題——這也正是利伯欲藉行為準則來改進的問題。傅柯反轉了前人對克勞塞維茲的傳統詮釋，並指出「政治是戰爭另一種形式的延續」。在傅柯看來：

法律是從真正的戰役、勝利、屠殺及征服而生，這些都有日期可循，且是由恐怖的英雄所造就……法律並未平息衝突，因為在法律之下，戰爭仍繼續於所有權力機制中肆虐，就算是最正規者也不例外。戰爭是造就體制和秩序的動力……故我們都在彼此征戰；一條戰線貫穿整個社會，永久持續，正是這條戰線將我們所有人的陣營一分為二。

傅柯的解讀呼應卡爾・施密特（Carl Schmitt）對克勞塞維茲的詮釋，預示著他對政治上敵友之分的觀念。在西方世界兩極分化似乎更甚的時代，這點看來更是切題。[4] 人們確能承認，傅柯大概過度延伸了他的觀點，但內戰的「民事」層面卻使他的分析尤其與利伯所處的環境密切相關。畢竟，是根植於早期現代主權和民意概念的自願憲法契約催生了美國。但憲法秩序中卻嵌入了針對各原住民族群的侵略和擴張戰爭；再者，因蓄奴制和美國憲法秩序聯邦性質而生的特定爭議，也都為聯邦契約蒙上陰影。以美國內戰為例，戰爭的部分承諾在於終結因奴隸制導致的長期局部衝突——終結這個棘手的過程。對此，我們可引用傅柯對亨利・德・布蘭維利耶（Henri de Boulainvilliers）舊制度歷史著作的分析，傅柯認為：「戰爭是一種存在於不同團體、陣營及戰術單位間的永久狀態，因為他們在某種意義上彼此教化、互相衝突，或反之組成聯盟。多重、穩定的群眾已不存在，存在的只是多重戰爭。」[5] 美國史學家仍稱內戰前的時期為「戰前時代」（antebellum era），但該段承平時期仍持續存有暴力。對原住民的大肆征戰以可疑的和平條約作結；與共和法國早期也曾上演海戰（「美法準戰爭」）；長期的小型政治暴力，雖不涉及奴隸制，但其中卻包含一八一二年戰爭期間民眾為反對聯邦黨人而發起的騷亂，也有巴爾的摩的種族衝突；另外還有確實涉及奴隸制的政治暴力，例如「血染堪薩斯」（Bleeding Kansas）和「約翰・布朗突襲哈珀斯渡口」（John Brown's Harpers Ferry raid）。美國政治秩序的分權特質催化了此種「多重戰爭」，最終導致南方邦聯尋求獨立。此鬥爭之狂暴與利伯欲征服南方聯邦、復甦聯邦的願望，都有助於解釋他的法典是如何能夠同時促進和遏止戰爭的暴力。

基拉爾和傅柯都未將克勞塞維茲視為他那時代的珍品，也不覺得其理論著作僅有我們如今所謂的「國安專業人士」才有興趣閱讀。兩人也沒有視自身研究為美國人的教材，好讓民眾準備好承擔稱霸世界的大業（這是《當代戰略全書》第一版最初的原動力），他們反認為克勞塞維茲成功預測了現代性與其相關的暴行。利伯相比下則代表一種持反對意見的傳統，他在現代人類的環境中看見了更多保持樂觀的理由。傅柯以軍隊、監獄、學校和瘋人院組合出一套相連的現代政治權力理論（而行使此種權力的紀律機構本身則多少帶有欺瞞和虛偽），因而揚名西方學術界；利伯（他本人曾是普魯士的政治犯）則視監獄改革、廢奴、立軍事法為己志。我們可於利伯本身的思想中看見自由政治秩序內部國家、州、軍隊、學校和監獄之間的關聯，而其軍隊行為準則屬於他更遠大願景的一環。[6] 雖然利伯的法典確實協助造出一座有助限制暴力的自由主義鷹架，但它也認可戰爭可作為在政體內創造和平（尤其是此種和平與反奴等自由主義志業有關的時候）、令敵人守規矩的一種手段。

II

二〇〇九年，歐巴馬（Barack Obama）於諾貝爾和平獎得獎感言上引用一則十九世紀的典故，展現自由國際秩序於權力和威望上的登峰時刻：

讓我再針對動武這件事提出最後一點。我們即便做出開戰的艱難決定，也必須清楚考慮該如何戰鬥。諾貝爾委員會在將首屆和平獎頒給紅十字會創始人兼《日內瓦公約》的幕後推手亨利・杜南（Henry Dunant）時，便明白了這點。在需要武力處，遵守特定行為規則於我們在道德和戰略上都有好處。就算我們面臨無視規則的惡毒對手，我仍相信，美利堅合眾國必定會繼續在戰爭中以身作則。[7]

歐巴馬的敘述取自鮑爾針對正義戰爭學說撰寫的備忘錄，文中引哲學家大衛・休謨（David Hume）、康德（Immanuel Kant）、民權領袖馬丁・路德・金恩（Martin Luther King Jr.）、神學家萊因霍德・尼布爾（Reinhold Niebuhr）和杜南等權威影響力人物。鮑爾的歷史評註並未納入利伯和美國內戰，這也許是因為她的愛爾蘭裔美國人背景，不過杜南正是在內戰爆發前兩年目睹索費里諾戰役（Battle of Solferino）的屠戮慘狀，因而受啟發創立後來的國際紅十字會。四年後，聯邦軍事當局以一般命令（General Orders）一百號發布《利伯法典》，一八七四年的布魯塞爾計畫與一八九九年首次海牙和會談成之有效條約，都是以該法為基礎。[8]《海牙規則》後又對歐巴馬在諾貝爾獲獎感言中回顧的《日內瓦公約》具有深遠影響。

《海牙規則》和《日內瓦公約》聚焦在民族國家軍隊彼此戰鬥的行為，而《利伯法典》則是服務軍隊，准許其打擊法典中定義為大規模、有組織但非法的國內叛亂。因此，《利伯法典》授權用暴力作為鎮壓罪惡的正義手段，並構成了歐巴馬所借鑒的一部分法律傳統，他宣稱「為防止自家政府屠殺平民，或制止一場可能會讓暴力和苦難席捲全區域的內戰」，戰爭即為合法手段。[9] 此外，該法典是應國內衝突而生——歐巴馬的戰爭多少也算是伊拉克、阿富汗和利比亞的內戰——而改革一直是重要的內戰時目標和理由。

《利伯法典》談及西方戰爭法的雙面虛偽特質，而法典應混亂內戰而生的起源，也呼應基拉爾和傅柯對於戰爭暴力能否服從於理性政策的懷疑態度。在正統自由主義論述中，《利伯法典》對人道主義的訴求及其區分戰鬥人員和非戰鬥人員的意圖，恰符合克勞塞維茲提出的「戰爭應服從政策」的論點。《利伯法典》因此似乎是一種解方，可確保克勞塞維茲對戰爭升級提出的警告能受政治理性和自由倫理的約束。隨著世界大戰和原子武器的興起，這點看來又更重要了。

至少從二〇二一年的角度來看，歐巴馬的總統任期不僅代表此種自由主義戰爭模式近期的巔峰，也代表此學說的影響力開始下降。我們能在歐巴馬本人身上察覺這點，因鮑爾要求他在諾貝爾獎發表感言時表態支持「保護責任」（簡稱R2P，鮑爾此信條定義為「種族滅絕和大規模暴行均屬駭人罪行，須由各政府採取行動阻止」），但歐巴馬卻拒絕了。二〇一一年，美國以武裝干涉利比亞，可見這類論點動搖了歐巴馬，但他後來卻不喜這次行動。當敘利亞於歐巴馬第二任期內爆發內戰時，他也拒讓鮑爾的論點和保護責任引述動搖自己。事實證明，歐巴馬的繼任者川普和拜登更是不願接受此種論述。還有一些原本支持歐巴馬的人甚至也漸漸對這位獲頒諾貝爾獎的總統不再抱持幻想。二〇二一年，山繆・莫因（Samuel Moyn）抨擊那時將美國空軍實力與人道法治主義混為一談者，他尖刻地將歐巴馬選民參加的康州豪奢婚禮，對比遭無人機轟炸、下場悲慘的阿富汗婚禮。[10]美國那時剛從阿富汗撤軍，臨走前還對喀布爾（Kabul）發動最後一次拙劣的無人機空襲，這大概可說是為歐巴馬結合自由主義和精準導引武器的作風（這還讓他贏下諾貝爾獎）劃下了某種句點。

現代戰爭法和更廣闊的自由國際秩序之所以有其合法性，部分是奠基於更宏大的歷史進步觀。因此完整理解其歷史起源的目的，遠不只在於滿足純粹客觀的學術好奇心，就好比如今上演的許多文化爭論，也都涉及與歷史敘事道德地位有關的衝突。確實，歐巴馬在諾貝爾得獎感言中引用的典故反映出先前的學術史觀，這類觀點傾向於視戰爭法的發展為一種根本的進步現象：不斷進步的人道主義理解力會設法跟上先進武器科技的步伐。接著主導那個時代的，是二十世紀由意識形態催生的世界大戰慘劇和冷戰期間僵持的核武對峙。然而，蘇聯的解體似乎開啟了新時代，讓尼布爾的冷戰自由主義（歐巴馬也稱其影響深遠）得以結合精準導引武器，產生某種似是擔起了維安工作的人性化戰爭形式，最終迎來了擊斃賓拉登的專門襲擊行動。[11] 像這樣試圖模糊戰爭與維安間界線的作法（或至少將兩者視為同一漸變體，而非存在鴻溝的兩股衝突力量）取經於十九世紀的先例，其各方面的地位都因利伯在聯邦眼中法律不容的內戰時代所編之戰爭法，而更加鞏固。

然而，即使利比亞、敘利亞、伊拉克和阿富汗等地在歐巴馬第二任期內都曾爆發動亂，隨後川普於二〇一六年上台，但戰爭法的體系仍未瓦解。二〇一八年，一眾知名德國作家和政治人物——其中有哲學家約爾根・哈伯瑪斯（Jürgen Habermas）和活躍的政壇人物弗里德里希・麥茲（Friedrich Merz，二〇二一年基民黨〔CDU〕選舉失利後便是由他領導此在野黨）——呼籲組建一支歐洲軍隊來協助捍衛歐盟，以與川普、俄羅斯和中國等外敵抗衡，他們引用康德以永久和平為題撰寫的文章，鮑爾在歐巴馬獲諾貝爾獎前寫給他的備忘錄肯定也曾提及此文。這群德國作家聲稱，新的軍力不會「針對任何人」，並將「以軍備控制和解除武裝措施作為配套」。[12] 利伯的遺緒仍然存在，影響深遠。

III

利伯囊括了西方思想探究正義和非正義戰爭的悠久傳統。這可溯及古典時代，那時希臘和羅馬視戰爭為家常便飯，而羅馬的戰爭與和平概念則在於區分「被動或假定的對峙狀態，以及確實在衝突中的狀態」。然而，早期的自然法古典理論家構思出一套適用於全人類的普世自然法，並認為戰爭是一種異常破壞，會毀去以理性結合在一起的更大全球社群。而西方基督教的興起融合了這些早期受斯多葛學派影響的觀點，並於中世紀時期產生一種歷久不衰的正義戰爭學說。此學說認為戰爭是一種粉碎邪惡的手段，並否認參戰方會因各自的國家地位而享有任何形式的法律和道德平等。[13] 只有一方能與上帝和正義站在一起，其他都不算數，而此種學說的道德絕對主義也助長了早期現代歐洲宗教戰爭之暴力。

在一六四八年的西發里亞協議之後，一種新的戰爭法概念應運而生，其要旨在於管理主權國家之間的衝突。而各國的合法性並非源自於其理念正義與否，而是——以政治及法律理論家施密特的話來說——來自於他們對「特定程序（視鬥爭的界線而定）的遵守，尤其是納入立場平起平坐的見證人」。[14] 這裡的見證人是指具有特殊合法地位的主權國家，他們可一邊授權暴力、一邊限制暴力，因為「主權上的平等讓他們在戰爭中成為同等合法的夥伴，以防有哪方動用軍事手段殲滅另一方」。[15] 各國的合法地位以及其認可他國合法性質的作用，經證明是內戰期間合法爭議的主要焦點。此外，施密特指出，這類概念讓國家間的戰爭變得類似於決鬥：「重榮譽的人於不偏頗的見證人面前、用眾人都滿意的公定方式來解決榮譽問題。」[16]

決鬥代表著另一種用於規範暴力的模式，不同於基督教正義戰爭傳統。決鬥並非援引以普世理性和上帝意志為基礎的抽象道德原則，而是假設地位均等的貴族在道德上也平等，他們承諾要遵守同一套儀式準則，因而能以一種受限制的暴力手段來處理爭端。這類爭端的重點常在於爭搶彼此在同儕眼中的威望、地位和榮譽，而決鬥法（code duello）則有助於約束貴族欲以勇氣和暴力統治示人來主張和捍衛聲名的慾望。在《西發里亞和平條約》簽訂後的歐洲，血腥的宗教戰爭打破了基督教世界重新統一的夢想，大小戰爭亦毀壞國家間和國家內部的關係，於是各國扮起爭奪地位和榮譽的高雅貴族，並透過一種暴力儀式來引導此種競爭，而這套正成形中的戰爭法，後來也影響了利伯制定的聯邦軍隊行為法典。經證明，這套戰爭和暴力制度在歐洲是歷久不衰；不過，它也令帝國的暴力觸手伸至歐洲邊緣之外，影響到不適用這套準貴族規矩的地區。以美洲為例，這套制度幾乎管不到帝國疆域外的種族暴力：歐洲各國在北美一邊直接動用武力互鬥，一邊插手殖民定居者與不屬歐洲文化的原住民的衝突。美利堅共和國繼承了這種明顯雜揉過的體系。即便在歐洲內部，此種將各國戰爭比作為爭奪公共榮譽而展開決鬥等的許多政治前提，也被法國大革命和拿破崙戰爭給推翻了。在有如革命溫室和拿破崙時代的歐洲，戰時暴力的貴族式限制並未完全消失，但這些思想確實受到沉重打擊。然而，法國大革命的暴力卻有部分是根源於啟蒙運動的改革主義願景，而啟蒙運動在夢想著永世和平的同時，卻開啟了全面戰爭的道路。[17]

IV

利伯成長於拿破崙戰爭的紛擾中。雖然黑格爾（G. W. F. Hegel）相信，拿破崙於耶納、奧厄施泰特一役擊敗普魯士的那一刻為歷史的高潮，但八歲的利伯卻在眼見勝利的法軍於柏林遊行時傷心流淚。他的兄長們參加了一八一三年和一八一四年的戰役，而在一八一五年拿破崙流放歸來後，十六歲的利伯也應徵入伍。利伯親眼目睹了利尼戰役（Battle of Ligny，位於當今比利時）的景況，他說自己部隊中的年輕夥伴都太過躁進。他們老練的上校曾這樣告誡利伯所屬單位：「你們這群步槍兵年紀輕，恐怕太過狂躁；冷靜者才能成為優秀的士兵，你們必須自持。」利伯回憶說，自己的部隊在激戰後便開始失去凝聚力，但上校讓大家冷靜下來：「他彷彿身處軍訓場，說道，『你們壞了節奏；我們操練這麼久難道毫無成果嗎？立刻放下槍，準備好。』於是每個人又冷靜了下來。」利伯後來的行為準則也強調軍中秩序和紀律的重要，這是他青少年時期於滑鐵盧一役學到的寶貴知識。在拿破崙於滑鐵盧吃敗仗後，利伯在那慕爾戰役（Battle of Namur）追擊撤退的法軍，期間他被步槍子彈射穿脖子而重傷。他甚至為了不再受苦而央求戰友給他個了結，但他還是活了下來。[18]

利伯是步槍兵，他在戰鬥中第一槍就擊倒一名法國擲彈兵，他將槍口瞄準對方的臉，兩人距離只有十五步。對比腓特烈大帝專制體系的精確機械式訓練，步槍兵散開的隊形和更加獨立的瞄準射擊法，則是汲取了動盪革命時期的政治內涵。利伯本人曾批評腓特烈二世的普魯士軍事模式，這種模式採用一套「屈辱紀律法」，使得軍隊裡的人「純粹只是毫無道德動機的機器」。拿破崙戰爭掃蕩掉這些軟爛的人，如今所有歐洲軍隊都是由本土公民組成，而不是「外國的棄子」。可事實證明，利伯所屬的輕步兵編隊並無法如利伯這類篤信自由主義者所願促成政治變革。年輕的利伯退伍後，便加入教育家腓特烈・路易斯・雅恩（Frederick Lewis Jahn）的托納運動（Turner Movement），其宣揚以體操來鍛鍊身體和道德，以及和雪萊瑪赫（Schleiermacher）的民族主義式新教。利伯對雅恩在政治上的保守態度越來越感不耐，一八一九年，普魯士當局以他與激進學生運動有往來為由將之逮捕。當權者後來雖因證據不足而釋放利伯，但仍讓他放棄了於祖國成為學者的念頭。希臘革命的爆發鼓舞了利伯加入他們的行列，於是他在一八二二年離開，展開新的冒險。[19]

利伯認為自己並不受君王意志的約束，他也希望能幫助希臘推翻鄂圖曼統治，然而他仍然恪守先前當兵時學到的軍紀。他曾自豪向雙親表示：「你們從我們的首條規則就能看出紀律多麼優良：全體人員無論位階，蓋須遵守規定。」利伯全然接受革命運動和戰爭有其合法性，但他也認為，唯有組織完善的軍隊和戰爭才算合乎道德。希臘的征途並不順利，一小群自封的歐洲自由戰士最終遭到武裝農民劫掠，被迫出售武器。在利伯眼中，「希臘人懦弱又無能，不足以保衛或解放自己的國家。」利伯後來態度好戰、對和平運動懷抱敵意，有學者也曾對此表示困惑。他們認為這似乎與他青少年時期的血戰經歷有所衝突，但利伯在戰鬥中的某種超然體會，也明顯標誌著現代的軍事文化。他原本懷著解放希臘的目標前往該國參軍，如今他只希望能藉著遊歷來尋找一些啟發。最後利伯連這點都辦不到，於是他離開希臘前往羅馬。[20]

在那裡，利伯受到普魯士知名的羅馬史學家巴托爾德・喬治・尼布爾（Barthold George Niebuhr）指導，他還緩和了利伯心中年輕人特有的激進立場。可儘管尼布爾的影響力很大，他仍無法保護利伯不受持反動立場的普魯士政權滋擾，也無法遏止他們對利伯的青年行動主義起疑心。他於再度受騷擾（還曾被單獨監禁一段時間）之後，終於移民英國。於英國，利伯得到了一份波士頓某體操游泳學校的教職，因為有些積極進取的美國人希望能運用利伯於年輕退伍時向雅恩習得的知識，引入德意志的新式體能教育概念。利伯於一八二七年抵達美國，但波士頓學校的計畫未成。利伯後成功以著名作家和學者之姿打下名聲，哈佛大學甚至曾認真考慮聘他為歷史教授，但利伯卻要等到飽受爭議的南卡羅來納學院（South Carolina College，位於哥倫比亞）邀他擔任歷史和政治經濟學系主任後，才找到自己的第一份穩定教職。[21]

利伯在南卡羅來納州度過充滿憂慮的二十一年。而儘管他持反奴立場，卻仍成為了奴隸主，還與一些傾向廢奴的北方朋友絕交。他表現出與自己所處奴隸制社會相同的些許冷酷種族主義，然而利伯從未完全受雇主的觀點同化。即使他沒有公開譴責奴隸制，他也從未利用自己的才智來寫作為奴隸制辯白，但雇主也能從他的沉默中看出其真實信念。利伯於此時撰寫了重大學術著作，為自己當初年輕時的自由民族主義奠下理論基礎。稱職的自由主義者利伯致力於推廣個人的權利與發展，同時也強調國家和公民參與自治之重要。利伯夫婦在南卡羅來納撫養孩子——而妻子瑪蒂爾達（Matilda）比起學究般的丈夫，尤其結下了更親密的人脈——但利伯永遠無法消除南卡羅來納人對自己的疑心（支持蓄奴的他們會懷疑也是合理），他們覺得這位德意志移民並不完全忠於他們的政權。一八五五年，南卡羅來納學院的校長職空出，而儘管利伯的學術資歷夠格，卻仍未獲選，於是利伯改至紐約的哥倫比亞大學接下新的主任職位。在南方長居的經歷，讓利伯越發堅定地捍衛個人良知及移民。[22]現在，利伯離開了奴隸制分離主義的溫床，就像當初他因政治氛圍不對頭而離開了祖國普魯士。

利伯後來成了聯邦理論家，也為佔領已收復分裂主義領土的軍方擔任軍師；而他在南卡羅來納州（蓄奴制思想和分離主義的中心）的長期流亡，確實為這樣的角色添了幾分諷刺。這也撕裂了利伯的家庭，他的三個兒子裡就有一位加入邦聯軍（Confederate Army），並在一八六二年戰死於威廉斯堡（Williamsburg），臨終前還咒罵著已疏遠的父親。另兩子則為聯邦軍（Union Army）而戰，一八六二年，其中一子於多納爾森堡（Fort Donelson）斷去一隻手臂。內戰雖讓利伯的國家和個人生活多災多難，但也將他推上自己在政治和知識界夢寐已久的大位。他不再被迫於一所專為南方地主子弟開設的地方精修學校任教和寫作，這位受過良好教育的德國學者如今能自由表達信念了。南卡羅來納州脫離聯邦後，利伯重新發表了自己於一八五一年發表過的反分離演講；他還在哥大舉辦兩場新演講來辯證聯邦的案例，三場講座都引起了知名聯邦主義政界人士和作家的極大關注。[23]

先不論利伯認為分離在美國憲法秩序之下是否合法，南方邦聯的模糊地位顯然都讓國際法學者不知所措。英法兩國政府援引各種法律權威和歷史先例（包括一八二一年希臘革命），承認南方邦聯為一交戰國。利伯曾私下致信參議員查爾斯・薩姆納（Charles Sumner）譴責英國的決定，並提及大不列顛內部本身的政治難題：「她現在煮得這杯茶可苦了，有一天愛爾蘭人大概會把杯子壓在她嘴上，令她嘴唇流血、牙齒發疼。」[24] 英法的認可也明顯讓聯邦政府非常惱怒，國務卿威廉・蘇華德（William Seward）便致信美國駐英大使查爾斯・法蘭西斯・亞當斯（Charles Francis Adams），如下解釋聯邦政府的立場：

當然，政府會動武鎮壓叛亂，各國政府在此種情勢下也必然都會動武。但這些事件絕不構成有損政府主權的戰爭狀態，也不分為交戰國，故外國無權干涉或充當雙方中立者，亦不得以他法擺脫對該暫時動盪國的合法義務。[25]

利伯在自己撰寫的戰前道德手冊中將「叛亂」和「獨立戰爭」列為正義戰爭的兩種可能形式。然而他也列出另一種戰爭，其「目的在於團結屬於同一民族、或一個國家內註定要形成一政治社會的分散諸國」。他後來顯然也將這套標準應用於聯邦。[26]

雖然利伯和聯邦當局痛斥英法兩國對邦聯的承認，但除了抱怨受辱之外，他們也無能為力。利伯是實用主義者（正符合大家對退伍軍人的想像），而當如何處理聯邦和邦聯戰俘的問題浮現時，他則取經於實證主義國際法的經驗主義學派。該法理學派主導了十九世紀的國際法，其引述依據為各國的實際行為及國家間的協議，而非中世紀正義戰爭理論家的抽象道德原則。利伯便援引多個歷史先例來佐證自己的觀點：聯邦政府願意交換俘虜，絕不代表其默許南方邦聯事業之合法性，而「僅是認可事實和現況；除讓有關當局決議眼下最宜採取的行動之外，並無其他待決定之事」。法國大革命期間暴力的旺代（Vendée）內戰，並非在預示民族主義情緒會招來的潛在惡果，而僅是鬥爭者在「互相激怒」。在利伯眼中，大家大可不必讓此承認問題變得過於抽象——「雙方無論有何種差異，都必定會認定對方為習慣直接亮刀的武裝分子。軍人們就很擅長解決這類問題。」[27]

縱有種種爭議，一八六二年夏天，聯邦和邦聯政府正式組成一集團來處理戰俘的交換和釋放事宜。然而戰爭越發暴力，軍人式實用主義的限制也因而浮現。該合法集團及制度將於一八六三年夏天崩潰，部分是因為利伯本人在一般命令一百號中措辭不當，讓邦聯能乘機取得軍事上的實際優勢，但更要緊的原因則是，邦聯軍事當局不願承認非裔美國聯邦軍隊也是受戰爭法保護的合法戰鬥人員。在聯邦軍的黑人正式投降後，此種不情願的態度使得憤怒的邦聯士兵大肆屠殺這些黑人士兵，是為一次臭名昭彰的屠殺。[28]

即使戰爭越發暴力，勢頭難擋，利伯仍設法編纂法律基礎，以引導聯邦的努力方向。於此更有助力的是，同為知名法律權威的亨利・瓦格・哈勒克（Henry Wager Halleck）少將在一八六二年夏天成為聯邦軍總司令。利伯事先便曾與哈勒克通信過。多納爾森堡戰役結束後，利伯在聯邦醫院尋找受傷的兒子，兩人便是於那時結識。一八六二年十二月，哈勒克同意召集一委員會來負責起草擬議的法典，並由伊森・艾倫・希區考克（Ethan Allen Hitchcock）少將擔任主席，利伯也參與其中。利伯主導了整個過程，但法典的催生是全委員會的功勞，哈勒克也幫忙集思廣益。為簡潔起見，委員會還刪除了一些利伯納入的解釋性段落。一八六三年四月，戰爭部長以一般命令一百號向聯邦軍頒布了如今著名的《利伯法典》。[29]

確實，既然戰爭在十九世紀漸被歸為一種合法（甚至可說是普通的）活動，自然適合以一套行為準則來約束之。利伯的法典正是最初的模板，因其以簡單易懂的方式統整和規範了法律思維。《利伯法典》借鑒較早期將戰爭比作一種決鬥的類比：在決鬥中，雙方戰鬥人員的道德義務著重於彼此遵守共有規則和暴力儀式的意願。利伯比照舊制度將戰爭類比為決鬥，並以此結合民族主義的群眾政治。此外，雖然利伯的行為準則意在限制和約束暴力，但其中也包含一個賦予士兵極大決定權的概念——「軍事之必要」：

軍事之必要允許直接毀滅武裝敵人的生命或肢體、直接毀滅在戰爭武裝競賽中難免必遭毀滅的他人生命或肢體；其允許俘虜每一名武裝敵人、每一名敵方政府重視之敵人、對俘虜者來說有特殊危險之敵人；其允許破壞財產、允許阻礙交通、旅行或通訊的方式和管道，允許扣住敵人的所有糧食或生活資源；允許侵佔敵國的一切必需品，以利軍隊之生存和安全；在不違反戰爭期間簽訂之協議或現代法律假定之善意的前提下，亦允許欺騙行為。

在此段長長條款（此條在《利伯法典》中算是較為冗長）的結尾，利伯加上了一則——近似於場面話的——警告：「在公開戰爭中拿起武器相抗者不會因此而不再是道德人，人們對彼此與上帝仍應負有責任。」利伯於下一條則再深入定義了必要性原則的界限，排除了「殘酷之舉——意即僅為使敵人受苦或為報復而施加痛苦；不得於戰鬥外致人傷殘；不得以酷刑逼供……原則上，軍事之必要不含任何令恢復和平增添不必要之困難的敵對行為」。[30]

利伯和一般命令一百號仍盼望著結束戰爭，並援引中世紀的傳統正義戰爭論述，稱「和平為其正常狀態；戰爭則為例外。所有現代戰爭的終極目標，均在於恢復和平狀態」。[31]下列這段進步歷史論述確為利伯所言，其後繼者也將引用之：

隨著幾世紀以來文明之進步，屬於敵國之個人與敵國本身（含其武裝人員）間的區別也同樣穩定演進，陸戰尤其如此。在戰爭緊迫性的許可範圍內，非武裝公民的人身、財產和榮譽都應受保護，此原則已越來越受認可。

利伯就此確立了現行戰爭法的一項核心特色：區分戰鬥人員與非戰鬥人員，而後者會受到特別保護。一八六八年《聖彼得堡決議》（St. Petersburg Resolution）指出：「各國在戰時應努力實現的唯一合法目標，就是削弱敵人的軍力。」[32]

然而，這句稍嫌含糊的場面話卻不易執行，因「緊迫性」和「軍事之必要」並不利於保護老百姓。利伯就曾直言：「越猛烈的戰爭對全人類越有利。激戰都打不久。」普魯士將軍赫穆特・馮・毛奇（Helmuth von Moltke）後來也附和利伯的觀點：「戰爭的最大好處就是能迅速結束。」可是他後來也據此觀點來特地否認聖彼得堡宣言，並表示：「攻擊敵方政府的所有資源是為必要，包括其財政、鐵路、供給，甚至其威望。」毛奇寫了這幾行字給瑞士法學家約翰・伯倫知理（Johann K. Bluntschi），後者也是早期仿效利伯編纂戰爭法的人之一。儘管利伯和毛奇在這點上的觀點相異，但兩者的分歧並非不容變通。其實，哈勒克本人先前就曾認同軍事律師視戰爭為全民競爭的英語傳統：「每位國民都有權對付另一國的國民……

此為一般戰爭法所許可，且僅受制於此類法律允許的限制和例外。」[33] 此外，利伯和毛奇都否認和平主義。毛奇斥永久和平「連美夢都算不上」，並稱戰爭「是上帝所造世界秩序中的一項元素」，而「人類最高尚的美德」就是從中發展而成。[34] 甚至在內戰之前，利伯就曾宣稱戰爭是一種推動文明的力量：

試想，未被強制形成國家的人類會是什麼樣子？數百萬人在劃分出的一塊塊香蕉園裡感到孤獨並滿足於私利。那算是文明嗎？也時候，鮮血也是歷史的濃郁露水。[35]

利伯在《利伯法典》中宣稱：「文明存在的法則和要件，在於人們生活於連貫的政治社會中，形成被稱為國家或民族的有組織單位，無論是和平或戰時，民眾都於其中同甘共苦和共進退。」[36] 利伯不同意社會契約論中原子化個體的論述，因此我們也不意外他會毫不掩飾地說出「強制形成國家」這種話，並構思出措辭嚴格的軍事紀律。在利伯眼中，「軍隊的意義正是奠基於服從。故若有人不從且不完全將服從視為義務，此人就是在自毀品格。」[37] 但利伯確實也曾指出，在例外的革命條件下，士兵還是能抵制「非法且有大害的政府法令」。[38] 正因如此，利伯才能繼續視自己兒時心目中的英雄斐迪南・馮・席爾（Ferdinand von Schill）為愛國德意志人，即便他在一八〇九年未獲君令便欲抵抗拿破崙。服從有其限度，利伯同樣也認為人是能離開祖國移民海外的，他自己便這麼做了。席爾在反抗拿破崙政權的鬥爭中陣亡，但他手下十二名遭俘軍官卻被法國軍事法庭視為「普通強盜」而判處死刑。[39]

服從國家權威的問題也牽涉到戰鬥人員合法性的議題。當身穿制服的邦聯軍激戰聯邦軍時，在從南方邦聯手中重奪的領土中，也有大批分離主義遊擊隊騷擾著聯邦當局。這在幅員遼闊的西部戰場確是個尤其擾人的問題，因為只要聯邦當局接近，游擊隊就會藏起武器，也不穿制服，這使聯邦軍難以將其與無攻擊性的平民區分開來。遊擊隊經常也有劫掠、竊盜及施暴等與政治事業無關的行為。整體而言，遊擊隊對南方邦聯戰果的損害其實大於幫助，因為他們長時間騷擾著邦聯平民的生活。但對於意圖平定前邦聯領土的聯邦當局來說，這也算不上安慰。於是利伯試著劃定更清楚的界線，以取分遵守紀律的合法士兵與遊擊隊，同時也為聯邦軍事當局規劃可對後者採取的特殊措施。他將非法遊擊隊定義為：

行為有敵意者或小隊，無論該敵意行為是參與戰鬥、為破壞或掠奪之目的而進犯，或任何形式之襲擊，其行為未受委託、不屬有組織之敵軍，也未持續參戰。但他們在戰鬥期間仍不時返家和從事副業，或偶爾披上追求和平的外衣，以脫除士兵的性格或外表——此類人或小隊不屬國民之公敵，故他們如被俘，便不享有戰俘特權，而應一概被視為攔路搶匪或海盜。

相反的，若是另一種從主力軍隊分出以小隊作戰的遊擊隊，只要穿著制服，若遭俘虜即可保有受保護的地位。然而，偵察兵和間諜則被定義為不穿所屬國家制服者，他們將「被視作間諜，直接處死」。[40]

相較之下，戰俘「不因其公敵身分而受罰，也不因俘虜方之故意施暴或羞辱、殘酷監禁、缺糧、殘害、死亡，或任何野蠻行為而遭受報復」。利伯還規定「若可行，戰俘應能食用簡易、健康的食物，並受到人道對待」。此外，「視醫護人員的能力而定，每名被俘的敵方傷員都應接受治療。」利伯編纂傷員保護措施的動力，要回溯到他自己在一場激戰中的經歷，那時他必須「幫忙把大砲運過戰友或敵人的殘破身軀，每當沉重的車輪輾壓過他們，這些軀體都會痛苦地彈跳，這給他留下了無法忘卻的恐懼印象」。他自己就曾被在死傷者中拾荒的農民打劫，之後還差點被和屍體一起給埋了，但利伯也經歷過陌生人的同情和善意。[41]

利伯的行為準則納入了專門保護平民的具體措施。其中宣稱：「美國認可並保護其佔領之敵國的宗教和道德、嚴格私有財產、居民之人身安全（尤其是婦女），以及家庭關係的神聖性。違反者將受嚴懲。」準則也給予教會、醫院、教育機構及各種慈善組織特殊保護，同時保護藝術品和文物。然而，軍事之必要的緊迫性質仍凌駕於上述條款。利伯明言道：「當受圍困地區的司令為減少消耗其儲備物資而須縮減人數，因而驅逐非戰鬥人員時，將之驅回是合法之舉（雖然此為極端措施），以敦促敵方投降。」[42]

準則中可見利伯保護非戰鬥人員的用意，這源於他本人在利尼一役中親見一名孩子陷入戰火的經歷——「我見到一頭豬和一個孩子都同樣茫然無措；他們倆肯定很快就被殺死了。而由於我總能察覺事件的對比，所以我也注意到有隻鳥焦急地繞著雛鳥飛翔，並在慘烈的喧囂和屠殺中努力保護牠們。」利伯也曾體會過飢餓士兵為蒐羅食物而造成的後果。他在吃完一些生豬肉後帶隊外出覓食，「在一間被洗劫一空的房裡，我們發現有名帶著嬰兒的年輕女子守在自己的父親身旁，他曾被一些前來劫掠的敵軍毆打受傷。女子向我們要了一塊麵包；但我們沒有。我們給了她一些剛找到的馬鈴薯，但她說她沒有能煮食的工具。」還有個更哀傷的故事：利伯承認，自己曾為了討麵包，而威脅一名一開始聲稱自己沒有食物的農民——「我叫戰友抓住他，我看起來準備就要開槍殺死他了；這時他交出了一塊小麵包。」雖然利伯的敘述很實事求是，但他也評論道，「若有人不懂何謂味覺上的享受，就表示他沒有真正受過飢餓或口渴之苦。」同樣的，利伯在他晚年制定的法典中，也制定了規矩來管束軍隊對物資的實際需求，雖然私人財產原則上應受保護，但他的法典仍聲明，若有軍事之必要，扣押私人財產便受許可。[43]

利伯的戰爭和軍隊概念就如他那時代的美國人，同樣都涉及民族國家、組織、紀律及科學化組織。聯邦士兵應穿著制服並服從自己的合法上級，其上級則須遵循由利伯協助制定的理性行為法典。而此套法典所源自之實證主義法律傳統，則自視為以科學為本。確實，利伯後來回顧自己在規劃踏上希臘這趟不幸旅程時，曾說：「有位工程官在巴黎採購了最精良好用的儀器，此外，我們還有幾張地圖、盒式指南針、望遠鏡，還有其他會在戰爭中用上的東西。」在他展開那次諸事不順的冒險前不久，西瓦努斯・塞爾（Sylvanus Thayer）還曾前往歐洲為美國西點軍校收集科學儀器和書籍，少將哈勒克後來便是於該校接受科學教育。[44]

雖然史學家在回顧此時期時，已察覺到戰爭法和科技進步之間的張力，但十九世紀的當代人未必能認識到此種對立關係。例如在墨西哥戰爭期間，當時的中校希區考克（後來於負責制定《利伯法典》的委員會擔任主席）便誇耀進犯的美軍用於圍攻墨西哥韋拉克魯斯（Veracruz）的技術有多麼精良，儘管他對該戰爭整體的道德原則有所微詞：

> 我們的作法和整個流程，都是遵照科學工程師的指引，一切都照著戰爭藝術的已知規

則進行。所以我們的損失非常輕微——當然，我是指比較起來相對輕微。在這場可惡的戰爭中，可沒有損失算得上是輕微。我們並沒有向弱小的兄弟敦親睦鄰，但你也知道我對此事有何想法。

而利伯本人在描述自己獲得哥大教學職時，便曾說過：「我獲派研究的科學，在於研究人類在社會關係中的樣貌、人類在社會各階段的樣貌。」45

在利伯看來，聯邦的勝利證明了自己的進步和自由史觀是正確的。這確實能緩解戰爭為利伯一家帶來的損失與傷痛。可儘管《利伯法典》後來對法律領域大有影響，但我們仍不應誇大其實際上直接影響聯邦軍行為的程度。法典在許多方面都正式許可了既有的聯邦軍事作法（像是如何應對游擊隊等問題）以及休戰旗幟之使用等相關慣例。地方聯邦的軍事指揮官握有很大的實際自主權，可決定該如何對待平民——利伯本人在軍事之必要的有關規定中也認可此種自主權。其實，法典後來之所以會變得如此有影響力，部分是因為其內容只是更全面統整了多數西方軍事專業人士的常見作法。故對於渴望徹底消弭戰爭的和平主義者而言，法典永遠無法滿足他們的願望，但比起烏托邦式的和平主義，法典大概更有辦法能抑制克勞塞維茲所謂暴力升級的動機。

在戰爭直搗南卡羅來納的哥倫比亞市時，這套戰時作法的確幫上了忙，保護利伯曾任教的大學校園不受損害。一八六五年二月，該市向威廉・薛曼（William T. Sherman）的軍隊投降。後來局勢一片混亂，邦聯軍一邊撤退、一邊縱火欲摧毀國家財產，平民和聯邦軍也醉酒鬧事，利伯等呼籲維持秩序者所擔心的混亂局面使得有約三分之一的城鎮被燒毀。終於，後因投入各種戰後人道工作而聞名的霍華德（O. O. Howard）少將率領一支清醒的聯邦軍隊以武力恢復了秩序。南卡羅來納學院的校園則因被改建成醫院而受到聯邦軍隊保護，故能逃過火災和遭毀的劫數。戰爭保住了聯邦、消滅奴隸制，但政治衝突並未結束，完美正義的政權也沒有因此而生。戰爭之暴力導致無數美國人傷亡，利伯自己的兩個兒子也包含在內，但在整片混亂中，聯邦軍仍遵守利伯法典的戒律，守住一間由大學校園改建成的醫院，使其免遭火舌肆虐。[46]

當時與現代人在批評利伯所催生的自由國際秩序時，都將焦點聚集於其缺點和失敗上。不過克勞塞維茲察覺到的暴力升級，也仍在任何康德式的永久和平夢想中揮之不去。克勞塞維茲試圖釐清戰爭的根本，利伯則設法以植根於紀律機構（傅科視其為現代性的根源）的規則和儀式來約束戰爭，就如在利尼戰役中，利伯的司令也是藉由軍訓和紀律穩定了利伯的情緒。然而，氣候變遷、流行病、重啟的強權衝突正肆虐這個世界，各種政治極端主義也再添冷戰的核武毀滅風險，任何形式的秩序——無論是否為自由秩序——能否遏制「我們自己正在累積的、籠罩於我們頂上的暴力」？此問題仍有待觀察。[47]

Chapter

7

日本，搖擺於海上及大陸帝國主義間

莎拉・潘恩（S.C.M. Paine）[1] 在美國海軍戰爭學院的戰略與政策學系擔任歷史與大戰略課程的威廉・西姆斯大學教授（William S. Sims University Professor），著有《亞洲戰爭》（Wars for Asia, 1911–1949）和《大日本帝國》（Japanese Empire），也與其他人共同編輯了五本關於海軍行動的書籍。

日本帝國各領袖共有的政策目標，在於將日本打造成強國，但眾人在許多問題上卻無法達成共識：該重武力還是重遊說？該獨自行動還是與盟友合作？該遵循海上還是大陸安全模式？換言之，他們的分歧在於策略，而非策略目標。他們曾以兩組戰爭作為達成目標的手段。日本在採取海上安全模式時，曾成功往自身的戰略目標推進，第一次中日戰爭（一八九四至一八九五年）和日俄戰爭（一九〇四至一九〇五年）便是範例。而當他們採取大陸安全模式時——如第二次中日戰爭（一九三二至一九四五年）和由此而生的二戰太平洋戰線（一九四一至一九四五年）——結果卻是自取滅亡。

比之大陸強權，海上強權則有三個特點：（一）著重於海上自衛的能力；（二）比之內部交通線，在戰時更依賴外部交通線；（三）因此更重視接觸鄰國的管道，而非與世隔絕。[2]日本作為島國，四面環海的地理條件能保護其免受他國入侵，所以日本不同於大陸強國之處，在於他們能著重於海上自衛，但若要能接觸鄰國，就得靠外部交通線來橫跨海洋。而國家對進口的依賴，也表示外部動線是進行貿易的要件。相較之下，中國和俄羅斯都是大陸強權，兩國在面對多個鄰國從陸路大舉入侵時，都曾多次靠著內陸管道和自給自足的資源生存下來。遙遠的距離和地形屏障，幾乎將整個俄羅斯和中國大半地區與溫帶海洋隔絕。陸上強國必須優先考量該如何防範從陸地來的威脅。所以大陸安全模式仰賴的是領土控制、龐大軍隊、劃分專屬區域，他們也得在實力上勝過鄰國才能避免威脅。反之，海洋屏障賦予的相對安全性則讓海上強權得以利用貿易、聯盟、國際法來將交易成本降至最低，並能憑藉與他國的聯繫來創造財富，再仰賴財富和友邦來保障國家安全。不同於陸軍的是，海軍在戰時罕能發揮關鍵作用，所以海上強國也必須懂得整合多種權力手段。

在前兩場戰爭中，日本各領袖擬出了一項大戰略——結合國家多種權力手段的大戰略。至於後兩場戰爭，日本領袖卻將策略簡化為戰爭的作戰層面，誤以為可以從中取得戰略勝利。他們最後反倒是害人害己，而受害的鄰國也沒有善罷甘休，造成延續了好幾代的負面戰略結果。在兩組戰爭相隔的這段時間，日本軍方逐漸接管政府，因而在官僚機構中佔有極大地位。結果就是讓軍民關係更偏向動用軍事手段來解決政治問題，最終也害慘了軍方、國家及民眾。勝利的定義一直都在於是否在策略層面上實現國家目標，絕非在作戰層面上實現軍事目標。戰爭和官僚鬥爭不是目的，只是手段，忽視這點只會讓國家陷入險境。

I

十九世紀，日本正面臨空前的國安威脅，他們擺脫不切實際的幻想，仔細衡量了當下的世界局勢，接著也據評估制定可行的政策目標，並為此目標打造出整合所有國家力量手段的策略。比之大陸強權，對海上強國日本來說，海軍正是這類計畫的核心。

工業革命為尚未工業化的世界帶來了空前的國安威脅。工業化社會的經濟成長、制度變更及技術革新，種種因素結合起來顛覆了國際的力量平衡，讓傳統的安全模式不再可行。日本驚恐地見證西方強權是如何從世界彼端向外投射力量，以兩場鴉片戰爭擊敗至今總是主導亞洲的中國。中國雖專心推動國家力量的軍事工具現代化，卻是屢次戰敗。日本則不同於此，反是詳細評估了國安威脅。

甚至在戊辰戰爭（一八六八至一八六九年）令明治維新的世代掌權之前，衰落中的德川幕府和大半封建領主都曾派學生出國留學，起初是為了讓他們學習技術科目，但西方的民生和軍事制度也很快就成了學習目標。新上任的明治政府派出最高領袖來負責調查實況。而為期兩年的岩倉使節團最為著名，他們造訪了美國和十一個歐洲國家，以勘查對方的軍事、政治、經濟、法律、社會和教育制度。其中給使節留下了最深刻印象的就屬普魯士。[3]

岩倉使節團抵達歐洲之際，正逢俾斯麥創造出現代德國之時，那時他甫將眾多日耳曼公國統一於普魯士的霸權之下。日本這時也分化為許多彼此競爭的半獨立領土。因此，普魯士透過皇帝和立法機關的雙重權力來鞏固中央控制，透過漸進贏得有限戰爭來爭取領土統一。

這樣的模式，似乎很適合想要轉型為統一國家及躍升為區域強權的日本。

在使節出訪期間，廣大的鐵路和電報系統、以煤氣燈照明的城市、以蒸汽為動力的工廠，都讓他們明白一味抵抗只會使日本重蹈中國覆轍，並在軍事上吞敗。他們也認知到西方力量的來源不僅在於技術或軍事，更在於制度和民間。日本的問題不只是要現代化——取得最先進的技術（軍備更不消說），更在於西化——引進西化的民生和軍事制度。日本若不西化，就無法成為創新技術者，而只能作為消費者。所以說，日本必須西化才能落實現代化。

明治領導階層在評估日本的弱點和西方優勢之後，便屏棄了中國領導階層珍視卻不切實際的目標——固守其文明。日本反倒設下一個有爭議但可行的目標：將國家改造成有能耐捍衛自身國安的強權。其戰略分為兩階段，首先為國內：選擇性西化日本的民生和軍事制度，以實現軍事和經濟現代化。如此便能達成修改條約以重獲其經濟政策主權的中間外交目標。接下來的國外階段，則須建立一個規模足以抵禦西方威脅的帝國。

明治世代在二十年內已成功西化各項制度，令人驚豔。一八六九年，也就是該世代掌權一年後，新政府便藉由拔除長久以來分化日本的封建領地，顛覆了國內的權力結構，接著從高到低——從封建領主到兒童——扭轉社會金字塔。人們也意識到必須識字才能維持產能，於是初等教育在一八七二年成為義務教育，高等教育則於一八八六年隨著第一所帝國大學的成立而出現。重大軍事改革包括普遍徵兵制（一八七三年）、分出陸軍省以設獨立的海軍省（一八七三年）、成立陸軍參謀本部（一八七八年）、成立參謀學院（一八八三年），以及將軍隊重組劃分為機動師（一八八八年）。日本的陸軍仿效普魯士、艦隊效法英國，政治體制則是向歐洲取經：設立由首相領導的內閣（一八八五年）、引入公務員考試制度（一八八七年）、頒布憲法（一八八九年），以及召開國會（一八九〇年）。政府也成立日本銀行（一八八二年）以西化金融體系，並藉由頒布新刑法（一八八二年）、民事訴訟法（一八九〇年）及重組司法機構（一八九〇年）來西化法制。以上舉措統稱為明治維新，以致敬當時在位（並因此使改革合法化）的明治天皇。[4]

國內改革穩住後，政府便轉而欲在法律平等的基礎上重新商訂條約。就如中國所受之待遇，西方強加的通商口岸制度允許各國於指定的商埠進行貿易；最惠國待遇條款也保障某外國經談判獲得的任何利益都將惠及所有國家；治外法權則讓西方人能享有母國（而非地主國）的法律保護，而這些西方人也負責設定及徵收關稅，並將其繳交給身為地主國的中國。亞洲人在歐洲並不享有互惠權利，因此才有「不平等條約」一詞。日本政治和法制的西化使不平等條約再無立足之地，於是在一八九四年七月十六日，英國在法律平等的基礎上與日本締結了新約，其他大國也很快跟進，[5] 條約的修改代表著日本大戰略的國內階段大功告成。在此階段，政府小心翼翼地避免對外戰爭，以免阻礙改革。另一邊的中國則是在一次次的軍事或外交損失中跌跌撞撞，一直要到一九四〇年代和一九五〇年代，才得以分別取消與西方和俄羅斯的通商口岸制度。

II

明治世代一完成大戰略的國內階段，便立即展開外交政策階段，時而欲在亞洲大陸上建立陸上帝國，時而又想沿台灣島鏈打造一座海洋帝國。日本效法的是普魯士俾斯麥的戰略，這名宰相為了達成有限目標，而曾發動連串短暫的區域戰爭——丹麥戰爭（一八六四年）、普奧戰爭（一八六六年）、普法戰爭（一八七〇至一八七一年）——讓普魯士從歐洲五強（英國、俄羅斯、法國、奧地利和普魯士）中的最弱國，躍升至僅次於英國的第二強，而這些競爭對手在普魯士得手前卻是渾然不覺。俾斯麥僅著眼於丹麥或奧地利核心領土之外的土地，還有法國的一小部分領土，他並未無節制地想要推翻這些國家的政權。

一八九四年七月二十五日，日本在與英國重修條約的九天後，便與中國開戰爭奪朝鮮的掌控權。朝鮮是是中國最重要的朝貢國，也是入侵日本最短的路線，因此該國不穩定的局勢已招來外國干涉：英國管理著關稅徵收，俄羅斯則懷抱帝國野心。俄羅斯於一八九一年宣布其計畫建造一條延伸至海參崴（Vladivostok）的跨西伯利亞鐵路，這將使其能以他國所不能及之效率調度部隊。日本成為帝國的機會之窗才剛隨著條約修改而打開，卻可能因俄羅斯的行動就此關閉。日本為絆住俄羅斯，以打造、把持住一個可用於保衛日本的帝國，曾打過三場戰爭，而第一次中日戰爭便是此三部曲之序幕。

在首場戰爭中，日本以中國的干涉侵犯朝鮮主權（日本也是）為由，宣稱其目標為將中國趕出朝鮮半島，以推行明治維新來平定朝鮮整體的不穩定局勢。未明說的目標則有防止俄羅斯擴張的消極目的；還有取代中國成為主導力量，顛覆區域力量平衡的積極目的。[6]除日本之外，無人預見這點。而為實現上述戰略目的，日本領袖制定了三個作戰目的：一是將中國驅逐出朝鮮，二為永久保住日本通往朝鮮的海上交通線，最後則是盡量拓展帝國的戰果——海軍和外交官著眼台灣，陸軍則認為應拿下滿洲的遼東半島。

要完成一項艱鉅任務，就得準確評估有哪些可把握的機會和無法避免的限制——也就是手中握有哪些的牌，而如何打出這手牌的選擇正是策略所在。條約的修改讓日本有機會確立其外交政策。此外，中國長達一世紀的內部叛亂蔓延全國並造成數千萬人死亡，清朝元氣大傷，屬少數的滿族也更無合法依據繼續統治被征服的漢族。另一邊朝鮮的政府失靈和動亂更加嚴重，長期的民不聊生引爆史上最大規模的起義。在朝鮮王室請其宗主國中國干涉時，日本卻介入保護其國民。

軍事干涉策略有著巨大風險。龐大的朝鮮戰場可能會耗盡日本有限的人力，但中國的人力與資源潛能卻是深不見底。中國的問題在於難以調度軍力。日本在陸上或海上都有可能吞敗，中國則只有在陸上戰敗的可能，因內陸戰線讓他們不必經由海路抵達戰區，故中國承擔得起海上艦隊的風險，日本則否。日本也受到時間的限制，它必須趕在西伯利亞鐵路建成前（預計於一九〇〇年後不久完工）結束戰爭，此後機會之窗即會關上。而本質上，機會之窗代表必須與時間賽跑。

這場戰爭包含兩組關鍵戰役，並以一場海戰劃下句點。第一組為一八九四年九月中旬為期三天的戰役，日軍於平壤擊敗中國，將中國軍隊逐出朝鮮半島，實現了日本最初提出的戰爭目的。另一邊的日本海軍也於鴨綠江一役擊敗最先進的中國北洋艦隊，後因中國避免再次與日方海軍交戰，使得日本拿下了制海權。

繼朝鮮戰役之後，日本又連續發動另外三起戰役。前兩場為滿洲及山東戰役（一八九四至一八九五年之交的冬季），專攻通往北京的海陸通道，幾乎對首都形成鉗形圍攻之勢。日本陸軍經陸路攻下旅順港最先進的海軍基地，日本海軍則封鎖中國在威海衛剩餘的海軍基地。兩軍共同消滅遭圍困的艦隊，剷除了整整下個世紀的中國海軍勢力，因為中國負擔不起重建海軍的代價。而海戰的結尾，則是與和平談判同時進行的澎湖戰役，此役穩穩紮下了日本作為海洋帝國的地位。

中國照著日本的劇本走，在可預期之處無力地戰鬥，讓日本得以趁虛而入。中國交出了主動權——守在平壤等不敵現代砲火的城市城牆後方，卻不把守日軍必經的渡口和山隘，但中國本有大把時間能運用這些可預測的險要地理位置。中國的北洋艦隊在戰爭中用處不大，沒能於海上摧毀敵軍的運兵和補給船。中國軍隊原本也大不必從平壤撤往鴨綠江，他們若與朝鮮聯手造反，便能威脅到日本的補給線。假使中國當初堅持只打陸戰，讓日本更受後勤問題所苦，日軍實力便也會受寒冬和飢餓所累。中國也未能成功止戰。他們沒能派出正式合格的談判代表，結果讓日本有機會遣返其人員，並利用多餘的時間佔領澎湖列島，還成功奪下台灣主權。換言之，中國是個「聽話的敵手」，因為他們把一手牌打得很糟糕，無意中按日方的劇本行事，因而讓日本——而非中國——採收到最佳戰果。

日軍對遼東半島（此地由俄羅斯宣布為他國的禁區）的主張太過貪心，於是俄羅斯、法國及德國介入要求日本撤軍，改由中國支付更高額的賠款。日本無法與歐洲三大強國抗衡，只得退讓；不過儘管受辱，賠款還是讓日本能從戰爭中圖利。在國內，這樣的成果證實了本令傳統主義者反感、且極具爭議的西化方案確實有所成效。軍方明顯更有威嚴了。日本也創亞洲之先，取代中國成為區域強權，在國際上還躍升為公認的強國，一九〇二年的英日同盟便是明證（此同盟為英國從拿破崙戰爭至一戰期間唯一締結的長期聯盟）。可日本在俄國脆弱的西伯利亞邊境取勝，卻引發雙方的軍備競賽，這也讓俄國史無前例地將外交政策重心從歐洲移向亞洲（卻是誤判之舉），就此埋下又一場戰爭的伏筆。

III

俄羅斯為因應義和團起義（一八九九至一九〇〇年）而佔領總面積超過法國和德國總和的滿洲地區，此舉威脅到日本的帝國大業。儘管日本已竭盡外交所能，俄羅斯卻仍擱置否決其最終提議（亦即承認俄羅斯在滿洲的勢力，以換取認可日本在朝鮮的勢力）。於是，日本決定動武奪取俄羅斯不願於外交上放手的利益。如此一來，日本就得把握住另一扇短暫的機會之窗。這扇窗開啟於英日同盟，但將於西伯利亞鐵路建成後關上，畢竟至鐵路建成時，俄羅斯就能善用其物質優勢——比之日本，其人口為三倍之多，士兵數量為七倍，國民生產毛額則為八倍。[7]但就如清朝，羅曼諾夫（Romanov）王朝盛世已過。歐洲只剩俄羅斯、土耳其和蒙特內哥羅仍未設議會。教育程度越來越好的城市民眾要求政治代表權，沙皇尼古拉二世卻置之不理，針對公眾人物的暗殺行動又重新開始。

日本比照上次戰爭，將多種國家權力手段統整成一套連貫策略。日本在外交上組成英日聯盟孤立俄羅斯，條約條款也承諾，若俄羅斯聯手他國對抗日本，英國便會介入。條款效期五年，維持至一九〇七年。而到一九〇四年，日本便已搶先俄羅斯利用上次戰爭的賠款重振武裝。但在一九〇四年後不久，俄國在亞洲的海軍實力便超越日本。[8] 日本也取得一系列外國貸款，戰爭最終有三十八％資金都是來自於此。[9] 戰爭開打時，遭義和團破壞的西伯利亞鐵路滿洲段還有三分之二尚未修復。[10] 這條鐵路並非雙軌，也未連通面積相當於瑞士的貝加爾湖。而在雙方較勁初期，鐵路每月可運送二至四萬人到前線，至戰爭尾聲則達每月十萬人。若鐵路從一開始便有如此運載量，始終佔有數量優勢的就會是俄羅斯。[11]

日本的偵察手段，包括派遣中國偵察部隊至俄軍戰線後方、在俄營地安插中國間諜，並令明石元二郎上校（後為大將）於斯德哥爾摩的日本公使館調度間諜，同時資助俄羅斯、波蘭及芬蘭的革命人士擾亂整個俄羅斯帝國。[12] 日本人會藉購買當地商品來博取中國人的忠心，於戰時的滿洲創造經濟榮景。[13] 日本也攔截艦隊通訊來定位俄國船隻。[14] 日本另外還預先派出駐美代表，以便適時請求調解。

軍方的一九〇三年戰爭計畫重視速度及主動，讓日本得以利用自己最開始（但只有暫時）的數量優勢，一邊往北步行推進朝鮮半島，一邊經鐵路沿遼東半島與彼此會合（也許於遼陽附近），在俄軍充分動員之前打贏戰爭。如此便能重現普法戰爭中色當一役雙重包圍之勢。[15] 一九〇四年二月八日，日本率先開戰，突襲駐於遼東半島末端旅順母港的俄國旅順分艦隊（Port Arthur Squadron）。兩國都未料到旅順戰役會如此艱難，也未料到其對戰爭結果的影響如此之巨。小型的海參威分艦隊讓日本很是頭痛。而旅順和海參威相聚六百二十五英里，兩地通道卻是由日本把持，這也讓俄羅斯難以推行計畫。

海軍大將東鄉平八郎和陸軍大將乃木希典的聯合策略，展現出日本陸海軍合作的最高水準——前者將旅順分艦隊封鎖在港口，等到後者從陸路摧毀之。雖然這次突襲未能摧毀該分艦隊（它仍是支「存在艦隊」〔fleet in being〕），可能會危及日本的海上交通線，但此役確實讓部隊能同時安全登陸朝鮮半島，方便繼續向北前往清朝的祖居：瀋陽。而由於無法徹底封鎖港埠入口，日軍只得持續在外把守。

由於沙皇堅持救援旅順，因此從五月下旬到六月中旬，俄國沿著往哈爾濱的鐵路打了（也輸掉了）南山（旅順以北四十五英里）和得利寺（旅順以北八十英里）之戰，哈爾濱就位於連接歐俄至海參崴港的東西線與旅順西南線的交界處。日本切斷了往旅順的陸路，且很快就拿下附近的大連商港作為後勤樞紐。沙皇的冒進策略破壞了戰場指揮官亞歷克塞・庫羅帕特金（Aleksei N. Kuropatkin）將軍的計畫；為逼迫日本以寡敵眾進行長線作戰，他本打算先集結部隊，等到更靠近哈爾濱（旅順以北六百多英里）之處才開戰。[16] 六月二十日，沙皇加倍施壓，下令波羅的海艦隊準備救援旅順。有鑑於距離遙遠，俄軍也缺乏用於加煤或整頓的中間基地，這項任務可謂異想天開。[17] 波羅的海艦隊要到次年五月才能抵達戰區。

同時間，旅順分艦隊曾分別於六月二十三日和八月十日試圖逃往海參崴未果，後者名為黃海海戰，此役讓俄軍損失了大量船艦和發號施令的海軍上將。[18] 連續兩次漲潮後，整支分艦隊才得以離開旅順狹窄的入口，其行蹤幾無掩飾。[19] 另一邊規模小得多的海參崴分艦隊在八月十四日於蔚山海戰被摧毀前，曾出擊七次，擊沉了部隊運輸船和日本不得已從海岸防線撤出的克虜伯（Krupp）攻城炮。而擊沉旅順分艦隊所需的替換火砲也會耗時六個月才能就位。[20]

黃海海戰使更積極參戰的俄艦隊備受威脅。九天後，乃木將軍加倍出擊，對旅順發動了四次襲擊中的首波攻勢，每回都讓敵方傷亡慘重。只要四支軍隊仍有其一被困在旅順，日本就無法集中兵力於滿洲深處，按預期打出殲滅戰。同樣的，封鎖行動也讓海軍動彈不得，無法整頓好準備迎接正在前來的波羅的海艦隊。前兩次攻擊之後，便緊接著遼陽（八月二十六日至九月四日）和沙河戰役（十月五至十七日）兩場重大陸戰。遼陽位於旅順以北兩百多英里、瀋陽以南五十五英里，此役的規模在歷史上僅次於日本人極想仿效的色當戰役，但戰勝的日本卻因彈藥吃緊、無法補上折損的軍官及馬匹短缺而無力追擊。[21] 在沙河會戰中，俄軍則於瀋陽以南約十五英里處發動反攻，但俄國人有所不知的是，日本的補給和軍隊已瀕臨崩潰。可是軍官貪污、衣物不足、指揮不力、酗酒問題猖獗，都使得俄羅斯士氣低迷。

日本遲遲才發覺必須佔下制高點以便觀測，故為了調配火力線來攻打受困港中的分艦隊，日軍隨後兩次不計高昂代價襲擊旅順。直到日本於第四次襲擊終於佔下制高點時，必要的克虜伯攻城炮才就位，讓日本得以在同一週內擊沉分艦隊。一九〇五年一月二日，旅順投降。乃木的軍隊很快就前往瀋陽，打出日本期望已久的殲滅戰。對日本來說可惜的是，攻打旅順的成本已相當於耗盡整支軍隊；[22] 對俄羅斯來說可惜的，則是它已沒有基地能整頓波羅的海艦隊了。隨著旅順淪陷，俄艦隊只有一個目的地可去：海參崴，他們必須直接駛經日本。

滿洲軍總司令官大山巖將軍急切想進行一場殲滅戰，他傾盡日本所剩資源，投入截至當時史上規模最大的奉天會戰（一九〇四年二月十九日至三月十日）。即便如此，日本僅調出二十五萬兵力攻打俄羅斯的三十七萬五千人。戰鬥結束時，日本的軍事和財政都已近枯竭，俄羅斯卻仍繼續飛快增兵。於是日本要求美國調解止戰。[23] 要是再來一場陸戰，那麼人力、武器和馬匹都短缺的日軍便會崩潰。

然而沙皇卻將希望寄託在海軍上。在對馬海戰（一九〇五年五月二十七至二十八日）中，東鄉的聯合艦隊迅速就解決了波羅的海艦隊，此為歷史上最不平衡的海戰之一。就如第一場戰爭，日本幾乎完全消滅敵方海軍。對馬海戰是罕有的決定性戰役，此役直接讓戰爭走向終結，也實現了戰爭的目的。沙皇屈服於眼前因他在軍事和政治上領導無能而於全帝國積聚起的革命。他恐怕暴亂的能量會火上添油，而非平定動盪。[24]美國則按計畫扮演主持談判的角色。日本海軍比照在首場戰爭中使用的手段，於和談期間奪下島嶼以搶佔優勢——第一次是澎湖列島，第二次則是庫頁島（Sakhalin Island）。

《朴茨茅斯和約》（Portsmouth Peace Treaty）確立了第一次中日戰爭的結果，使日本——而非中國或俄羅斯——成為亞洲區域的主要強權。儘管日本在開戰之初本有意願用滿洲換取朝鮮，但最後它也得到了滿洲和庫頁島的南半部。[25]朝鮮很快就成為日本的保護國，俄羅斯勢力退出。俄國也以非常昂貴的南滿州鐵道路權作為對日本的實物賠償，日本就此實現成為大陸帝國的策略目標。

現實中，是中國和俄國的無能先後解救了日本。就如頹敗的清朝，頹敗的羅曼諾夫王朝也是個服貼的對手。他們本能地按相當不同的方式出牌。如果俄羅斯能像個像樣的大陸強國，將國防預算投資在鐵路系統上，以便部署軍隊，而非用於在戰時無法可靠調度的主力艦，這樣陸軍從頭到尾都能佔有數量優勢。一九〇四年二月，俄國在戰區的兵力原有九萬八千人，至一九〇四年八月的遼陽戰役則已增至十四萬九千人，悄悄超越日本。一九〇五年八月（正是和約簽訂前一個月），俄兵力更達七十八萬八千人。可當時俄羅斯調派至戰區的兵力僅有百分之四十，日本則部署了六十七萬人，幾乎是傾全體軍隊之力。[26]而且在兩場戰爭中，戰區民眾的態度至多也是保持中立，往往還支持日本對抗滿族或俄羅斯。可日本卻將勝利歸因於己方行動得宜，而非敵人失算。這種自欺欺人的態度長久後也將產生積累的影響，導致之後不妙的局勢走向。日本在策略上越來越甘冒風險，畢竟它不是擊敗了世界上兩個最大的大陸強國嗎？顯然意志力能夠戰勝物質劣勢，至少日本是如此篤定。陸軍和海軍並未意識到旅順的勝利是取決於兩者的配合無間。戰後，他們針對不同敵手制定了個別的戰爭計畫、為預算而激烈爭執，還拒絕與彼此協商，更不用說要合作了。

戰爭已成為越來越昂貴的政策工具。第一次戰爭的賠款帶來了五成利潤；[27]但在第二場戰爭中，相對小規模的南山戰役卻讓日本的死傷和消耗彈藥都多過於前場戰爭總和。[28]兩場衝突的相對成本估計各有不同——差異從五到八倍不等。[29]

IV

日本四面環海，不可能不顧列強反對成為能夠吞併廣闊鄰近陸國的大陸強權。強大的陸國在糧食、能源和戰爭物資方面通常是自給自足，周圍也有地理屏障可自保，因為最易達的周圍地區都已在其掌控之下。它們也經常蠶食鯨吞鄰國。雖然大陸強權也有可能慘敗，但其地理位置和資源都讓有實力者能重新崛起。

在戰間期，民族主義激起朝鮮和中國的敵意，所以日本越來越難以經由其大陸資產得利。東亞的戰間期是始於一九〇五年的《朴茨茅斯和約》，而非一九一九年的《凡爾賽條約》；且是結束於一九三一年日本入侵滿洲，而非一九三九年德國入侵波蘭。明治時代的國際環境因中俄沒落而有利於日本的強國夢，但敵對鄰國的崛起與兩次世界大戰之間的經濟蕭條景況卻阻撓日本逐夢。

一九一七年的布爾什維克革命為俄國擴張增添了意識型態層面，共產主義於亞洲越來越普遍受到勞動階層的歡迎。俄國的共產國際（Comintern）很快就於世界各地成立共產黨，有印度、伊朗及土耳其（一九二一年）；中國及外蒙古（一九二一年）；日本（一九二二年）；韓國（一九二五年）；寮國、馬來亞、菲律賓、暹羅和越南（一九三〇年）。俄羅斯比照先前因應義和團起義的舉措，於一九二九年再次入侵滿洲（鐵路衝突），欲奪回一九一九年以《蘇俄對華宣言》（Karakhan Manifesto）放棄的鐵道權，承諾要讓人民脫離帝國主義，卻沒有實踐諾言。[30]

抗日民族主義漸漸將中國團結起來。日本於一九一五年提出《二十一條要求》，強佔中國中部及北部各地的租界和通商權，那日被視作國恥日。一戰後，日本將德國山東租界區歸還給中國的曲折過程也惹惱了中國人。[31]日本還曾資助多位軍閥（都以失敗告終），並於一九二八年暗殺滿洲軍閥（張作霖）、在濟南與國民軍發生爭鬥（濟南事件），以上都更不可能讓中國人對日本改觀了。[32]

中國國民黨打著民族主義旗幟，喊著要團結這個被派系撕裂的國家而帶頭發起北伐（一九二六至一九二八年），這是一場舉國的軍事行動，目的在於消滅或拉攏互鬥的軍閥。關稅自主和鐵路國有化成為新國民黨政府的首要任務，其中關稅的增加為國民黨帶來更豐厚的海關收入，從一九二七年的四千六百萬元，上升至一九三一年的三億八千五百萬元，又以對日貿易為大宗。鐵路國有化運動的重心則在於滿洲——日本鐵路的所在地。[33]另一個民族主義大業為國家統一，連續五次剿共（一九三〇至一九三四年）逼得共產黨於「長征」中遠撤至北方荒無人煙的延安。日本憂心中國會統一成功。

同時間日本也面臨著三次經濟蕭條。首先是一九二〇至一九二一年，歐洲奪回於一戰中喪失的亞洲市場，重創日本出口表現；第二次為一九二七年，關東大地震（一九二三年）後發行的債券引發銀行擠兌；而第三次最為慘重，因一九二九年的經濟大蕭條毀掉了貿易和全球的繁榮景氣。日本的主要貿易夥伴美國以一九三〇年霍利斯姆特關稅法（Hawley-Smoot Tariff）因應，將關稅漲至歷史高點。日本在一九二九至一九三一年間的出口量直接減半。[34]

輝煌的明治世代已經逝去。當時由被稱作「藩閥」的九人負責規劃政策和戰略，但明治憲法卻未提及他們，他們去世後便出現了制度鴻溝。傑出的民政領袖伊藤博文死於一九〇九年，他曾為岩倉使節團的一員、明治憲法作者，也是第一任首相。最厲害的軍事領袖為山縣有朋元帥，他曾為第一次中日戰爭及日俄戰爭制定計畫，也是日本帝國陸軍和警察部隊的奠基者，則於一九二二年去世。山縣比伊藤多活了十多年，所以能趁這段時間在政府中任命門生，將權力從民政轉移至軍事當局。伊藤及其追隨者原主張以文制武、由黨推選首相、採用與英美等國合作的外交政策，以及由眾議院統治的君主立憲制。推崇海上安全模式的伊藤也更重視以經濟作為實力基礎：日本需要一個穩定又有產能的鄰國，以便促進貿易並阻止敵國入侵。

軍方則主張軍事統治，強調帝國特權、無黨派內閣、（最後）與軸心國合作、國民經濟動員，並由兵部省負責日常行政事務。[35] 山縣遺留下來的制度，讓軍隊只須對一人負責，也就是一位獨處宮中、受宮內省管轄的傀儡天皇。軍隊只管以軍事佔領為作戰手段、以屠殺反抗者為軍事目的即可，但他們不明白的是，這種作戰手段和目的只會助長中國和朝鮮的敵意，無法實現保護國安的戰略目標，更不用說要促進國家繁榮了。

雖然下一代能接受比父母輩更好的正規教育，但術業有專攻的精神卻也限縮了人們的職涯走向。明治一代都是彼此認識的文武及陸海軍領袖，這種私交原本彌合了各機構間的分歧，但分歧在他們去世後就越發深化，無法逾越。一波暗殺行動又讓軍方牢牢掌控住戰略目標和作戰策略。首相濱口雄幸和犬養毅，還有海軍大將齋藤實分別於一九三一、一九三二及一九三六年遇刺身亡，此外還有井上準之助（一九三二年）和高橋是清（一九三六年）兩位大藏大臣，只因兩人敢於指出日本財政無法負擔軍方偏好的計畫。國家權力結構裡文官的作用遭到拔除，這對大戰略大為有害。

日本軍隊恢復了武士的地面戰傳統，此種傳統雖適合用在日本境內作戰，以達統治日本之目的，卻不適合用於跨海遠征以主宰中國。遠征戰爭畢竟離不開海軍的支援，跨海也會暴露出許多弱點，必須用軍隊以外的國家權力手段來彌補，尤其是金融、生產、後勤、貿易和外交層面。而各種機動能力——無論陸、海、空——都仰賴日本缺乏的石油。軍備賴以維繫的工業也會用上日本大多稀缺的自然資源。外部交通線暴露出的漏洞並非大陸安全模式所能解決。

V

日本的首要政策目標並未改變，仍是要成為一個有能耐捍衛國家利益的強權。明治時代的各項機運——修改條約的機會之窗；朝鮮、中國和俄羅斯內部疲軟；日本相較之下軍備較為完善；敵國鐵路尚未完工——在戰間期都已不再。新機運沒有出現，舊限制仍然存在：日本懷抱龐大野心，資源和人口卻相對處於劣勢，還得拿下制海權。此外，蘇聯共產主義、中國民族主義及經濟蕭條等新的限制也紛紛冒出頭，故日本須先著眼解決這些問題，才能達到最初的目標。

要透國貿易來促進繁榮是行不通的，於是日本軍隊制定了一項經濟自立的計畫；若要落實，就必須擁有一個規模足夠的帝國。滿洲早就是日本的投資重點，因此符合這項條件。霍利斯姆特關稅法生效不到一年，日軍在幾個月內便以莫須有的蓄意破壞鐵路罪名（實際上是由日本軍官犯下）入侵佔領了滿洲。[36]不久後軍方刺殺首相，並改為任命一名海軍大將，政黨政府消失。一九三二年，日本海軍於上海開闢第二戰區，試圖迫使國民黨割讓滿洲。

日本為使入侵合法化，遂命清朝的末代皇帝為滿洲國偽元首，但該地經濟實際上卻是由日本帝國陸軍（又稱關東軍）的地方支部透過南滿洲鐵道株式會社所把持著。隨後日本大舉投資基礎設施、採礦和重工業，也在教育上投注不少資源。[37] 一九三五年，俄羅斯將滿州鐵道權出售給日本，俄帝國主義退場——此為重大中間目標之一。滿洲很快就成為日本本土外亞洲工業化程度最高的地區。一九三八年，日本也將滿洲國的開發模式應用於華北。[38] 若無這些資源，日本便不可能與中國長期抗戰，更別說要參與二戰的太平洋戰爭了。

中國人卻沒閒著。滿洲爆發了抗日起義，起義受壓制後便轉往華北。國民政府正傾全軍力用於剿共，只於國際聯盟上透過外交抵制日本，而國際聯盟譴責日本入侵，日本隨即退出國聯，自我外交孤立。中國民眾抵制日貨作為報復，損及了日本與此第二大市場的貿易。而大多數抵制活動都集中於中國中、南部，安全遠離關東軍的勢力範圍。日本則加倍以武力施壓作為回應，先是於一九三三年佔領毗鄰的熱河省，後又在一九三六年間逐步策動華北自治運動。中國雖然無法擊敗日本，但只要以遊擊戰阻撓日本取勝，就足以擾其安寧，達不到昌盛的目標。

俄羅斯則有其他煩惱要顧。一九三六年，日德結盟，簽署反共產國際協定以打擊共產主義。俄國為避免與德日發生兩線戰爭，遂設局讓中國來抵抗日本。俄國向中國共產黨和國民黨（兩者為內戰中的死敵）承諾，若他們聯手抗日，俄國便提供常規軍事援助。而兩黨聯手後，一九三七年七月七日，日本便經鐵路網和水路全面入侵，大肆轟炸。日軍預期國民軍不消幾個月便會投降。但日本至一九三七年底卻反倒是死傷十萬、部署的師數加倍（達到二十一師），並已投入六十萬人力。至一九三八年底，日本更已部署三十四個師，總計一百一十萬人；一九四一年更增至五十一師。中國卻還在奮戰。[39]

隨局勢升溫，日本也改採計畫經濟。一九三七年，軍方徵用工廠，政府接管資本和商品分配。一九三九年，政府凍結物價和工資，並於一九四〇年實施配給制。軍事預算佔比從一九三一年的三十・八％上升至一九三七年的六十九・二％，一九四一年再增至七十五・六％，最後在一九四四年達到足讓經濟崩潰的八十五・三％。至於輕重工業間的平衡：一九三〇年重工業佔比三十八・二％，至一九三七年上升到五十七・八％，至一九四二年更達七十二・七％，足可扼殺生活水準。無輕工業便表示無消費品。若將一九三四至一九三六年間的工資設為一百，當作購買力指標，那麼此數字於一九四一年跌至七十九・一，一九四五年跌至四十一・二。軍方如願以償實施計畫經濟，但也如欲刺身亡的大藏大臣高橋是清所預言，遇上了惡性通貨膨脹和資源瓶頸。[40]這就是中國讓日本付出的經濟代價。

從一九三七至一九四一年間，日本的大小活動鎖定著一連串中國的重心，認為摧毀這些目標就能讓對方投降。中國首都不斷受日本騷擾，一路從南京（一九三七年）退至武漢（一九三八年）再退至重慶（一九三八年），但最後一處重慶因位於鐵路網之外、有山脈掩護、也有長江急流作為屏障而能倖存下來。南京大屠殺（一九三七年）期間，日本更以駭人的殘酷暴行打擊人民的抵抗意志。而為使之無法繼續戰鬥，日本也試圖消滅中國的經濟能力。至一九三八年秋，日本已佔領各工業重鎮（滿洲、京津地區、上海、武漢及廣州），[41]並於上海（一九三七年）、南京（一九三七年）、徐州（一九三七至一九三八年）和武漢（一九三八年）等地一連串激戰中摧毀常規國民軍。最後日本也鎖定外貿和外援，起初是徹底封鎖沿海地帶（一九三七年），而後又於一九三八年佔下廣州（中國最後一個未受佔領的港口），並於一九四〇年入侵法屬印度支那（最後一條對外鐵路線）。[42]

中國並未如日本所願投降，反是按一九三二年第一次上海事變後制定的計畫，以空間換取時間。該計畫預計深入內陸打一場費時的消耗戰，令日本應接不暇、耗盡資源、難以久撐。[43]中國人不計代價，一邊打著常規戰役，一邊也發起叛亂行動。日本若要對付前者，就必須集中兵力；若要對付後者，則須分散調度。而這種調度上的困難也使成本節節攀升，讓日本經濟難有起色。常規戰役有南昌會戰（一九三九年）、隨棗會戰（一九三九年）、南寧會戰（一九三九年）、國民軍冬季攻勢（一九三九至一九四〇年）、棗宜會戰（一九四〇年）、共產百團大戰（一九四〇年）、豫南會戰（一九四一年）以及五號作戰（一九四一至一九四三年）。一九三七年下半，日軍每天原本可推進十七・四公里，一九三八年卻下降到每天七・六公里，一九三九年為每天一・一公里，最後到一九四〇年只剩每天六百公尺。[44]戰爭陷入僵局。

越來越高昂的代價也影響到日本的和平條件。日本原本只著眼於割讓滿洲國，但在一九三七年戰事升級後不久，其目標卻變得更無節制，改為欲促成中國的政權更迭。與明治時期的戰爭不同，日本不再只為敵對帝國的偏遠地區而戰，作戰對象也不再是對滿族統治無感的漢人士兵，或甚至是對征服滿洲無感的俄國士兵，日本想要的是一種有損中國利益的懲罰性和平。其戰略結合軍事脅迫、無差別報復、奪取當地資源，還動用生化武器，以上都激起了中國人的恨意，讓他們更願意從戎，甚至令國內互為死敵的派系團結起來。[45]日本不留情面的手段和無節制的目標讓中國人沒有談判餘地，只能繼續戰鬥。於是一場持久戰在此遼闊戰區上演，但日本卻沒有足以取勝的資源。

在珍珠港事件之前，日本已有六十萬人死傷，這是極大的沉沒成本。而為讓付出的代價顯得合理，日本領袖還想向民眾承諾會擴大征服。一九三九年歐洲戰爭的爆發也打開了一扇類似於明治時期的機會之窗。那時法國、英國及荷蘭的亞洲殖民地正因納粹的侵略而動彈不得，也許能讓日本用來自我補償。一九四〇年，日本加入軸心國，可德、日兩國卻都無法在廣大的外線上彼此支援，兩國的結盟反倒讓日本從區域公害變成了全球秩序的威脅。

美國擴大了貿易禁運，並撥款欲於一九四三年前打造一支兩洋海軍，這都礙到了日本的計畫。日本的相對海軍實力於一九四一年達到巔峰，之後便會驟跌。一九四〇年，日本入侵法屬印度支那，切斷了中國最後一條主要的對外補給線，供應著日本七十五・二％石油的美國便對日實施全面石油禁運。那時日本在穩定消耗率下的供應量還可維持一年半，此後機會之窗就會關上。[46]日本軍方在同一週內便屬意於太平洋發動戰爭，奪下荷屬東印度群島的油田。日本高層推斷，美國的和平條件（包含從中國撤軍）會挖空日本，讓明治一代的心血前功盡棄。可另一方面，與美國開戰只有一半的成功機會。光是大藏大臣賀屋興宣就曾多次提出經濟上的疑慮，指出該戰爭計畫並不可行，[47]但陸海軍卻仍一意孤行。

VI

一九四一年十二月七至八日，日本約略在同時間攻擊了夏威夷、泰國、馬來亞、菲律賓、威克島（Wake Island）、關島、香港及上海公共租界，為的是阻止西方援手中國，同時欲將荷屬東印度群島的石油生產全部據為己有。日本的動作導致德國（友）和美國、英國、澳洲、紐西蘭和荷蘭（敵）紛紛宣戰，讓中國加入了大國同盟。日本和美國也將於主要戰場中國之外的一連串外圍戰場彼此較勁。

海軍大將山本五十六策劃了襲擊夏威夷珍珠港美國艦隊基地的行動，他是戰爭作戰計畫的制定者，也擔任聯合艦隊的司令。夏威夷當時還是美國領地，尚未立州。若消滅該地的美國艦隊，日本便能迅速佔領亞洲防守最薄弱的西方殖民地，打造固若金湯的空軍基地邊界防線，以便防守日本壯大帝國的邊緣區域。美國則會發覺亞洲無利可圖，反擊代價太大，只是徒勞，最終放棄中國。可日本卻不明白，他們的舉動直攻攸關國際關係組織的海洋秩序，而海洋秩序極受美國決策者之重視。日本也沒有意識到，邊界防禦戰略屬於一種大陸戰略，他們卻將其錯用在海上。此戰略於陸上的作用，在於利用貫穿佔領區的內線，佔領區周圍則有易防守的地形作掩護，進出點有限，但都由己方掌握。然而此戰略在一片汪洋上卻是個麻煩，因為無人能佔領海洋，其邊界還能從任意方向攻破。海洋既能作為通往世界的通道，也能作為與世隔絕的屏障，但海洋與陸地不同之處，正在於其本身並無法被征服。

日本擊沉珍珠港的美國海軍後便兵分兩路，一是經由中南半島佔領泰國、馬來亞、新加坡和緬甸，二則經由太平洋佔領菲律賓、關島、婆羅洲、爪哇及蘇門答臘島。一九四二年頭五個月，日本佔下的領土面積就已打破歷史紀錄。日本俘虜二十五萬名同盟國戰俘、擊沉一百〇五艘同盟國船艦，也重創另外九十一艘，但日方的損失僅含七千人死亡、一萬四千人受傷、五百六十二架飛機和二十七艘船艦，但巡洋艦、戰艦或航空母艦都毫髮無損。[48] 寺內壽一將軍也因這次戰果而受到褒獎，並晉升為陸軍元帥。

珍珠港事件在戰略層面上卻是一場災難，因為此事讓一個原本奉行孤立主義的海軍強國改變了心意，決意要更迭日本的政權。美國以連串外圍行動消耗日本的資源以示因應：珊瑚海海戰（一九四二年五月四至八日）是為阻止日本進軍澳洲；中途島海戰（一九四二年六月三至七日）目的在於削弱日本艦隊；瓜達康納爾島海戰（一九四二年八月七日至一九四三年二月九日）是為將日本驅離澳洲；吉爾伯特群島（Gilbert Islands）的馬金（Makin）和塔拉瓦（Tarawa）戰役（一九四三年十一月二十至二十三日）是拿下進逼日本本島的跳板；馬紹爾群島（Marshall Islands）的瓜加林（Kwajalein）和馬約拉（Majura）環礁戰役（一九四四年一月三十一日至二月七日）則進一步延長進逼日本的跳板；馬里亞納群島及帛琉戰役（一九四四年六月至十一月）意在攻下塞班島（Saipan）和天寧島（Tinian），作為轟炸日本本土的空軍基地；雷伊泰灣（Leyte Gulf）戰役（一九四四年十月二十三日至二十六日）欲壓制日本艦隊；硫磺島（Iwo Jima）戰役（一九四五年二月十九日至三月二十六日）和沖繩戰役（一九四五年四月一日至六月二十二日）是為拿下更靠近日本本土的機場，便於入侵。新幾內亞和菲律賓也還有其他意在保護澳洲並消耗日本軍力的大型戰役，然而，其最大功用卻在於收緊了綁住日本本島的絞索。最令人驚訝的是，美國從未真正於日本本島作戰。

就在夏威夷發生眾所皆知的慘事之時，日軍也首發戰役，展開一九四一年十二月至一九四二年十二月的連串行動，為的是拿下華中鐵路系統，最後以五號作戰將國民黨逐出首都重慶。但太平洋戰區已將大量日軍和戰機從中國戰區吸走，所以日本不得以只能於一九四二年十二月取消五號作戰。一九四三整年，日本只能改為在廣大戰線上發動攻勢、佔領土地，但卻因缺乏兵力來駐守廣大的中國而只能暫時成事。[49] 一九四三年，美國展開鉗形攻勢，一邊是由麥克阿瑟（Douglas MacArthur）將軍帶頭收復菲律賓；另一邊則由海軍上將切斯特・尼米茲（Chester Nimitz）率領沿著島鏈行動，並於日本的勢力範圍內建立轟炸機基地。

日本原打算死守通往東京的各個陣地，欲讓敵方耗盡氣力，難以久撐。可美國反倒避開了這類陣地的大半，只拿下海軍後勤和轟炸機基地所需的位置。美國同時也部署潛艇來阻礙商船交通，至戰爭結束時，日本商船隊的實力已減至珍珠港事件前的九分之一。從日本和滿洲派出的人力和物資只有一半抵達太平洋戰區，讓分散各地的軍隊沒有足夠物資能繼續戰鬥。[50]若日本在一九四四年投降，死亡人數就能減去大半。一九四一年，日本有兩萬八千名軍人死亡，一九四二年有六萬六千人，一九四三年有十萬人，一九四四年則有十四萬六千人死亡，但一九四五年的死亡人數卻來到驚人的一百一十二萬七千人。[51]

可日本卻再度一意孤行，於一九四四年發動其史上規模最大的「一號作戰」。作戰目標在於：從印度支那到朝鮮建立一條不受潛艇阻礙的內陸補給線；在中國的日本勢力範圍內消滅美國機場；還要摧毀國民黨勢力。但美國海軍正迅速逼近日本：一九四四年一月經由馬紹爾群島、二月經加羅林群島（Caroline Islands），後在一九四四年十一月再從馬里亞納群島開始轟炸日本本土，故這時在中國取勝已對本土防禦作用不大。事實證明，用燃燒彈轟炸平民有著殘酷的成效，東京市區十六平方英里在一夜間被夷為平地，死亡人數甚至多過於長崎原子彈所害。戰爭結束時，有六十六座日本城市化為廢墟，九百二十萬人無家可歸。[52]

波茨坦宣言（Potsdam Declaration）要求日本無條件投降，日本不從，於是廣島（八月六日）和長崎（八月九日）各挨了一記原子彈。同時間俄羅斯宣戰，派出一百五十萬兵力進入滿洲，期待戰後能由俄羅斯與美國瓜分日本。[53]首相鈴木貫太郎判定：「我們現在若不行動，俄國就不只會滲透滿洲和朝鮮，還會滲透日本北部……我們必須立刻行動，雖然美國仍是我們唯一的主要對手。」[54]裕仁天皇同意了，也呼籲接受波茨坦宣言。日本投降之後，中國算是打贏了戰爭。

在中國抗日戰爭期間，日本一步步陷入資源耗竭的窘境。若陸海軍的軍官願意協調國防，他們就能察覺到資源有短缺，而不會因拒與彼此分享戰爭計畫而重複預算，未考慮到另一軍種的支出。若軍官沒有在一九三二年刺殺首相犬養毅，他大概就能透過協商談成入侵滿洲問題的解方。若日本與極力反共的蔣介石合作，他們也許就能在關東軍的勢力範圍內一起消滅退至延安的共產黨。不然日本也能與盟友德國協調，在雙戰線戰爭中利用內線擊敗俄國。以上都是可行的選擇，日軍卻反是以連串的最後通牒來做外交，誤以為作戰勝利就等同於戰略勝利。從戰爭結果可見事實並非如此。日本雖打贏區域戰爭的大半戰役，但輸掉海上商戰才是致命關鍵，這斷絕了陸海軍、工業和人民的物資供給。日本以島嶼之姿試圖採取大陸安全的征討模式，僅仰賴軍事作為其單一權力手段，顯然害到了所有涉及其中者。這甚至也預示了共產黨將贏得內戰——此結果至今仍讓日本不得安寧。[55]

VII

日本在整個帝國時期都採取各種高風險、高報酬的戰略，這類戰略起初之所以能成功，原因在於：對手無能、戰爭時間短、目標有限、當地人沒有敵意、奪下的戰利品對日本而言比對敵人更有價值，和平條件也對戰敗國足夠慷慨。在明治時期的戰爭中，日本的文武官會於戰前仔細評估有關各方的能力，作為調整目標的依據，也避免第三方干涉。他們協調所有國家權力手段，結合軍事和民生制定退出策略，並堅守謹慎對待他國貿易的海上安全模式。

一九三〇年代，日本改採大陸方案來應對經濟大蕭條和復甦的鄰國。而為保障資源自給自足，他們也跨洋攻佔令自己更顯渺小的遼闊土地，儘管那時並無盟友相助抵抗敵對聯盟（最後更加入了海軍霸權美國，還有遼闊的大陸鄰國中國）。日本的征討在作戰方面雖然厲害，在經濟上卻無法久撐，在道德上令人反感，在戰略上亦無法執行。中國沒能威脅到的日本本島，美國卻予以重創。

日本無視海陸的差異實施大陸征服戰略。陸上強國會往四面八方投射力量，吸收左近通常規模較小的鄰國，並派軍駐守被征服者。海洋並不像陸地可供佔領，要在海上保有勢力是個問題，可就算是在陸上日本也難以保有勢力。在資源和人口均處劣勢的情況下，中國的地方太多、人口也太多。戰爭有何用處？倒使得所有人都陷入困頓處境。

在太平洋耗盡資源並不能解決在中國耗盡資源的問題。日本躋身海上強國，海洋本可作為其屏障——直到它決定攻擊另一個海軍霸權為止。日本假定之外圍防線實為一場於海上進行、在海上卻不成的大陸競賽。陸上的地理條件通常會限制可行的進攻方向，但海洋卻多為門戶洞開。日本欲於海上防禦的外圍地區遼闊無比——日本必須處處強大，可是若無陸地內線快速安全地增援，他們隨時都是腹背受敵的狀態。攻破海上邊界比攻破大陸邊界簡單得多，因無人治理的海域處處洞開，不像有敵軍把守的本土領地。在民族主義時代，征服土地的代價高昂。而海洋不像陸地一樣可受征服，最省事的解方就是共享之。海上秩序的基礎在於可創造財富的雙贏貿易，而非為了爭奪大陸強權心心念念的土地而耗盡財富、鬥得兩敗俱傷。

Chapter

8

反帝國抵抗策略：甘地、巴加及法農

普莉亞・沙蒂婭（Priya Satia）在史丹佛大學擔任國際史的雷蒙・史普魯恩斯教授（Raymond A. Spruance Professor），著有《阿拉伯間諜》（Spies in Arabia）、《武器帝國》（Empire of Guns）、《時間的怪物》（Time's Monster）等獲獎著作。

自美洲原住民開始抵抗殖民定居者起，反現代帝國主義的抵抗運動便一直塑造著世界。被奴役的非洲人借鑒西非發起的軍事行動，大西洋兩岸的政治理想則為美洲十八世紀的反叛注入了活水。他們的記憶而後也驅動著西印度群島起義。英國於南亞面臨頻繁激烈的抵抗，苦撐著要掌控局面。英國在殘酷鎮壓一八五七年的大規模起義（或稱「加達運動」〔ghadar〕）後，便更投入分而治之的策略，意在要阻止人民團結抵抗。可非法寫作和非法行動、走私小冊子和走私步槍仍在帝國各地形成了反抗勢力。

和平抗議轉往暴力，好比一八六五年的牙買加。愛爾蘭反殖民主義者則一邊用恐怖戰術打心理戰、入侵英屬加拿大，一邊採大規模遊行、集體拒付房租、杯葛及土地收回運動等和平手段。集體撤回勞動力、不消費、拒提供服務長久以來均是殖民抗議的手段。一八八〇年，愛爾蘭土地聯盟（Irish Land League）集中抵制英國土地經紀人查爾斯・杯葛（Charles Boycott）暴力驅逐佃戶的手段，從此有了「杯葛」一詞。罷工（在農工背景下）和街頭抗議都屬抗爭的一環。偷竊、藏匿農作物、表示輕蔑的舉動和拒不繳稅等日常行為亦然。[1]

在中東、南亞、高加索和非洲，對帝國的抵制取經於伊斯蘭思想，也源自農民和軍隊的不滿。非洲和北美的抵抗運動係由先知人物帶頭。東亞政體極力排除歐洲的干涉，並在其插手時以宗教為名發起叛亂作因應。在東亞及他處，共產主義連同各種相異觀點也加入了反殖民鬥爭的思想。游擊戰術在各地都大有作為，還使英國人創造「小戰爭」（small war）一詞來指稱對他們自稱之「不列顛治世」（Pax Britannica）的頑強軍事抵抗。抵抗常涵蓋多種元素：遊行抵制、以暴力及擅離職守作為反抗地主的手段；軍事衝突則有道德正義感撐腰。即便抗爭運動有時並無法推翻或鬆動帝國的掌控，卻仍能影響到統治者和抵抗方之後的戰術走向。

跨國網路（包括泛非洲主義、泛伊斯蘭主義和反帝國主義聯盟〔League Against Imperialism〕）也屬於抵抗的中心，其中產生了對抗型公眾來挑戰著帝國和民族國家的網路及空間想像。當殖民列強打壓抗爭活動、瓦解其武裝，或是決定對其讓步時，此種團結的空間也讓人們得以探討抗爭的目的和手段。

本章之重點，在於探討反殖民主要理論家的想法和行動，我尤其也會偏重於這類抗爭應採何種形式。雖說此問題攸關戰略，但也始終攸關道德，畢竟抗爭的心力多投注於反抗帝國的不義之舉。策略（手段）之辯同時是目標（結局）之辯（辯證該由誰取代帝國）。我在此之目的並非評斷各項策略的相對公正性或成效。反之，本文視現代種族帝國之爭論和異議為構成其暴力和不安全現實的因子，以此驗證眾多著名思想家的觀點：帝國的變形能力，表示反殖民鬥爭會永久存在，絕非只有抗爭的一時決定性勝利。解放之感來自未決的鬥爭過程，而非鬥爭結果。簡言之，反殖民「策略」的相關辯論含有對策略思維本身的批判，認為其本身就是為帝國辯護的工具邏輯；重要的思想家倡導人們顧及未來長期的結果，且應重視道德大過於「策略」行動。

這點在英屬印度兩種抗爭之間的拉鋸中嶄露無疑：革命派巴加・辛格（Bhagat Singh）挑戰著甘地的非暴力運動（其本身則是為回應早期抗爭採用的憲政及暴力戰術）。此種表面衝突實是由全球和平主義和社會主義思潮孕育而成，本文在闡述這點後，便會一探法國馬丁尼克（Martinique）思想家法蘭茨・法農（Frantz Fanon）的觀點，看他解析此種衝突是如何促進殖民復興，與其「新人文主義」處方又如何可能讓眾人擺脫此種令人疲弱的循環。反殖民抗爭的形式雖然彼此對立，但在有關策略和目標的討論過程中，兩者的型態亦越辯越明——也如法農所見，造成並不徹底的去殖民化過程。當今後殖民生活的不和諧型態，仍可追溯自其未解的矛盾。

I

一八八五年，印度和英國的菁英階級成立印度國民大會黨（Indian National Congress），英國人尤其盼此黨能提供人民宣洩不滿的管道，防止出現更多難以管束的叛亂。其中一位創始人達達拜・納奧羅吉（Dadabhai Naoroji）也成為英國議會中的首位亞洲議員，盼能喚起英國的良知。但隨著飢荒肆虐印度，許多大會黨員也敦促設立更激進的目標、採取更激烈的手段。一九〇五年，英政府以宗教為界分治孟加拉（Bengal），結果引發了各地的叛亂。於一九〇七年舉行的一八五七年五十週年紀念活動又進一步刺激了暴動。抵制和破壞英國貨、推廣本土企業的斯瓦德什（Swadeshi）運動應運而生，恰好中國人此時也在抵制美國商品，以抗議一八八二年的排華法案，莫罕達斯・甘地（Mohandas Gandhi）亦於南非發起杯葛。齋戒及恆河沐浴等宗教活動同為抵抗活動的一環，隨著英國採取更暴力的手段，革命團體也以暗殺和武裝叛亂回敬。

以前就有殖民地官員遭暗殺的先例，不過愛爾蘭的例子和蓬勃發展的全球無政府主義運動更使暗殺成為轟動的手段。一九〇八年，印度墨沙發坡（Muzaffarpur）有兩名孟加拉男子炸毀一輛馬車，非但沒有殺掉原本鎖定的英國地方官，反而害死了兩名婦女。國大黨激進分子巴爾・甘格達爾・提拉克（Bal Gangadhar Tilak）為兩人辯護。他引述《梵歌》（源自《摩訶婆羅多》的印度教經典），認可兩人是在不求回報地以暴力對抗壓迫者。他因煽動叛亂而入獄，並寫了一篇重要評論來闡述自己的解讀。

反殖民的暴力活動經印度之家（India House）觸及倫敦。印度之家是一所成立於一九〇五年、身兼政治活動中心的學生宿舍，其中最著名的事件，就是馬丹・拉爾・丁格拉（Madan Lal Dhingra）於一九〇九年刺殺印度辦事處的威廉・柯松・威利（William Curzon Wyllie）爵士。丁格拉是薩瓦卡（V. D. Savarkar）印度斯坦革命協會（Revolutionary Society of Hindustan）的一員。該會強調為國家犧牲自我之重要，也很重視祕密結社對這份使命的作用。英國的五十週年慶祝使得薩瓦卡重新詮釋了一八五七年的叛亂，他的論點從一九〇九年起流傳開來，是一本廣為人所閱讀的禁書。

在此背景下，甘地於一九〇九年提出一種截然不同的非暴力反殖民抗爭法，正如他後來寫道，他認識到「暴力是政府體系的基石」。[2] 甘地曾於南非擔任律師，並從一八九〇年代起於該處發展出一套反種族歧視的公民不服從作法，稱其為「satyagraha」（堅守真理，也稱「不合作運動」）。針對威利遇刺的消息，甘地於南非報刊《印度觀點》（Indian Opinion）中稱丁格拉為可憐的「膽小鬼」，他「誤讀」了真正有罪者撰寫的「無用論調」並受其「慫恿」，因而在「意亂情迷」之下行動。[3] 在丁格拉受審（並最終被處決）前一週，甘地抵達英國，與薩瓦卡有過一次劍拔弩張的會面。甘地在倫敦認識了「所有知名印度無政府主義者」之後回到南非，於《印度自治》（Hind Swaraj，也於一九一〇年被禁）闡述自己的非暴力反殖民主義哲學。[4] 此次公開對話的開端本身是採讀者與編輯對話的形式，也許是受《梵歌》對話結構的啟發。甘地很喜愛《梵歌》，認為這是一部「純倫理」作品，也是一條出路，可擺脫作為英帝國主義支柱的工具倫理：破壞手段也許是追求建設性目標的必要之惡，可這種觀念卻讓其信服者屏棄了現下的道德責任。[5]

甘地在此文中寫道：「丁格拉是愛國人士，但是……他用錯誤的方式交出了自己的身體。」暗殺是「懦弱」之舉。「我們該做的是犧牲自我。」不合作運動不同於地下活動之處，在於他們「毫無保留，也不藏有祕密」。[6]目的是要讓世人見識印度人與剝削者之間已成常態的權力關係。

非暴力抵抗並非空穴來風的想法，其本來就是對抗帝國、符合道德的戰略手段。在十九世紀末的旁遮普（Punjab），南陀利錫克教派（Namdhari Sikh）就曾將不合作運動當作反殖民的武器。而當俄羅斯盛行暴力的無政府主義時，作家托爾斯泰（Leo Tolstoy）亦堅守和平主義，部分是因為他對東亞和南亞宗教思想有所研究。他也質疑自由主義將帝國合理化成一種較小的罪惡、可引導未開化地區進步的觀點，認為這種「歷史的必然法則」毀去了「靈魂與善惡的概念」。[7]一八九四年，甘地在讀到托爾斯泰的著作時深受打動，這次同樣是採對話的形式：印度革命網拓展至北美，報刊《自由印度斯坦》（Free Hindustan）與托爾斯泰公開通信。甘地在返回南非的途中將托爾斯泰這封〈致印度教徒的信〉（一九〇八年）翻譯成古吉拉特語（Gujarati），並一直與作者保持通信，直至托爾斯泰於一九一〇年去世為止。甘地甚至將他的靜修所命名為「托爾斯泰農場」。

甘地的印度鄉村共和國夢想，部分可歸因於托爾斯泰對小型自治社區的理想化。他也閱讀梭羅（Henry David Thoreau）於一八四九年以公民不服從為題撰寫的文章（在創造「不合作運動」一詞之後），還有英國詩人約翰・魯斯金（John Ruskin）和愛德華・卡本特（Edward Carpenter）的作品；古吉拉特邦的耆那教對甘地也有深遠影響。甘地的理念還受他在南非那段時日的啟發，該地的礦產革命和布爾戰爭（Boer War）都引發劇變。甘地的基地「鳳凰村」（Phoenix Settlement）位於納塔爾（Natal），這裡也孕育了充滿活力的宗教文化，其中有嚴規熙篤隱修會（Order of Trappist）的修道士和成立於一九一〇年的拿撒勒浸信會（Nazareth Baptist Church）。約翰・杜貝（John Dube）以塔斯基吉學院（Tuskegee Institute）為模板，在甘地村落所在的同一山谷中成立奧蘭吉學院（Ohlange Institute），並於一九一二年成為非洲民族議會（African National Congress）的創始主席。

甘地認為暴力在道德上不牢靠，在戰術上也不明智，這麼做可能非但無法結束殖民統治，還會延長之。他的非暴力抵抗版本提倡不與英國的經濟霸權和不公正的法律合作，將抵制殖民商品的目標轉變為推廣印度貨，同時拒絕英國帶來的非人性機械文明。不合作運動也包括「停工」（hartal）：結合罷工和抵制來擾亂帝國的經濟生活。遊行和癱瘓交通都屬於不合作運動的工具，另外還有手工編織布（khadi）、步行和禁食等「視日常為唯一時間框架」的行動。[8] 這場運動並非為了實現未來的目標而犧牲當下，而是為當下而犧牲當下。其目標為重拾自我，從西方的文明觀（包括「暴力是推動進步之必要」的觀念，這種想法忽略了愛在文明中真正的重要地位）恢復自我。非暴力運動欲透過要求當下的道德責任，來創造未來新的可能性。

此種政治仰賴內在的變革自動為世界變革清開一條道路，「不可能制度化」。[9] 甘地保證，人們只要認識到機器之邪惡，機器便「終究會消失」。[10] 他證明了自己是個成功的運動家，且堅信不合作運動無須組織：

> 上行，下便會樂意仿效……你我都不必等到我們可引領他人。不效法者便是輸家。[11]

甘地最喜愛的歌曲為泰戈爾（Rabindranath Tagore）所作之〈獨自前行〉（Ekla Cholo Re），其中便傳遞出此種核心信念。

甘地也警告，不合作運動可能會招來牢獄之災或死刑；人為爭取自由，必得受苦。這些都交由個人自行思量：「每人各盡其責。如果我……服務自己，就也能服務他人。」[12]「真正的本土自治在於自我治理或自我控制」，可以透過靈魂的力量來實現，為此人們在各方面都必須從其本心。一九三九年，他曾說明目標是要達成「開明的無政府狀態，每個人都是自己的統治者」。政府會是多餘的，因為每個人都會「克己復禮，以不妨礙鄰人福祉的原則行事」。他的作風基本上為反國家主義，所以也是反體制的：「在理想的國度中，政治機構並不存在，故政治權力也不存在。」[13]抱持這種烏托邦主義是去殖民化的要件：「若認定歷史上從未發生之事就絕不會發生，就是在質疑為人的尊嚴。」[14]追求理想比實現理想更重要。甘地在一九四六年也曾主張：「讓印度為真實的願景而活吧，儘管此種願景永遠無法圓滿實現。」[15]

此種觀點認為，只要拒絕接受他人統治、拒絕依從以文明成熟之物質衡量標準為據、往自由逐步邁進的殖民思想，自由就是可能立即獲得之物。「文明」更關乎道德存在，當下就可實現，而非某種發展過程的最終結尾。「我們學會統治自己之時便能落實Swaraj（自治）。所以，自治就在我們的掌握之中。」[16]甘地深知殖民的通識教育是如何宣導必要之惡的信念，所以他也呼籲拒絕受此種教育，轉而主張宗教或道德教育。

這種觀點認為獨立是從下而上生成，類似於托爾斯泰的主張：「永久的革命只有一種

——道德的革命：人本心的再生。」而「唯有越來越多不需政府權力保護的人」，才能實現無政府主義。[17] 非暴力的理念也體現於宗教的框架下——故甘地才會獲得「Mahatma」（聖雄；偉大的靈魂）的稱號——但其道德吸引力卻跳脫了宗教本身。無論是基督教牧師金恩，還是虔誠的穆斯林阿卜杜・加法爾・汗（Abdul Ghaffar Khan）都能接受這類觀點。宗教思想極有助於反殖民主義挑戰殖民主義的非宗教邏輯（為服務歷史而不顧日常道德）。

對甘地來說，非暴力（關乎當下的道德）本身便是目的，而非實現其他政治目的的手段。這場辯證的重點不只在於去殖民化的方式，更關乎手段與目的之間的關係。甘地在評判他那時代的刺客時，堅稱「手段與目的之間，存在不容置疑的關聯」。暴力以恐懼逼人讓步，而威逼下的讓步本身就會滋長暴力。甘地警告，若讓以暴力勒索自由者得逞，「這些人就會希望你我都遵守他們的律法」，而若此種律法有違良知，他們就也必須違背該律法。所以這裡的自由仍是由「他人」獲得，「不算是本土自治，而是外國統治」。[18]

所以說，甘地在一九〇九年察覺到殖民國家統治的風險，法農在一九六一年也感同身受。甘地說得很清楚，印度人的敵意並非針對英國人，而是針對英國文明重物慾、視之為進步關鍵的觀念。故自由無關乎驅逐英國人，而在於自力更生，回歸以「公認互利」為基礎的生活，而不仰賴謀求一己私利的重商工業主義。[19]

甘地也批評民眾耐心請願的溫和模式。他同意請願是有用的教育手段，但要推動變革，就必須佐以消極抵抗：當局若不理會人民的心聲，人民便拒受統治。重點在於讓當局了解，若印度人拒絕「扮演被統治者的角色」，英國的統治就無法運作。[20]甘地要求印度人以對話的方式在英國的統治下堅持自我，促進政府與其對話、逼迫政府與人民對話。若溫和派無視英國明顯不為所動的態度，仍堅持採取請願模式，這便是在視英國如上帝一樣不可或缺。

甘地在南非闖出了名堂，他於一戰期間抵達印度，並協助國大黨運動打下民意基礎。印度人在戰時受過許多折磨，而一九一九年的蒙太古切姆斯福德改革（Montagu Chelmsford reforms）也遠不符民眾期待的公正回報。此外，政府又通過羅拉特法案（Rowlatt Act）延長戰時緊急程序，在不公開、快速、無陪審團的情況下審判反殖民革命人士。儘管甘地不贊成革命人士訴諸暴力，但他也善用民眾對法律壓迫的怒意，發動大規模的不合作抵抗運動。旁遮普邦的民眾在戰時尤其吃了許多苦頭，因此參與運動者眾，結果為英軍瑞金納德・戴爾（Reginald Dyer）於札連瓦拉園（Jallianwala Bagh）和平集會屠殺平民一事埋下了伏筆，甘地稱其為當局的「恐怖手段」。[21]英國也空襲旁遮普的抗議活動。空軍部採既有的殖民手段，將「恐怖」作為採用新技術的戰術原則：一八七二年，旁遮普省的英國副總督辯稱，以大砲轟炸叛亂分子是「不同凡響的仁慈」之舉，「意在讓旁觀者心生恐懼」。[22]這種為恐怖手段的辯解正是在操縱當下情勢，甘地就是希望印度人民能從中找回自己的心智與靈魂。

一九二〇年，甘地又發起一場運動。儘管他倡導非暴力，卻還是有殖民地官員受攻擊；不合作主義表示不與當局合作，故也隱隱許可一切形式的反政府活動。甘地還必須應對懷疑論者。後來帶領巴基斯坦建國運動的穆罕默德・阿里・真納（Mohammed Ali Jinnah）就曾在一九二〇年的國會演講中堅稱，不流血就無法爭取獨立。

一九二一年十一月，在另一場運動中（其中包括抵制王室巡迴），甘地手下負責罷工者卻轉往暴力，引爆騷亂。於是羞愧的甘地開始節食，盼能恢復秩序。也許正是因為這些事件，他才於《印度自治》的一九二一年序言寫道，他不再以書中設想的本土自治為目標，因為印度「尚未成熟到可以實現自治」。[23] 雖然甘地個人仍繼續為自治而努力，但他的「合作社運動」卻反而是關乎「依據人民的意願實現議會自治」。若要放棄議會、鐵路及廠房，就需要「比人民當今意願更高層次的簡約和不執著」。因此，甘地的哲學雖質疑以「階段論」來理解歷史，但他本人也妥協了。在一九二二年的運動中，聯合省喬里喬拉（Chauri Chaura）的不合作運動人士以暴力對抗警察的暴力，此事讓甘地再次心生懷疑。甘地取消了活動並藉禁食來贖罪，只因喬里喬拉的抗議人士曾呼喊他的名字。

甘地的禁食手段也是不合作運動箭囊中的一支箭。禁食就如絕食抗議，同是在一九〇九年，大英帝國就有為女性爭取參政權者首次使用此策略——借鏡俄國囚犯反沙皇暴政的先例，而此法也由俄流亡人士傳至英國。無法走上街頭或戰場抗爭的團體，就在「國家內部……的空間」發起抗爭。[24]甘地曾參與接見絕食後出獄的婦女參政論者，後也於《印度自治》提及「婦女參政運動漸盛」，並認可此法有效。[25]一九一二年，絕食抗議在愛爾蘭和印度成為一種反殖民戰術。一九一三年，甘地也開始在南非絕食抗議，一戰期間入獄的印度革命人士巴伊・帕爾馬南德（Bhai Parmanand）和蘭迪爾・辛格（Randhir Singh）亦都採此法。政府原本為了攪局還將各省的囚犯互調，結果只讓這種戰術更加遠播。印度和愛爾蘭的運動人士經常聲援彼此的絕食行動。英國的子民寧死也不願在英國統治下苟活，可見政府的道德資本和自由主義統治主張全然站不住腳。

絕食抗議者利用地方特有的政治和文化資源，揭穿當局的專橫暴政。絕食這種自我犧牲的策略典範也具有其宗教意涵（好比天主教的純潔與犧牲觀），可回溯至當地古老的抗議方法，如印度的長坐抗議（dharna）。而在俄國、印度、愛爾蘭及英國，曾發起絕食抗議的社區也公認禁食為一種宗教習俗。英國人對甘地禁食的描寫，也以人們長久以來對印度神祕禁慾主義的刻板印象大做文章。

縱有相似之處，甘地仍努力將自己的禁食手段與其他旨在謀求個人政治或物質利益者區隔。他視婦女參政論者的絕食為一種政治暴力，也不同意革命絕食者自詡為不合作運動。雖然他自己的禁食行動有時也是界線模糊，卻仍能另闢蹊徑，引起更多媒體的關注。對他來說，禁食是自治的核心，自治則是「在追求真理的過程中，透過自我道德管理而實現」之自由。[26]重點在於自我淨化，而不是逞兇鬥狠。禁食主張由個人主宰自我，以達甘地所著眼之自我轉變。印度同胞是甘地禁食行動的觀眾。禁食是在彌補印度在道德上的缺失、考驗他的自律，也對英國統治提出道德挑戰。甘地堅稱，他在一九三二年之所以禁食反對為賤民保留單獨的選舉代表權，並非要針對政府，而是針對未能終結賤民制的印度教社區：是「良心行為，不是政治姿態」。但其對手安貝卡（B. R. Ambedkar）稱之為一種「恐怖主義」。[27]一九四七年，甘地為制止孟加拉分治引發的暴力而禁食，他令宗教領袖誓言要防止暴力，否則他就絕食至死——無論如何解讀，這都是一種以自我捱餓來逼人就範的高超手段。

II

甘地主義誕生於動盪的社會中，其時殖民主義正受多方抵制。暫且不談理論，甘地主義在實用上是種綜合的方法。在甘地將此種綜合特質拒之門外時，也有人擔心他對手段的執念可能會扼殺目的。一九一一年，印度流亡人士拉拉・哈・達亞爾（Lala Har Dayal）落腳加州。他在一九一二年的傳記中將卡爾・馬克思（Karl Marx）形容為反對貧困和不平等的活動家；而由於共產主義與共同生活的傳統很契合，馬克思主義大體上常如此影響社會主義的反殖民思想。一九一三年，哈・達亞爾協助成立加達黨，黨名得自一八五七年的印度起義。雖然黨員多為旁遮普人，但其舊金山總部「尤甘塔靜修院」（Yugantar Ashram）的命名則是在致敬孟加拉的革命人士。黨刊收錄過許多革命詩歌，讀者遍布全球。組織特點為「變革性的兼容並蓄」，從其對全球議題的關注和觸及力可見一斑。它屬於國際「地下組織」的一部分。從一九〇五年到一九二〇年代，此種地下組織一直藉強烈的交流為大眾提供政治教育，並培養耐心的精神。[28]就如泛非主義，組織的網路不僅掙脫帝國和國家的空間限制，亦不受時間束縛，為的是「爭取一個種族化帝國權力不復存在的世界」。[29]加達一派不像國大黨一樣追求在帝國內部「自治」的目標，而是欲爭取徹底獨立，也願意動用暴力。

哈・達亞爾曾在一本匿名小冊中稱讚過「炸彈哲學」，視之為奴隸爭取自由的一種手段：「炸彈和手槍充滿魔力……可喚醒沉睡者，亦可消滅暴君。」[30]加達黨鼓吹犧牲自我，這呼應到南亞的神聖暴力和軍事記憶傳統，也關乎自我重塑、開創新制度。一戰期間，加達黨曾密謀讓印度軍方群起反叛來解放印度。英國機構則在美國情報部門協助下，關押和絞死了許多登陸印度者。然而，該網路仍在一九一五年藉新加坡譁變打出重大一擊，威脅到英國的亞洲帝國。

旁遮普各地用來紀念一九一五年加達烈士的英名錄和聖殿，讓印度的反殖民意識遍地開花、讓新一代人覺醒，軍方的不忠也讓英國人發現他們無法以武力控制印度。許多遭戴爾屠殺者都是加達派的親屬，他們抗議當局對造反者的判決太過嚴厲。聯合省有名青年學生拉姆・普拉薩德・比斯米爾（Ram Prasad Bismil）在讀到他們被處決的消息後，受到深遠的影響。

就如早期的革命分子，加達一派也仰賴祕密網路和高調的暴力行動。他們同樣鼓吹「為『事』」犧牲，就好比在敵後發動戰爭的游擊隊。[31] 加達派關乎為了比個人更遠大的歷史抱負而死，甘地主義則認為沒有比個人更加遠大的歷史抱負。若說甘地主義重視目的和手段之一致，那麼加達主義則視混亂為一種可立即消滅殖民國家主權和領土主張的手段。甘地於加達派失敗後抵達印度，提出了另一種為自由而犧牲的願景。但加達派並未消失。

在德意志和鄂圖曼土耳其帝國，還有泛伊斯蘭網路的支援（含武器）下，哈・達亞爾協助在喀布爾成立了戰時印度臨時政府。由加達派的穆罕默德・巴卡圖拉・博帕利（Muhamed Barkatullah Bhopali）擔任總理；總統則為泛亞主義者拉賈・馬亨德拉・普拉塔普（Raja Mahendra Pratap），他是位視己之自由鬥爭為聖戰的印度教徒，也信奉「prem dharma」（一種愛的倫理）、國際主義及共產主義。當時有數千名印度穆斯林來到阿富汗，許多人後來卻都被遣送出境受罰。英國警察機構發現，他們計畫打造一支上帝軍（Army of God）來解放受異教徒統治的伊斯蘭國家（謂「絲信陰謀」〔Silk Letter Conspiracy〕），認定其圖謀不軌，故而設法阻止。

其中有許多參與者後來也再度現身於反殖民運動中（包括未來的國大黨領袖阿布・卡拉姆・阿扎德〔Abul Kalam Azad〕）。確實，有許多人同樣認為手段和目的不分家，他們將這種融合穆斯林和非穆斯林的國際合作比作先知穆罕默德的麥地那，是真正的「自由」（azadi）體驗——蘊含全人類的復甦，而不僅限於政治自由。對這些運動人士來說，共同努力爭取自由的經驗正是自由本身。而人們像這樣追求共同抱負的能力，則讓英國人為此戰吃盡苦頭，他們被多股反殖民勢力包夾，他們的鎮壓手段反過來又助長了新聯盟的誕生和策略演變。

後來的共產主義者、泛伊斯蘭主義者、無政府主義者及民族主義者都自稱是繼承了加達運動。基拉法特運動（Killafat movement）就是延伸這類革命思想模式並結合甘地運動。鄂圖曼帝國的權力受到威脅，長久來一直攪動印度穆斯林的反殖民情緒。戰前充滿革命氛圍的孟加拉，也是泛伊斯蘭祕密社團關注巴爾幹戰爭的大本營。一戰之後，有人發起拯救土耳其哈里發國（Turkish Caliphate）的運動，欲助其脫離歐洲分化鄂圖曼帝國的魔爪、不受土耳其民族主義運動分裂。甘地的運動加入了這場基拉法特運動；博帕利也熱情支持兩者結合，盼能在他和國大黨領袖賈瓦哈拉・尼赫魯（Jawaharlal Nehru）的帶領下，憑藉俄國支援來復興加達精神。簡言之，甘地主義有時會從看似不相干的反殖民行動主義中汲取力量，並從中找到哲學上的交會點。

合作帶來了思維轉變。哈・達亞爾像甘地一樣，也開始見識到帝國主義是如何周而復始地製造暴力。加達派的巴伊・帕爾馬南出獄後，曾敬稱自己在南非認識的甘地為「神的新化身」。[32] 戰爭的國族主義暴力讓人們開始重新審視目標，同時間新生的蘇聯也提供另一套未來的聯邦願景。哈・達亞爾徹底否定民族主義，他和甘地（還有後來的法農）一樣，擔心純粹的民族主義領袖僅是在追求「撤換主子」。他甚至曾稱讚帝國是更健康、更國際的架構，而後又投注於「世界國度」的夢想。[33] 一九二二年，基拉法特運動呼籲組成亞洲聯邦。甘地則視「印度人」本身為一個國際上的類別，夢想要建立彼此相依的鄉村共和國。

在某方面，甘地主義（其吸取了世界各地的價值）將加達運動的自我犧牲願景引導到非暴力的「地上」行動；加達的暴力精神則進一步體現於社會主義的反殖民觀點中。整體而言，戰後的反殖民主義帶著俄國革命的印記，俄國革命及其背後的列寧主義理論挑戰著支撐帝國的歷史階段論假設（指所有社會都必須經歷特定的發展階段——工業主義、資本主義、民族主義——才能實現無產階級統治）。他們也更堅定地相信：印度的鬥爭是全球抱負的一環。人們普遍稱讚列寧是反帝國分子，也是犧牲的典範，甘地稱他為「精神大師」。[34]莫斯科也為印度的革命網提供實質的支持。

所以說，甘地運動也連帶、交織著受全球社會主義和加達主義影響的運動。共產主義人士羅伊（M. N. Roy）是加州戰前網路的一員，他在一九〇五年起初是孟加拉革命人士，但在戰時卻轉投入他在紐約找到的和平國際主義。羅伊總結道，人們在為革命副上武裝之前，必須先「明智了解革命的概念」。[35]羅伊為了經由西北邊境（Northwest Frontier）將革命帶至印度，而從墨西哥（他於當地成立了共產黨）搬到莫斯科，並於該處與列寧就殖民問題展開辯論。

一九二〇年，羅伊前往塔什干（Tashkent），印度革命協會（Indian Revolutionary Association）正在當地孕育著復甦民主制度（如panchayat〔村莊議會〕）和邊境民眾平等權利的夢想。這與甘地的鄉村共和國烏托邦理想相去不遠，這大概也解釋了羅伊為何會與國大黨合作，即便他對該黨的革命潛力存有疑竇。羅伊得到於阿富汗受訓的穆斯林遷士（muhajirin）的支持，邀請國大黨的參政者拉拉・拉吉帕特・拉伊（Lala Lajpat Rai，他曾在加州會見加達派人士）造訪塔什干。羅伊也主動接洽一九一五年起義的領袖，並邀請甘地參加一九二一年於塔什干或喀布爾舉行的全印革命大會（All-India Revolutionary Congress）。一九二一年九月，羅伊託付信差將自己的宣言送達在阿默達巴德市（Ahmedabad）舉行的大會會議。

雖然有些認真的共產主義者向甘地示好，但也有人認為，從俄國傳出的消息可見甘地的態度太過消極。一九二一年，丹格（S. A. Dange）撰寫的《甘地與列寧》（Gandhi vs. Lenin）小冊便批評國大黨的策略。各路線不只是平行競爭前進，更會互相影響。來自共產主義的戰帖讓甘地運動越發激進。就如法農所述，這種使甘地與其他思想家、領袖彼此較量的持續對話與辯論，正是實際去殖民化不可或缺的環節。

在一九二一年的大會上，比斯米爾力推完全自治（purna swaraj）決議——而非本土自治——的其中一人。在一九二二年的喬里喬拉事件後，甘地提出異議，並取消了不合作運動。有些人覺得，甘地是在阻礙印度民眾——且就如羅伊的妻子伊芙琳所說——是在逼迫他們選擇要滿足「迫切的世俗需求，還是對這位聖人的真誠熱愛」。[36] 甘地對紡紗的執著與他對盲目服從該理念的堅持，甚至讓素來不喜暴力的泰戈爾也感到失望——這也是甘地曾參與的一場公開對話。

由於甘地闡述之願景不符一九〇九年的革命理念，一九二〇年代失意的年輕人則發想出一種更新穎的革命方法來與之抗衡。紛紛出獄的老革命圈前輩開始參與武器採購。一九二三至一九二四年，孟加拉發生武裝搶案，還有人意圖刺殺警察首長查爾斯・泰加特（Charles Tegart）（他先前才剛鎮壓過愛爾蘭的新芬黨〔Sinn Fein〕）。甘地與革命家薩欽德拉納斯・桑亞爾（Sachindranath Sanyal）展開一場長久的公開對話。一九二三年，桑亞爾、比斯米爾等人在哈・達亞爾的鼓勵下，仿效愛爾蘭共和軍和俄羅斯的先例創立了印度斯坦共和協會（Hindustan Republican Association，縮寫ＨＲＡ），旨在透過武裝革命來建立一個印度聯邦眾國（United States of India）。他們的「行動」意在積極爭取獨立，截然不同於「被動」抵抗。一九二五年，比斯米爾因涉及密謀搶劫載有政府資金的火車而被絞死。那年，印度斯坦共和協會協助成立了印度共產黨，致力於推翻印度的殖民主義和社會革命。[37]

薩瓦卡也再度出頭，他發起印度教性（Hindutva）運動，借鑑革命的歷史和戰間期興起的法西斯走向。這場運動視暴力為一種成效豐厚的歷史和自然法則，並形成一套「祕密結社形式和邏輯」的制度。[38] 其準軍事「民族志工組織」（Rashtriya Swayamsevak Sangh）含有宗教崇拜的成分，組織架構則有部分是受到印度斯坦共和協會的啟發，旨在凝聚一股勢力以抗衡主流的國大黨運動。

印度斯坦共和協會和共產黨都有巴加・辛格的蹤影。他受到加達派的啟發（辛格的叔叔在美國西岸動員旁遮普的勞工時曾與之合作），將一九一五年被處死的卡塔・辛格・薩拉巴（Kartar Singh Sarabha）視作英雄崇拜。[39] 然而辛格的馬克思主義是奠基於對經典文本的研究。他在拉合爾（Lahore）的國家學院受教育，該學院是由拉伊當初為抵制殖民教育而協助設立（部分是在造訪塔斯基吉後受到啟發）。然而，篤信馬克思主義的辛格卻也吸收了自由主義和社會主義共有的西方觀點：若要履行歷史使命，有時仍得採實務作法來應對當下情況。一九二四年，十幾歲的辛格認為，為實現普世的兄弟情誼，「我們必須犧牲真正的當下。為了實現理想中的和平，我們必須創造混亂。」[40] 從辛格的口號「Inquilab Zindabad」（革命萬歲）可見，他和甘地一樣認為反殖民是永久的鬥爭，但他也認為，要創造未來，就必須不斷犧牲當下。辛格稱，印度斯坦共和協會的暴力行為無關乎個人，而是針對「資本主義和帝國主義體系」，並引用丁格拉的遺言：「被外國刺刀押著的國家，永遠都處於戰爭狀態。」[41] 印度斯坦共和協會的恐怖主義在於反恐。一九二八年，該組織在辛格的敦促下，更名為印度斯坦社會主義共和協會（Hindustan Socialist Republican Association，HSRA）。

此社會主義共和協會雖認可甘地主義喚醒人民之功勞，但其一九二九年的宣言卻形容他為「不切實際的夢想家」，因為「這世界已全副武裝。世界對我們來說已太過紛繁」。[42] 共和協會以這句引自詩人華茲渥斯（Wordsworth）的（浪漫）詩句，將自身定位為現實主義者，務實地看待暴力是如何阻礙個人的救贖。為讓資本主義軍國主義的受害者從庸碌中驚醒，現在就是「抵抗的時機」。[43]

然而此目標仍呼應著不合作運動欲將帝國惡行昭告世人的決心。確實，其宣言呼籲不合作運動人士相信，HSRA的成員也知道「如何為我們的信念受苦和為之採取行動」。[44]身為無神論者的辛格仍身穿印度手織布，其擁護的無政府主義也很接近甘地對真實自由之理解。從HSRA的文字資料可見馬克思、民族主義、國際主義的蹤影，當然還有甘地主義的影響，畢竟成員中有許多對甘地運動大失所望的工人。辛格也曾公開稱讚尼赫魯的革命國際主義，[45]HSRA的意識形態並非遵守同一套制度，而是因應事件不斷演變。國大黨則利用了HSRA的觀點和行動（部分歸功於其祕密人脈）。一九二八至一九二九年，尼赫魯以革命暴力脅迫英國與之談判。國大黨則因HSRA的犧牲得到政治資本，贏下民意支持，並安撫了黨內的激進派。

一九二八年，全由白人組成、負責憲法改革的西蒙委員會（Simon Commission）引發大規模抗議。當局痛打抗議人士，其中拉伊因傷重不治。雖然HSRA成員巴加・辛格、蘇赫德夫（Sukhdev）、拉傑古魯（Rajguru）及錢德拉謝卡・阿扎德（Chandrashekhar Azad）並不特別贊同拉伊的政治觀，卻仍決心為他報仇——結果誤殺了警官桑德斯（J. P. Saunders），而非原本鎖定的警司。辛格和巴圖克什瓦・杜特（Batukeshwar Dutt）受到法國無政府主義者奧古斯特・瓦揚（Auguste Vaillant）的啟發，效法其在一八九三年於巴黎眾議院設炸彈的先例，轟炸德里的中央立法議會。他們小心翼翼避免造成傷亡，希望能藉此遭逮捕，製造機會曝光自己的觀點。議會那時正在討論貿易爭端法案，而罷工正盛，連同英國共產黨員在內的勞工領袖也正遭受迫害。辛格知道西方處於分裂狀態，他也想像自己於不斷開展的全球歷史中扮演著注定的角色。除了無神論外，他也受錫克教和亞利安社（Arya Samaj）（大致上為旁遮普人信奉的宗教）的犧牲和戰鬥觀念影響。辛格和杜特在爆炸案審判上堅稱，動用暴力推動合法事業是符合正義的，他們援引不合作運動之前的先人：「戈賓德・辛格（Gobind Singh）和印度民族英雄希瓦吉（Shivaji）、土耳其之父凱末爾（Kamal Pasha）、伊朗國王李查汗（Riza Khan）、華盛頓、推動義大利統一的加里波底（Garibaldi）、法國革命人士拉法葉，還有列寧。」[46]他們不像甘地聲稱非暴力是印度所獨有，而是說他們的手段具有歷史合法性。

然而，HSRA的暴力仍不同於戰前革命人士的暴力，這是得到了甘地對可見性和說服之力量的教誨。一九二九年，辛格聲明他願意「放棄一切」，且像甘地一樣讚揚愛具有昇華人類的力量，並宣揚跳脫個人的「普世」之愛。[47]雖然HSRA曾襲擊英國官員，但這種暴力卻是為了新的目的：宣傳，也越來越注重不造成傷害的暴力（雖然議會爆炸仍造成人員受傷〉。革命分子因受到英國和印度領袖的忽視，於是轉而訴諸炸彈來「發出警告」——「這種攻擊並非針對個人，而是針對機構本身。」炸彈震醒了英國，終結「烏托邦式的非暴力時代，新興一代已然明白，非暴力並無法達成目標」。[48]

他們為政治犯的權益發起絕食抗議，作法與甘地更為相近。辛格和甘地同樣受人擁戴，但辛格卻不是截然相反的暴力人物，而是有著「鮮明的反殖民」形象。[49]甘地曾以〈炸彈與刀〉（The Bomb and the Knife，一九二九年）一文譴責這些好鬥分子，並抨擊革命人士的絕食是種威逼的行為，並不同於以不合作、不殺生、愛和自我淨化為本的絕食。[50]可許多入獄的不合作人士卻也是出於類似原因而發起絕食抗議。

HSRA的行動助長了主流運動，使之越發激進。在此背景下，隨著一九二九年全球股市崩盤，國大黨運動終於將完全自治作為其目標。次年，甘地又發起一輪廣受民眾響應的公民不服從運動，再次鞏固其領導地位（部分要歸因於國大黨與HSRA關係越來越密切）。這場運動也同樣帶動了孟加拉和旁遮普的暴力事件。

一九三〇年，甘地再次撰文譴責HSRA對炸彈的崇拜，該組織於一本小冊以〈炸彈的哲學〉為題為己辯護，內容充滿對加達運動的崇拜，並稱炸彈是在補足甘地的方法。文章也批評甘地只顧堅持自己的權威，卻不在乎與群眾的平等關係，並指出HSRA的暴力正好是與大眾溝通的一種手段，有振聾發聵之效。[51]

然而，我們可先探討當時兩場審判之區別，可見HSRA辯稱其暴力行為純粹為宣傳之故是站不住腳的。一九三〇年，辛格為五名謀殺案被告撰寫聲明，他於文中稱帝國主義是「一場巨大的陰謀……帶有掠奪的動機」。辛格以陰謀來證明陰謀之合理，並主張任何用來摧毀此種政府的手段在道德上都屬義舉，而炸彈和手槍都是「可怕的必要之惡，是最後的手段」。[52]

辛格認為政府的法律是在保護自身利益，而非人民的利益，他像甘地一樣鼓勵印度人「反抗和不服從」政府的法律。同年稍晚，他自述是如何從早期的宗教信仰演變至今，經歷「浪漫革命分子」的日子，而後再受到俄國革命分子馬克思、巴枯寧（Bakunin）、列寧、托洛斯基（Trotsky）等人著作的教誨。辛格解釋道，這種獨立思考是革命之要件，因為「偉大的聖雄甘地禁不起批評」，這正是「建設性思考」的阻礙。此外，信仰上帝還使人們無法了解自己面對困境的能力。然而這種對獨立思想的重視，卻使辛格更接近甘地所下的結論：英國之所以能征服印度人，「首要原因在於我們的冷漠」。[53]

一九三〇年尾，辛格、蘇赫德夫及拉傑古魯均被判死刑，旁遮普各地都出現為他們上訴的委員會，連署請願者有數千人。辛格承認自己的轉變，並肯定地說道：「我不是恐怖分子，也許除了我的革命生涯初期外，我從來都不是。」[54]他們已發覺投擲炸彈並無用處，有時甚至是適得其反，可是甘地的烏托邦式承諾——要在一年內達成自治和接受妥協——也讓國會無法組織農民和工人，同樣難以成事。辛格推斷，加達運動在一九一五年的失敗是肇因於民眾的冷漠，他鼓吹以大眾教育來傳播革命工作背後的理論。革命是「有組織、有系統的工作」，需有致力於不斷鬥爭和犧牲的「專業革命人士」（非地下革命者）來指明方向。辛格去世前曾撰寫一份廣為傳播的宣言，他呼籲年輕人，不要只為讓少數被選中的人來宣傳運動而訴諸暴力。這種暴行並不能實現「為群眾而讓群眾掌權」的更遠大目標。[55]這種對暴力的猶疑有其戰術考量，不只關乎原則。辛格擔心，恐怖主義會令帝國向溫和派妥協，僅讓棕皮膚人種來統治取代白人統治。對他來說，這是甘地主義的目標，但是我們都知道，這也是甘地本人也小心待之的妥協方案。

確實，甘地主義也關乎持續的鬥爭和聯邦目標。甘地主義與辛格的社會主義目標間之差異，映照出托爾斯泰與俄共目標之距離。托爾斯泰反對私有土地權，但也反對沒有靈魂的計畫社會主義經濟，他支持的是地方自治社區。對甘地來說，社會主義仍是根植於工業主義，也根植於支持以物質進步之名而於當下行道德妥協的歷史願景。

哲學家詩人穆罕默德・伊克巴爾（Muhammad Iqbal）同意甘地的觀點，他認為這種觀點矛盾地強調，透過財產確立而在歷史上產生的「利益」，正是歷史本身的驅動力。伊克巴爾覺察到現代民族國家區分了物質和精神領域，盼望穆斯林的政治自治可能在伊斯蘭道德體系的基礎上，培養一個可同時服務穆斯林和非穆斯林的社會。伊克巴爾也相信，為人的目的在於以道德自我重塑，而非重塑世界，而對真理的追求正取決於愛。因此，在重大的一九三〇年結束時，伊克巴爾提出了「印度內的穆斯林印度」概念，此概念後來也加入巴基斯坦建國運動。此種分治的想法，是由對社會主義和民族國家有疑竇者就反殖民目標集思廣益而成。

一九三一年三月，時年二十三的辛格與同夥被施以絞刑。對有些人來說，這一重大時刻正暴露出甘地主義的無用。國大黨未能應對辛格被絞死所帶來的傷痛，因而疏遠了許多旁遮普民眾。「甘地看不見對手採取不合作運動背後的真相，」尼蒂・奈爾（Neeti Nair）寫道；但辛格卻提供了「一扇窗口，讓我們能見識到一種不同的、兼容並蓄的反殖民民族主義」，唯有此種民族主義「才能焊接印度政治社會中的巨大分化」，並有機會鞏固社會，以與導致分治的分裂傾向抗衡。[56]

辛格可能的態度走向長久以來一直為人揣測。甘地、巴卡圖拉（Barkatullah）、哈・達亞爾、羅伊等人的思想都終其一生不斷演變。但我們不能只是想像辛格和甘地之間有何共通處，或只將他們凍結於對立的雙方（英國人正是這麼做），重點更在於理解他們是如何互相塑造。甘地主義始終依靠對話——與帝國主義者及其他反殖民主義者對話——來釐清其手段和目的。辛格則認為必須設法讓群眾覺醒，以輔佐非暴力運動。但甘地所謂的暴力對立面並不是非暴力，而是真理，這比「不合作運動」的英語相關詞「消極抵抗」（passive resistance）來得更積極、更具對抗性質。若說HSRA是關乎由英雄採取行動來吸引群眾，那麼甘地主義的行動目的則是為了讓普通老百姓能集體參與。HSRA的行動不僅限於暴力，國大黨的行動也不只是非暴力。HSRA的意圖不在於否定甘地，而是要敦促他採取更加激進的作為。HSRA自認為是在與國大黨運動並行運作，且相信他們的干涉在戰略上會有助於更廣泛的鬥爭。辛格絕食的一個重要訴求就是閱讀資料；這也證明了，就算被判死刑，他仍重視這樣的非功利行動——純粹為了自我修養而閱讀的願望。

以上解釋了為什麼許多印度人會同時景仰辛格和甘地。有通俗藝術便曾描繪甘地和革命人士團結，想像甘地對革命暴力的默默支持是辛格的合法性支柱。縱使暴力，辛格出名的原因卻也在於他使用暴力，地下反抗文化與公民不服從的精神交織一處。一九三〇年代甘地主義運動之所以復興，正是肇因於該主義與其挑戰者之間的辯證張力。甘地主義以真理制暴，內在就存有矛盾。許多人認為，同時支持兩者的策略並無認知上的失調。組織的成員彼此重疊，HSRA成員會出席國大黨會議，參考國大黨的活動來設計自身的工作。由於各成員與國家學院等機構有共同交集，所以彼此間的友誼也很深厚。一九二六年，辛格比照國大黨的形式創立印度青年協會（Naujawan Bharat Sabha）；其中各領袖也在旁遮普的國大黨帶頭。許多國大黨成員自己對手段也是態度矛盾。例如，尼赫魯直到一九三一年才肯定支持非暴力（部分是因為擔心發生群體暴力），後也稍稍切割兩者之間的關係。一九三一年後國大黨就不再公開支持暴力。受HSRA影響的個人曾於一九三〇年代初期發起暗殺行動，但HSRA本身已開始重新思考暴力的作用，後於一九三四年徹底屏除暴力（除烏達姆・辛格〔Udham Singh〕於一九四〇年暗殺殖民官麥克・奧德懷爾〔Michael O'Dwyer〕外）。國大黨的法律、道德和財政支援始終都是HSRA運作如常的關鍵；加強的鎮壓手段收緊了暴力的範圍，重新燃起的國大黨鬥爭則為革命情緒提供了一道出口。

所以說各運動的作風並非在彼此競爭，而是同屬單一反殖民組織的一環，「由複雜的辯證及組織連結」交織一處。[57] 各作風之間的張力——「混雜的聯盟」——饒富成效，也仍舊存在。[58] 羅伊在一九三〇年代一直很受歡迎（雖然甘地痛恨其反宗教立場），也持續推動社會主義目標，並於一九三六年會上敦促國大黨領袖通過一項社會和經濟計畫。一九三五年英國交出省政府控制權後，印度便接管關滿絕食抗議人士的監獄。甘地保證讓放棄暴力的政治犯獲釋——因而對英國有所用處。

二戰期間，印度人也探索著多個選擇：不合作、保持中立、與英國合作。要對抗法西斯主義、爭取戰後報酬？還是支持蘇聯事業、與英國的敵人合作？一九四二年，國大黨選擇不合作，發起退出印度運動（Quit India）。隨著成員遭關押和殺害，更多的暴力和宗派運動也越來越受關注。蘇巴斯・錢德拉・鮑斯（Subhas Chandra Bose）在日本的幫助下，以印度戰俘和東南亞平民組成一支軍隊來解放印度，孕育著戰死沙場的古老精神。

一九四七年印度獨立後，便顯見暴力理想的崛起，但針對的卻是印度人而非英國人。有些人已領悟到暴力和非暴力反殖民主義的歷史糾葛。一九四九年，尼赫魯總理拒絕為一九〇八年墨沙發坡爆炸案的紀念碑造地基，這時，已屏棄暴力並轉而支持激進人文主義（Radical Humanism）的羅伊駁斥道，尼赫魯作為既得利益者，「在道德上無權批評由無私理想主義引發的暴力之舉」。[59] 但是對尼赫魯來說，暴力和非暴力反殖民主義並存的代價太高：甘地在前一年才遭民族志工組織暗殺（薩瓦卡涉嫌其中，但被判無罪），此事件也呼應了當初令他正式提出非暴力理論的暗殺事件。

III

甘地主義起始於南亞次大陸，也蔓延到次大陸之外，成為亞洲、非洲等地的大眾教育工具。手工編織布和甘地帽是廣為流傳的反殖民主義象徵，人們對印度運動的興趣，在於彼此共有的阻礙之感和殖民的手足之情。在英國的暴力之下，雖然有人質疑非暴力是否可行，但在美國，非裔領袖也將甘地的作法應用於反種族主義鬥爭，他們在那裡與暴力手段之間也仍存在張力。

的確，雖然不合作運動是一種反殖民策略，但它本質上是關乎從壓迫統治中奪回自我。一九三五年之後，國會一開始行使機構權力，甘地便與之保持距離，堅守反國家主義的立場。誠如我們所見，許多反殖民思想家在乎的是國家壓迫，而非民族解放。

最終，分析了非暴力和暴力反殖民主義此一危險舞蹈的，是一名精神病學家。考量到殖民主義的核心是自我毀滅，這點也就不足為奇了。法農在二戰後落腳阿爾及利亞。在當地殘酷的拓荒殖民社會中，他加入了為自由而戰的一方，深入參與民族解放陣線（National Liberation Front）的策略討論。從那時起，他便開始為非洲的其他反殖民鬥爭發聲。

加納的鬥爭——撒哈拉以南非洲首次成功的鬥爭——是借鑑甘地的思想，但法農仍懷疑其可行性，並支持發展民兵來支持非洲革命運動。法農對暴力手段的容忍呼應辛格的邏輯：殖民地人民就如精神病患，需要電擊才能康復。法農觀察著非暴力是如何依賴和挑釁暴力反殖民主義（就如在印度的情形），以及這場競賽隨後是如何限制了去殖民化的範圍，上述結論正是他觀察得出的心得。

法農承認暴力難免，其針對暴力去殖民化撰寫的著作較屬於描述，而非成規。其中說明使暴力不可避免的心理過程。《大地上的受苦者》（The Wretched of the Earth，一九六一年）以實證觀察開場：「無論是什麼……新慣例引入後，非殖民化始終是一種暴力現象。」以另一群人取代某群人的目標，「只有在我們動用一切手段後才能取得……包括……暴力」，因為殖民代理人將暴力「帶入家戶，以及……當地人的心靈」。殖民主義是「處於自然狀態的暴力」。[60]

這樣的真相促使甘地採取非暴力作為解方。但法農卻因眼前所見而表示懷疑：因為從經驗來看，殖民主義只會屈服於「更大的暴力」。重點是，他的關注焦點為定居者殖民主義，其中定居者甚至讓當地人連渴望自由都不敢，於是當地人便會「想盡辦法消滅定居者」。他們首先會先攻擊自家人民，而最終在認清敵人、了解自己的苦難之後，當地人便會「將一切更深刻的仇恨和憤怒力量投入這條新通道」。殖民者總稱與這些人溝通只能動武，如今則輪到他們「用武力發聲」，「在暴力中、透過暴力」找到「自由」。他們的暴力是以「驚人的相互同質性」來因應殖民暴力，團結因殖民主義而分裂的人群。這種暴力是一股「淨化能量」，將所有人從自卑情結、絕望和無所作為中解放。[61]

雖然《大地上的受苦者》開頭便解釋反殖民主義的暴力，但其關注核心卻是剝奪人性的殖民主義暴力。其指導性論點著重於補償及培養新意識之必要，這是法農觀察得出的結論（他觀察反殖民主義在未有此類變化時的表現方式，並考量到一心想維護殖民主義所生權力結構的資產階級帶來的「隱患」）。法農指出，由生存和現實主義動力自然驅動的反殖民行動之所以多少能成事，是因為殖民國家本就負擔不起「長期把持大規模的佔領部隊」。但由此而生的獨立卻無法為多數人帶來改變，因破除殖民主義的意願仍牽涉「與殖民主義達成友善協議」的意願。在獄中革命人士絕食抗議時，殖民主義便向溫和派妥協，溫和派反過來則涉入對其讓步的政府繁瑣事務。法農響應辛格的觀點，並寫道，溫和派的和平主義承諾實是在利用殖民社會自發之暴力來強求妥協。他也抱怨溫和派漠視了本質上有「革命特質」的平民，也批評他們後來是如何斥反殖民暴力為「冒險家和無政府主義者」的作為並疏遠之。再者，無論溫和派有何意圖，他們都被迫耗費大量時間，只為抵禦新殖民主義的威脅。結果就是儘管在獨立之後，殖民主義（暴力統治）依然存在。反殖民主義的鬥爭演變成與貧窮、文盲、落後、新殖民主義的鬥爭，生命仍是場「無止境的競賽」。[62]

若說反殖民主義還不夠，那麼考量到殖民主義背後的種族主義，經濟轉型亦屬不足。世界需要一種「新的人文主義」（涉及改變我們最親密的關係），此種主義的潛能正是源自於反殖民主義的動力。只要人們發現，就連有些殖民者也支持鬥爭，有些受殖民者卻不支持，「血統障礙和種族偏見」就會開始瓦解。法農呼應基拉法特運動領袖的觀點，認為鬥爭不只是內部復興的手段，更是目標：阿爾及利亞運動便將阿拉伯人、非洲黑人、卡拜爾人（Kabyles）和阿爾及利亞白人捲入同一場鬥爭。而促成鬥爭本身的集體組織形式，亦讓被殖民者能夠重拾親屬和共存關係的話語：「社群勝利……散發出自身的光芒。」[63]

就如許多反殖民思想家，法農也相信人性本質上具有「互為主體性」，（被種族主義打破的）團結是生命經驗不可或缺之環節。法農的早期著作《黑皮膚，白面具》（Black Skin, White Masks，一九五一年）便稱自由是個「相互認可的世界」，而「觸摸彼此、感受彼此、探索彼此」的渴望是人性之必要。[64] 因此，農民的整個生活方式本質上就是反殖民的。殖民主義向本土人民灌輸的社會觀念，是「由個人組成的社會，所有人都自我封閉在自身的主體性裡」，而去殖民化的過程則是在向當地人證明「這套理論的錯誤」。[65]

《大地上的受苦者》詳述了「樂於接受前殖民強權所施小惠」的中產階級有多危險，

故大眾也可能畫地自限。「如果你們真心希望國家不致走上敗退一途，」法農敦促道，「你們就必須儘快從民族意識邁向政治和社會意識。」他們必須從重新探尋民族文化（此為挑戰殖民主義的重要成分）轉向與「人民」合作建構新的未來，以開創新的民族文化。而此種民族文化非是以民俗傳說為基礎而建立，其基礎卻在於「人民共同努力在思想領域為描述、證明和讚揚人們為自我創造和維持自身存在而採取的行動」。國際意識正是由民族意識孕育而出。[66]

就如甘地，法農倡導改變自我，讓新的人類關係得以誕生。「去殖民化十足就是在創造新人類」：此過程將殖民主義的產「物」變成了「人」。受殖民者嘲弄原本使臣服合法化的「西方價值」，「並將之吐出」。法農夢想著（像甘地一樣）以反國家主義去中央化為基礎的後殖民生活型態：一個無首都的獨立非洲，並總結道：所以「第三世界」必須拒絕「以先前的價值觀」來自我定義。[67]

法農也明白只圖形式自由、卻未有實質變革的風險，尤其有鑑於被殖民國有繼續讓前殖民統治者佔經濟主導地位的傾向（此為新殖民主義）。因此他鼓吹「重新分配財富」。正如歐洲各國向納粹求償，殖民主義也須被比照辦理。他斷言：「帝國的財富也是我們的財富。」歐洲不應「讓全世界核子化」，反必須援助剛剛去殖民化的國家，而這也有賴歐洲諸國改變態度：不再「玩假扮成睡美人的愚蠢遊戲」。[68]法農的目標讀者涵蓋歐洲人，因此由哲學家沙特（Jean-Paul Sartre）為其作序。

補償的要求依然存在，甘地、羅伊、哈・達亞爾及泰戈爾對新人文主義的呼聲也依然存在。而泰戈爾在目睹二戰慘況時寫下的「最終遺言」，則將希望寄託於「從毀滅灰燼中崛起、未潰敗的人類」。[69]加達運動的詩作就是在為此種人文主義而努力，印度進步作家運動（Indian Progressive Writers' Movement）的作品也是如此。文學和詩歌語言是形成反殖民主體性的主力，也形塑著人們對去殖民化（如分治印度）所遺下創傷的反應。有些人將新邊界視為殖民主義的持久印記，他們憑藉與跨邊界的持續連結汲取力量，這是一種愛與人際主體性的倫理，既為他們的行動手段，也是目的。

甘地、辛格及法農等反殖民思想家的作品本身就屬於這種新人文主義，其甚至能造就舊人文主義嘗試（如歷史）的變革。一九三二年，印尼反殖民革命人士陳馬六甲（Tan Malaka）警告英國人，他的聲音「在墳墓中會更加響亮」；確實如此，這些思想家的遺澤如今仍支撐著反殖民主義。[70]他們的付出還促成後殖民、原住民、性別及其他同屬「新人文學科」的研究興起。[71]然而，新人文學科本身仍無法提供因應不平等和氣候危機所需的新人文主義。法農要求帝國得利者——歐洲人、美國人及殖民地的資產階級——所做的彌補和自省功課仍有待完成。

反殖民主義在烏托邦主義的基礎上蓬勃發展，像是穆斯林烏托邦、鄉村烏托邦、社會主義烏托邦、跨境友誼烏托邦。這是一種處於不斷渴望的生活方式，意識到鬥爭的圓滿正在於鬥爭本身，近似於許多神祕傳統中的神聖體驗。

加達運動的全球視野持續影響著反殖民主義，不僅體現在巴勒斯坦和印度農民的跨國結盟中，也觸及全球，體現在「黑人的命也是命」（Black Lives Matter）及氣候正義等運動之中。在印度，二〇二〇至二〇二一年的農民抗議活動也挑戰著殖民主義，當初甘地、辛格和法農便曾警告，殖民主義仍會持續存在於受殖民主義思維束縛的後殖民秩序中。總理納倫德拉・莫迪（Narendra Modi）將自己塑造成一位願意犧牲、禁慾的領袖，這正是民族志工組織（他於年輕時加入）理想化的形象。他的黨羽示範了印度教性是如何將犧牲原則轉變為「集體、無名的……力量，充滿著對組織和制度永存的更強烈認知」。[72]而「無用的閱讀」令丁格拉在「意亂情迷」下走上暴力一途，此種「意亂情迷」也持續讓年輕人變得更加激進，採取駭人的暴力行為。消費者的抵制亦是在延續反殖民傳統，但他們往往並不曉得。

甘地和法農等思想家正是在持續演變的反殖民作法中自我去殖民化，探討如何反殖民的辯論就是去殖民化的過程。無論何時何地，國家權力只要採取脅迫、專橫的手段，就會面臨各種形式的異議與抗爭。但反殖民思想家也提醒我們，相較於「策略」（結果論）考量，去殖民化的關鍵更在於找回倫理思維的能力。

註釋

前言

1. There is a robust literature on the meaning and nature of strategy. As examples, see Lawrence Freedman, *Strategy: A History* (New York, NY: Oxford University Press, 2014); Hal Brands, *What Good is Grand Strategy? Power and Purpose in American Statecraft from Harry S. Truman to George W. Bush* (Ithaca, NY: Cornell University Press, 2014); John Lewis Gaddis, *On Grand Strategy* (New York, NY: Penguin, 2018); Paul Kennedy, *Grand Strategies in War and Peace* (New Haven, CT: Yale University Press, 1992); Edward Luttwak, *Strategy: The Logic of War and Peace* (Cambridge, MA: Harvard University Press, 2002); Hew Strachan, *The Direction of War: Contemporary Strategy in Historical Perspective* (New York, NY: Cambridge University Press, 2013); Beatrice Heuser, *The Evolution of Strategy: Thinking War from Antiquity to the Present* (Cambridge: Cambridge University Press, 2012).
2. Edward Mead Earle, "Introduction," in *Makers of Modern Strategy: Military Thought from Machiavelli to Hitler*, Earle, ed. (Princeton, NJ: Princeton University Press, 1943 [republished New York, NY: Atheneum, 1966]), vii.
3. Many of the Europeans were refugees from Hitler's Germany. See Anson Rabinach, "The Making of *Makers of Modern Strategy*: German Refugee Historians Go to War," *Princeton University Library Chronicle* 75:1 (2013): 97–108.
4. Earle, "Introduction," viii.
5. See Lawrence Freedman's essay "Strategy: The History of an Idea," Chapter 1 in this volume; also, Brands, *What Good is Grand Strategy?*
6. See Hew Strachan's essay "The Elusive Meaning and Enduring Relevance of Clausewitz," Chapter 5 in this volume; also, Michael

Desch, *Cult of the Irrelevant: The Waning Influence of Social Science on National Security* (Princeton, NJ: Princeton University Press, 1943); Fred Kaplan, *The Wizards of Armageddon* (Stanford, CA: Stanford University Press, 1991).

7. On the evolution of the franchise, see Michael Finch, *Making Makers: The Past, The Present, and the Study of War* (New York, NY: Cambridge University Press, forthcoming 2023).
8. Perhaps because the Cold War still qualified as "current events" in 1986, the book contained only three substantive essays, along with a brief conclusion, that considered strategy in the post-1945 era.
9. Peter Paret, "Introduction," in *Makers of Modern Strategy: From Machiavelli to the Nuclear Age*, Paret, ed. (Princeton, NJ: Princeton University Press, 1986), 3, emphasis added.
10. See, as surveys, Thomas W. Zeiler, "The Diplomatic History Bandwagon: A State of the Field," *Journal of American History* 95:4 (2009): 1053–73; Hal Brands, "The Triumph and Tragedy of Diplomatic History," *Texas National Security Review* 1:1 (2017); Mark Moyar, "The Current State of Military History," *Historical Journal* 50:1 (2007): 225–40; as well as many of the contributions to this volume.
11. The essays on them, however, are entirely original to this volume.
12. A point that the second volume of *Makers* also stressed. See Paret, "Introduction," 3–7.
13. See the essays by Francis Gavin ("The Elusive Nature of Nuclear Strategy," Chapter 28) and Eric Edelman ("Nuclear Strategy in Theory and Practice," Chapter 27) in this volume.
14. See Earle, "Introduction," viii; Paret, "Introduction"; as well as Lawrence Freedman's contribution ("Strategy: The History of an Idea," Chapter 1) to this volume.
15. The chronological breakdown of the sections is, necessarily, somewhat imprecise. For example, certain themes that figured in the world wars—the concept of total war, to name one—had their roots in earlier eras. And some figures, such as Stalin, straddled the divide between eras.
16. The same point could be made about the strategies being pursued by other US rivals today. See Seth Jones, *Three Dangerous Men: Russia, China, Iran, and the Rise of Irregular Warfare* (New York, NY: W. W. Norton, 2021); Elizabeth Economy, *The World According to China* (London: Polity, 2022).
17. On this debate, see the essays in this volume by (among others) Walter Russell Mead ("Thucydides, Polybius, and the Legacies of the Ancient World," Chapter 2), Tami Biddle Davis ("Democratic Leaders and Strategies of Coalition Warfare: Churchill and

Roosevelt in World War II," Chapter 23), and Matthew Kroenig ("Machiavelli and the Naissance of Modern Strategy," Chapter 4).

18. The point is also made in Richard Betts, "Is Strategy an Illusion?" *International Security* 25:2 (2000): 5–50; Freedman, *Strategy*.
19. Lawrence Freedman, "The Meaning of Strategy, Part II: The Objectives," *Texas National Security Review* 1:2 (2018): 45.
20. On strategic failures as failures of imagination, see Kori Schake's "Strategic Excellence: Tecumseh and the Shawnee Confederacy," Chapter 15 in this volume.
21. Hal Brands, "The Lost Art of Long-Term Competition," *The Washington Quarterly* 41:4 (2018): 31–51.
22. This point runs throughout Alan Millett and Williamson Murray, *Military Effectiveness*, Volumes 1–3 (New York, NY: Cambridge University Press, 2010).
23. Henry Kissinger, *White House Years* (Boston, MA: Little, Brown, 1959), esp. 54.
24. Hal Brands, *The Twilight Struggle: What the Cold War Can Teach Us About Great-Power Rivalry Today* (New Haven, CT: Yale University Press, 2022).

第一章

1. Geoffrey Parker, *The Grand Strategy of Philip II* (New Haven, CT: Yale University Press, 1998), 86.
2. 馬克西米利安・德・貝蒂納於一六〇六年晉升為蘇利公爵。亞曼・尚・迪・普萊西於一六二二年晉升為樞機主教，並於一六二九年被授予黎塞留公爵的頭銜。儒勒・馬扎林則於一六四一年獲頒樞機主教的紅帽子。為方便讀者能清晰閱讀，本章將主要使用各人物最著名的頭銜或稱謂，分別為「蘇利」、「黎塞留」、「馬扎林」。
3. 蘇利作為法國史上如此著名的人物，其完整傳記卻少之又少。以英文來說，最完善的資料來源仍屬David Buisseret, *Sully and the Growth of Centralized Government in France: 1598–1610* (London: Eyre and Spottiswoode, 1968)。更近期且更廣泛的傳記可參閱Bernard Barbiche and Ségolène de Dainville-Barbiche, *Sully: L'Homme et ses Fidèles* (Paris: Fayard, 1997)。另參見Laurent Avezou, *Sully a Travers l'Histoire: Les Avatars d'un Mythe Politique* (Paris: Ecole des Chartes, 2001)，其中對關於蘇利的強大神話有很引人入勝的史學記載。至於黎塞留的傳記記載，作者建議可從以下作品入門：Françoise Hildesheimer, *Richelieu* (Paris: Flammarion, 2004)、Carl H. Burckhardt的經典全三卷系列*Richelieu and His Age* (New York, NY: Helen and Kurt Wolff Book, 1967)、Robert Jean Knecht筆法簡潔優雅的*Richelieu* (New York, NY: Routledge, 2007)、Roland Mousnier,

L'Homme Rouge ou la Vie du Cardinal de Richelieu (Paris: Robert Laffont, 1992)，以及Joseph Bergin, *The Rise of Richelieu* (New Haven, CT: Yale University Press, 1991)。欲了解黎塞留的大戰略及其思想基礎，請參閱Iskander Rehman, "Raison d'Etat: Richelieu's Grand Strategy During the Thirty Years' War," *Texas National Security Review* 2:3 (2019): 38–78，William Farr Church, *Richelieu and Reason of State* (Princeton, NJ: Princeton University Press, 1973)，Etienne Thuau, *Raison d'Etat et Pensée Politique a l'Epoque de Richelieu* (Paris: Armand Colin, 1966)，以及Jörg Wollenberg, *Richelieu: Staatsräson und Kircheninteresse: zur Legitimation der Politik des Kardinalpremier* (Bielefeld: Pfeffersche Buchhandlung, 1977)。有關黎塞留領導下的法國軍事改革，策略及表現的詳細評估，請參閱David Parrott, *Richelieu's Army: War, Government and Society in France, 1624–1642* (Cambridge: Cambridge University Press, 2006)。欲了解馬扎林的生平和外交政策作風，請參閱Pierre Goubert, *Mazarin* (Paris: Fayard, 1990)，Derek Croxton, *Peacemaking in Early Modern Europe: Cardinal Mazarin and the Congress of Westphalia* (Selinsgrove: Susquehanna University Press, 1969)，以及Paul Sonnino, *Mazarin's Quest: The Congress of Westphalia and the Coming of the Fronde* (Cambridge, MA: Harvard University Press, 2008). 關於馬扎林在投石黨運動（Fronde）之前和期間的作為，請參閱David Parrott, *1652: The Cardinal, The Prince, and the Crisis of the Fronde* (Oxford: Oxford University Press, 2020)。

4. Garett Mattingly, *Renaissance Diplomacy* (Boston, MA: Houghton Mifflin Harcourt Books, 1971), 110.
5. Francesco Giucciardini, *The History of Italy, Book I* (Princeton, NJ: Princeton University Press, 1984), 98.
6. Thomas Hobbes, *Leviathan or the Matter, Forme and Power of a Common Wealth Ecclesiasticall* (London: Andrew Cooke, 1651), Introduction.
7. Per Mauserth, "Balance-of-Power Thinking from the Renaissance to the French Revolution," *Journal of Peace Research* 1:2 (1964): 120–36.
8. Maximilien de Béthune, *Memoirs of the Duke of Sully, Minister to Henry the Great—Originally Entitled Mémoires ou Oeconomies Royales D'Estat Domestiques, Politiques, et Militaires de Henry le Grand, Volume 1, Book I*, trans. Charlotte Lennox (London: William Miller, 1810), 39.
9. de Béthune, *Memoirs of the Duke of Sully, Volume 4, Book XXIII*, 101.
10. de Béthune, *Memoirs of the Duke of Sully, Volume III, Book XVI*, 178.
11. Sir George Carew, "Relation of the State of France With the Characters of Henry IV and the Principal Persons of that Court," in *An Historical View of the Negotiations Between the Courts of England, France and Brussels, 1592–1617*, Thomas Birch, ed. (London: A. Millar, 1740), 487.

12. Quoted in Joseph Nouillac, *Villeroy: Secrétaire d'Etat et Ministre de Charles IX, Henri III et Henri IV* (1543-1610) (Paris: Honoré Champion, 1909), 390.
13. de Béthune, *Memoirs of the Duke of Sully, Volume 4, Book XXIV*, 311.
14. de Béthune, *Memoirs of the Duke of Sully, Volume 5, Book XXVII*, x.
15. de Béthune, *Memoirs of the Duke of Sully, Volume 5, Book XXVII*, 405.
16. de Béthune, *Memoirs of the Duke of Sully, Volume 5, Book XXVII*, 405–6.
17. Armand Jean du Plessis de Richelieu, *Mémoires du Cardinal de Richelieu Sur Le Règne de Louis XIII Depuis 1610 Jusqu'à 1638* (Paris: Firmon Didot, 1837), 57.
18. 他在自己的神學專著中也是持同樣論點，例如Armand Jean du Plessis de Richelieu, *Instruction du Chrétien* (1618), and Armand Jean du Plessis de Richelieu, *Traité Qui Contient la Méthode la Plus Facile et la Plus Assurée Pour Convertir* (1657).
19. 1616年，黎塞留向法國駐德國大使向柏格（Schomberg）如此表示，James Breck Perkins, *France Under Mazarin: With a Review of the Administration of Richelieu, Volume 1* (London: G.P. Putnam's Sons, 1887), 74.
20. 參見"Cardinal de Richelieu: His Letters and State Papers," in *Portraits of the Seventeenth Century: Historic and Literary,* C.A. Sainte-Beuve, ed., trans. Katharine P. Wormeley (London: Putnam & Sons, 1904), 234.
21. 引用自A. Lloyd Moote, *Louis XIII: The Just* (Berkeley, CA: University of California Press, 1989), 177.
22. Antoine Aubery, *L'Histoire du Cardinal Duc de Richelieu* (Cologne: Pierre Marteau, 1669), 589.
23. Marc Fumaroli, "Richelieu Patron of the Arts," in Richelieu: Art and Power, Hilliard Todd Goldfarb, ed. (Montreal: Montreal Museum of Fine Arts, 2002), 35.
24. William F. Church, *Richelieu and Reason of State* (Princeton, NJ: Princeton University Press, 1972), 44.
25. 當時法國的人口估計為約一千六百萬人，大約是西班牙之兩倍。
26. Randall Lesaffer, "Defensive Warfare, Prevention and Hegemony. The Justifications for the Franco-Spanish War of 1635 (Part I)," *Journal of the History of International Law* 8:1 (2006): 92.
27. 引用自Jean-Christian Petitfils, *Louis XIII: Tome II* (Paris: Perrin, 2008), Chapter XXIII.
28. 引用自Madeleine Laurain-Portemer, *Une Tête A Gouverner Quatre Empires, Etudes Mazarines Volume II* (Paris: Editions Laget, 1997), vii–viii.

29. Geoffrey Treasure, *Richelieu and Mazarin* (London: Routledge, 1998), 75.
30. 欲了解涉及投石黨之亂的「貴族」，請參見David Parrott, *1652: The Cardinal, the Prince and the Crisis of the 'Fronde'* (Oxford: Oxford University Press, 2020), 28.
31. Jerónimo de Barrionuevo, in *Avisos de Jerónimo de Barrionuevo 1654–1658*, A. Paz y Meliá, ed. (Madrid: Ediciones Atlas, 1968), 202.
32. Slingsby Bethel, "The World's Mistake in Oliver Cromwell," in *The Harleian Miscellany*, Volume 1, William Oldys, ed. (London: Robert Dutton 1808 [1668]), 289.
33. "A King's Lessons in Statecraft," in *Mémoires of Louis XIV*, Jean Longdon, ed. (London: Fisher Unwin, 1924), 41.

第二章

1. Andreas Osiander, "Sovereignty, International Relations, and the Westphalian Myth," *International Organization* 55:2 (2001): 251–87; Peter H. Wilson, *The Thirty Years' War: Europe's Tragedy* (Cambridge, MA: Belknap Press, 2009), 75, 106–67, 197–361, 716–78.
2. Mark L. Thompson, "Jean Bodin's *Six Books of the Commonwealth* and the Early Modern Nation," in *Statehood Before and Beyond Ethnicity*, Linas Eriksonas and Leos Müller, eds. (Brussels: PIE Peter Lang, 2005), 53–56.
3. Andreas Wagner, "Francisco de Vitoria and Alberico Gentili on the Legal Character of the Global Commonwealth." *Oxford Journal of Legal Studies* 31:3 (2011): 575–76.
4. Robert Knolles, *Six Bookes of a Commonweale* (London: G. Bishop, 1606), translation of Jean Bodin, *Les Six Livres de la République* (Paris, 1576), Book 1, 10.
5. James VI and I, *The True Law of Free Monarchies* (Edinburgh: Robert Waldegrave, 1598).
6. Hugo Grotius, *The Law of War and Peace*, trans. Louise R. Loomis, (Roslyn, NY: Walter J. Black, 1949), 269; Émeric Crucé, *Le nouveau Cynée* (Paris: Chez Jacques Villery, 1623).
7. Jean de Silhon, Letter à l'Evêsque de Nantes (1626), in William Farr Church, *Richelieu and Reason of State* (Princeton, NJ: Princeton University Press, 1972), 167–71.

8. Charles Irenée Castel Abbé de St. Pierre, *Projet pour rendre la paix perpétuelle en Europe* (Utrecht: Chez Antoine Schouten, 1713).
9. Emmerich de Vattel, *Le Droit des Gens* (Leiden: Depens de la Compagnie, 1758).
10. 這句話及其同源詞在該時代簽定的條約中曾多次出現，包括《賴斯韋克》（Ryswick，1697年簽訂）、《烏得勒支、巴登、拉施塔特》（Utrecht-Baden-Rastatt，1713年）、《尼斯塔德》（Nystadt，1721年）、《奧布》（Åbo，1743年）及《艾克斯拉沙佩勒》（Aix-la-Chapelle，1748年）。
11. Thomas Hobbes, *Leviathan* (London: Andrew Cooke, 1651), 60–61.
12. A.J.P. Taylor, *The Struggle for Mastery in Europe, 1848–1918* (Oxford: Oxford University Press, 1954), xix.
13. Anonymous, "Political Quadrille: A Paper Handed about Paris," *South Carolina Gazette*, July 27 to August 3, 1734, 2.
14. 在奧俄聯軍打贏庫納斯道夫（Kunersdorf）一役後，各國本打算於維也納制定「和平計畫」。參見Cressener to Holdernesse, February 6, 1760, SP 81/136, The National Archives (TNA), Kew, United Kingdom.
15. Frederick II, "Testament Politique [1752]," in *Die Politischen Testamente Friedrichs des Grossen*, Gustav Berthold Volz, ed. (Berlin: Verlag von Reimar Hobbing, 1920), 61–63.
16. Spencer Phips, "Proclamation Against the Tribe of the Penobscot Indians," Boston, November 3, 1755.
17. Wouter Troost, "Leopold I, Louis XIV, William III and the Origins of the War of the Spanish Succession," *History* 103:357 (2018): 545–70.
18. Wout Troost, *William III, the Stadholder-King: A Political Biography* (London: Routledge, 2017), 174–75.
19. 例如Holdernesse to Keith, January 7, 1755, SP 80/195, TNA.
20. Horatio Walpole to Delafaye, October 9, 1726, Fontainebleau, SP/184/114, TNA; H. Walpole to Newcastle, October 9, 1726, Fontainebleau, SP/184/115, TNA; Robinson to Delafaye, January 30, 1727 NS, Paris, SP 78/185/9, TNA; Anonymous, *Analyse du Traité d'Alliance, conclu à Hanover* (The Hague: chez Charles Levier), 1725. 更整體的資訊請見G. C. Gibbs, "Britain and the Alliance of Hanover, Apr. 1725–Feb. 1726," *English Historical Review* 73:288 (1958): 404–30.
21. Horatio Walpole to Delafaye, August 3, 1726 NS, Paris, SP 78/184/54 TNA; 1726年8月25日，來自「友方」（l'Ami）的信，其中詳述了俄奧達成的條約，SP 78/184/78, TNA.
22. Adriaan Goslinga, *Slingelandt's Efforts Towards European Peace* (The Hague: Martinus Nijhoff, 1915), 118–23.
23. Arthur McAndless Wilson, *French Foreign Policy During the Administration of Cardinal Fleury, 1726–43* (Cambridge, MA: Harvard

University Press, 1936), 164–214.

24. Jeremy Black, *The Collapse of the Anglo-French Alliance, 1727–1731* (Gloucester: St. Martin's Press, 1987).

25. *The Natural Probability of a Lasting Peace in Europe* (London: J. Peele, 1732).

26. John R. Sutton, *The King's Honor and the King's Cardinal: The War of the Polish Succession* (Lexington, KY: University of Kentucky Press, 1980), Chapter 1.

27. Richard Lodge, "English Neutrality in the War of the Polish Succession," *Transactions of the Royal Historical Society* 14 (1931): 141–13; Jeremy Black, "British Neutrality in the War of the Polish Succession, 1733–1735," *International History Review* 8:3 (1986): 345–66.

28. 此事件記載於英國的外交紀錄中：Tyrawly to Newcastle, March 19, 1735 NS, SP 89/38/4, TNA. 事件之來龍去脈請見Visconde de Borges de Castro and Julio Firmino Judice Biker, *Collecçao dos Tratados, Convenções, Conttratos e Actos Publicos Celebrados entre Corôa de Portugal e as Mais Potencias desde 1640*, Volume X (Lisbon: Imprensa Nacional, 1873), 365–426.

29. Fleury to Robert Walpole, March 14, 1735 NS, SP 78/207/37, TNA. 另參見Jeremy Black, "French Foreign Policy in the Age of Fleury Reassessed," *English Historical Review* 103:407 (1988): 359–84.

30. Karl Roider, *The Reluctant Ally: Austria's Policy in the Austro-Turkish War, 1737–1739* (Baton Rouge, LA: Louisiana State University Press, 1972).

31. Wilson, *French Foreign Policy*, 64–68, 71–76.

第三章

1. Dennis E. Showalter, "Hubertusberg to Auerstedt: The Prussian Army in Decline?" *German History*, 12:3 (1994): 308.

2. Hans Delbrück, *Die Strategie des Perikles erläutert durch die Strategie Friedrichs des Grossen. Mit einem Anhang über Thucydides und Kleon* (Berlin: Georg Reimer, 1890), 9–28.

3. Hans Delbrück, *Das Leben des Feldmarschalls Grafen Neidhardt von Gneisenau*, Volume 2 (Berlin: Hermann Walther, 1894), 211–12.

4. Delbrück, "Über den Unterschied der Strategie Friedrichs und Napoleons," in his *Historische und politische Aufsätz* (Berlin: Walter und Apolant, 1887), 20, 24.

5. Robert R. Palmer, "Frederick the Great, Guibert, Bülow: From Dynastic to National War," in *Makers of Modern Strategy: Military Thought from Machiavelli to Hitler*, Edward Mead Earle, ed. (Princeton, NJ: Princeton University Press, 1944), 55.
6. Delbrück, "Über den Unterschied der Strategie Friedrichs und Napoleons," 23, 28.
7. Palmer, "Frederick the Great," 50.
8. Delbrück, "Über den Unterschied der," 51.
9. Delbrück, *Gneisenau*, Volume 2, 211.
10. Aarden Bucholz, *Hans Delbrück and the German Military Establishment: War Images in Conflict* (Iowa City, IA: University of Iowa Press, 1985), 9.
11. Gerhard Ritter, *Frederick the Great*, trans. Peter Paret (Berkeley, CA: University of California Press, 1974), 132.
12. Delbrück, *Gneisenau*, Volume 2, 211; Delbrück, "Über den Unterschied der Strategie Friedrichs und Napoleons," 24; Bucholz, *Hans Delbrück*, 25.
13. Delbrück, "Über den Unterschied der Strategie Friedrichs und Napoleons," 31–32.
14. Napoleon to Joseph, *Correspondance général* (Paris: Fayard, 2009), No. 11732, Volume 6, 247; Napoleon to Eugene, January 14, 1809, *Correspondance de Naploéon Ier* (Paris: Imprimerie Impériale, 1858–69), No. 14707, Volume 18, 256.
15. Ritter, *Frederick the Great*, 131.
16. Delbrück, *Gneisenau*, Volume 2, 212.
17. Pierre Berthezène, *Souvenirs militaires de la République et de l'Empire* (Paris, 1855), 2, 309.
18. John Shy, "Jomini" in *Makers of Modern Strategy: From Machiavelli to the Nuclear Age*, Peter Paret, ed. (Princeton, NJ: Princeton University Press, 1986), 154.
19. Bruce W. Menning, "Operational Art's Origins," in *Historical Perspectives of the Operational Art*, Michael D. Krause and R. Cody Phillips, eds. (Washington, DC: Center of Military History, United States Army, 2005), 4.
20. G. S. Isserson, "The Evolution of Operational Art," in *The Evolution of Soviet Operational Art: 1927–1991: The Documentary Basis*, H. S. Orenstein, ed. (London: Frank Cass, 1995), 55.
21. Menning, "Operational Art's Origins," 4.
22. Owen Connelly, *Napoleon's Satellite Kingdoms: Managing Conquered Peoples* (Malabar, FL: Krieger Publishing Company, 1990), 3.

23. Mark T. Gerges, "1805: Ulm and Austerlitz," in *Napoleon and the Operational Art of War: Essays in Honor of Donald T. Horward*, Michael Leggiere, eds. (Leiden and Boston, MA: Brill, 2021), 230.

24. 大致可參見Alain Pigeard, *Dictionnaire des batailles de Napoléon 1796–1815* (Paris: Tallandier, 2004), 399; Owen Connelly, *Blundering to Glory, Napoleon's Military Campaigns* (Wilmington, DE: Scholarly Resources, 1987), 101; Eduard von Höpfner, *Der Krieg von 1806 und 1807: Ein Beitrag zur Geschichte der Preußischen Armee nach den Quellen des Kriegs-Archivs*, Volume 1 (Berlin: Simon Schropp & Comp., 1850), 471–72.

25. Pigeard, *Dictionnaire des batailles de Napoléon*, 71; Connelly, *Blundering to Glory*, 101; Höpfner, *Der Krieg von 1806 und 1807*, Volume 1, 471.

26. Michael V. Leggiere, *Napoleon and Berlin: The Franco-Prussian War in North Germany* (Norman, OK: University of Oklahoma Press, 2002), 19.

27. John H. Gill and Alexander Mikaberidze, "Napoleon's Operational Warfare During the First Polish Campaign, 1806–1807," in *Napoleon and the Operational Art of War*, Leggiere, ed., 292–94.

28. Gill and Mikaberidze, "Napoleon's Operational Warfare During the First Polish Campaign," 296–301.

29. Connelly, *Blundering to Glory*, 132; Jean Tulard, *Dictionnaire Napoléon*, Volume 1 (Paris: Fayard, 1987), 752.

30. Ian Castle, "The Battle of Wagram" in *Zusammenfassung der Beiträge zum Napoleon Symposium "Feldzug 1809" im Heeresgeschichtlichen Museum,"* June 4–5, 2009, 198–99; Pigeard, *Dictionnaire des batailles de Napoléon*, 924; John H. Gill, "1809: The Most Brilliant and Skillful Maneuvers," in *Napoleon and the Operational Art of War*, Leggiere, ed., 365.

31. Alexander Mikaberidze, "The Limits of the Operational Art: Russia," in *Napoleon and the Operational Art of War*, Leggiere, ed., 406, 416–19; Pigeard, *Dictionnaire des batailles de Napoléon*, 586–97; Connelly, *Blundering to Glory*, 171–81.

32. Barthold von Quistorp, *Geschichte der Nord-Armee im Jahre 1813*, Volume 3 (Berlin, 1894), 1–60.

33. Michael V. Leggiere, "Prometheus Chained, 1813–1815," in *Napoleon and the Operational Art of War*, Leggiere, ed., 438–39.

34. Leggiere, "Prometheus Chained," 440–42; Pigeard, *Dictionnaire des batailles de Napoléon*, 253–54, 360–417, 434; Connelly, *Blundering to Glory*, 192.

35. Leggiere, "Prometheus Chained," 444; Pigeard, *Dictionnaire des batailles de Napoléon*, 241; Quistorp, *Geschichte der Nord-Armee im Jahre 1813*, Volume 1, 524–31.

36. Leggiere, "Prometheus Chained," 445, 447–50; Pigeard, *Dictionnaire des batailles de Napoléon*, 468–69; Connelly, *Blundering to*

Glory, 193; Rudolph von Friederich, *Die Befreiungskriege, 1813–1815*, Volume 2 (Berlin: E. S. Mittler, 1903–9), 349–60.

37. David G. Chandler, "Napoleon, Operational Art, and the Jena Campaign," in *Historical Perspectives of the Operational Art*, Krause and Phillips, eds., 27.

38. Delbrück, *Die Strategie des Perikles*, 1, 22–23.

39. Michael Evans, *The Continental School of Strategy: The Past, Present and Future of Land Power, Study Paper No. 305* (Duntroon, Australia: Land Warfare Studies Centre, 2004), 35, 61; Menning, "Operational Art's Origins," 5.

40. Justin Kelly and Mike Brennan, *Alien: How Operational Art Devoured Strategy* (Carlisle, PA: Strategic Studies Institute, US Army War College, 2009), 18.

41. Hans Delbrück, *Krieg und Politik*, Volume 2 (Berlin: Georg Stilke, 1919), 164.

第四章

1. John Quincy Adams to Charles Jared Ingersoll, June 19, 1823, in *Writings of John Quincy Adams*, Worthington C. Ford, ed., 7 vols. (New York, NY: The MacMillan Company, 1913–17), hereafter cited as John Quincy Adams, *Writings*.

2. John Quincy Adams, *Writings*, Volume 7, 12, 21.

3. Charles Edel, *Nation Builder: John Quincy Adams and the Grand Strategy of the Republic* (Cambridge, MA: Harvard University Press, 2014), 303.

4. *Congressional Globe*, House of Reps, 30th Congress, 1st Session, February 24, 1848, 384 (Congressman Viton, OH).

5. *The National Intelligencer*, February 24, 1848.

6. 如欲進一步了解亞當斯及早期美國策略，請見Samuel Flagg Bemis, *John Quincy Adams and the Foundations of American Foreign Policy* (New York, NY: Knopf, 1949); Samuel Flagg Bemis, *John Quincy Adams and the Union* (New York, NY: Knopf, 1956); Charles Edel, *Nation Builder*; Edel, "Extending the Sphere: A Federalist Grand Strategy," in *Rethinking American Grand Strategy*, Elizabeth Borgwardt, Christopher McKnight Nicholas, and Andrew Preston, eds. (New York, NY: Oxford University Press, 2021); James Traub, *John Quincy Adams: Militant Spirit* (New York, NY: Basic Books, 2016); Fred Kaplan, *John Quincy Adams: American Visionary* (New York, NY: Harper Collins, 2014). For a comprehensive bibliography see David Waldstreicher, ed., *A Companion*

to John Adams and John Quincy Adams (Oxford: Wiley-Blackwill, 2013). 如欲廣泛了解十九世紀美國崛起的過程，請參閱下列著作：John Lewis Gaddis, *Surprise, Security, and the American Experience* (Cambridge, MA: Harvard University Pres, 2004); Richard Immerman, *Empire for Liberty* (Princeton, NJ: Princeton University Press, 2010); Walter McDougall's *Promised Land, Crusader State* (Boston, MA: Houghton Mifflin, 1998); Walter Russell Mead's *Special Providence* (New York, NY: Knopf, 2001); and Robert Kagan's *Dangerous Nation: America's Place in the World from its Earliest Days to the Dawn of the Twentieth Century* (New York, NY: Knopf, 2006).

7. Alexander Hamilton, *Federalist 8*, November 20, 1787, https://avalon.law.yale.edu/18th_century/fed08.asp.
8. John Quincy Adams, Diary 30, May 27, 1817, 202 [電子版], in *The Diaries of John Quincy Adams: A Digital Collection* (Boston, MA: Massachusetts Historical Society, 2005), https://www.masshist.org/jqadiaries/php/.
9. John Quincy Adams to John Adams, August 1, 1816, *Writings*, Volume VI: 58 ff.
10. "From Thomas Jefferson to Joseph Jones, 14 August 1787," *Founders Online*, National Archives, https://founders.archives.gov/documents/Jefferson/01-12-02-0038. [Original source: *The Papers of Thomas Jefferson*, Volume 12, *7 August 1787–31 March 1788*, ed. Julian P. Boyd. (Princeton, NJ: Princeton University Press, 1955), 33–35.]
11. John Quincy Adams to Thomas Boylston Adams, February 14, 1801, *Writings*, Volume I, 499. Emphasis in original.
12. John Quincy Adams to Charles Adams, June 9, 1796, *Writings*, Volume I, 493.
13. John Quincy Adams, Diary 27, July 11, 1807, 297 [電子版].
14. John Quincy Adams to Abigail Adams, June 30, 1811, in *Writings*, Volume IV, 128.
15. John Quincy Adams, *Writings*, Volume I, 140.
16. John Quincy Adams, *Jubilee of the Constitution, A Discourse Delivered at the Request of The New York Historical Society, in the city of New York, on Tuesday, the 30th of April 1830* (New York, NY: Samuel Colman, 1839), 88. Emphasis in original.
17. John Quincy Adams, "Observations on the Communications recently received from the Minister from Russia," Department of State, November 27, 1823. Worthington Chauncey Ford's "John Quincy Adams and the Monroe Doctrine," *The American Historical Review* 8:1 (1902): 43.
18. Hamilton, *Federalist 11*, https://avalon.law.yale.edu/18th_century/fed11.asp.
19. John Quincy Adams to Abigail Adams, January 1, 1812, *Writings*, Volume IV, 286.
20. John Quincy Adams to Abigail Adams, January 17, 1814, *Writings*, Volume V, 7.

21. John Quincy Adams to Peter Paul Francis De Grand, April 28, 1815, *Writings*, Volume V, 314.
22. Hamilton, *Federalist 11*.
23. Hal Brands and Charles Edel, "The Disharmony of the Spheres," *Commentary Magazine*, January 2018, 20–27.
24. James Madison, *Federalist 10*, November 23, 1787. https://avalon.law.yale.edu/18th_century/fed10.asp.
25. John Quincy Adams, Diary 31, November 16, 1819, 205 [電子版].
26. "From Benjamin Franklin to George Whitefield, 2 July 1756," *Founders Online*, National Archives, https://founders.archives.gov/documents/Franklin/01-06-02-0210. [Original source: *The Papers of Benjamin Franklin*, Volume 6, *April 1, 1755, through September 30, 1756*, Leonard W. Labaree, ed. (New Haven, CT, and London: Yale University Press, 1963), 468–69.]
27. US Constitution, Article IV, Section III, https://www.archives.gov/founding-docs/constitution-transcript.
28. "From George Washington to Timothy Pickering, 1 July 1796," *Founders Online*, National Archives, https://founders.archives.gov/documents/Washington/05-20-02-0239. [Original source: *The Papers of George Washington*, Presidential Series, Volume 20, *1 April–21 September 1796*, David R. Hoth and William M. Ferraro, eds. (Charlottesville, VA: University of Virginia Press, 2019), 349–50.]
29. "From Thomas Jefferson to G. K. van Hogendorp, 13 October 1785," *Founders Online*, National Archives, https://founders.archives.gov/documents/Jefferson/01-08-02-0497. [Original source: *The Papers of Thomas Jefferson*, Volume 8, *25 February–31 October 1785*, Julian P. Boyd, ed. (Princeton, NJ: Princeton University Press, 1953), 631–34.]
30. Walter Hixson, *American Diplomatic Relations: A New Diplomatic History* (New York, NY: Routledge, 2016), 36.
31. John Quincy Adams, published as Publius Valerius, *The Repertory*, October 30, 1804, in John Quincy Adams, *Writings*, Volume III, 57.
32. John Quincy Adams to Abigail Adams, June 30, 1811, John Quincy Adams, *Writings*, Volume IV, 128.
33. John Quincy Adams, Diary 31, January 27, 1821, 502 [電子版].
34. Hamilton, *Federalist 12*, November 27, 1787, https://avalon.law.yale.edu/18th_century/fed12.asp.
35. Thomas Paine, *The American Crisis* (London: W.T. Sherwin, 1817), 40.
36. John Steele Gordon, *Hamilton's Blessing: The Extraordinary Life and Times of Our National Debt* (New York, NY: Walker Publishing Company, 1997), 12.

37. "From Alexander Hamilton to Robert Morris, [April 30, 1781]," *Founders Online*, National Archives, https://founders.archives.gov/documents/Hamilton/01-02-02-1167. [Original source: *The Papers of Alexander Hamilton*, Volume 2, *1779–1781*, Harold C. Syrett, ed. (New York, NY: Columbia University Press, 1961), 604–35.]

38. Alexander Hamilton, *Report on Manufactures*, December 5, 1791. Edward Mead Earle, "Adam Smith, Alexander Hamilton, Friedrich List: The Economic Foundations of Military Power," in *Makers of Modern Strategy: From Machiavelli to the Nuclear Age*, Peter Paret, ed. (Princeton, NJ: Princeton University Press, 1986), 233.

39. John Quincy Adams, Diary 11, July 18, 1787, 296 [電子版].

40. John Quincy Adams to John Adams, July 27, 1794, *Adams Family Correspondence*, Volume X (Cambridge, MA: Belknap Press, 2011), 218.

41. John Quincy Adams to John Adams, July 21, 1796, in John Quincy Adams, *Writings*, Volume II, 13. Emphasis in original.

42. Edel, *Nation Builder*, 191.

43. *Niles Weekly Register*, July 19, 1828.

44. Harry L. Watson, *Liberty and Power: The Politics of Jacksonian America* (New York, NY: Hill & Wang, 1990), 76.

45. John Quincy Adams to AA, June 30, 1811, in John Quincy Adams, *Writings*, Volume IV, 128.

46. "From Thomas Jefferson to John Jay, 4 May 1787," *Founders Online*, National Archives, https://founders.archives.gov/documents/Jefferson/01-11-02-0322. [Original source: *The Papers of Thomas Jefferson*, Volume 11, *1 January–6 August 1787*, Julian P. Boyd, ed. (Princeton, NJ: Princeton University Press, 1955), 338–44.]

47. David Brion Davis, *Revolutions: Reflections on American Equality and Foreign Liberations* (Cambridge, MA: Harvard University Press, 1990), 37.

48. "From Thomas Jefferson to James Monroe, 5 May 1793," *Founders Online*, National Archives, https://founders.archives.gov/documents/Jefferson/01-25-02-0603. [Original source: *The Papers of Thomas Jefferson*, Volume 25, *1 January–10 May 1793*, John Catanzariti, ed. (Princeton, NJ: Princeton University Press, 1992), 660–63.]

49. John Quincy Adams, *Columbian Centinel*, June 18, 1791, in John Quincy Adams, *Writings*, Volume I, 81.

50. John Quincy Adams, *Jubilee of the Constitution*, 77.

51. John Quincy Adams, Writing as Marcellus in the *Columbian Centinel*, May 11, 1793, in John Quincy Adams, *Writings*, Volume I, 146.

52. *Annals of Congress*, 15th Cong., 1st sess., March 25, 1818, 1482.
53. *Annals of Congress*, 16th Cong., 1st sess., May 10, 1818, 2223.
54. John Quincy Adams, *An Address Delivered At the request of a Committee of the Citizens of Washington; On the Occasion of Reading The Declaration of Independence on the Fourth of July, 1821* (Washington, DC: Davis and Force, 1821).
55. Edel, *Nation Builder*, 162.
56. John Quincy Adams, Diary 34, November 26, 1823, 172. [電子版]; John Quincy Adams, Diary 34, November 25, 1823, 168. [電子版].
57. Robert Kagan, *Dangerous Nation: America's Place in the World from its Earliest Days to the Dawn of the Twentieth Century* (New York, NY: Knopf, 2006), 44.
58. John Quincy Adams, Diary 31, March 3, 1820, 278 [電子版].

第五章

1. 為清楚起見，也避免優先稱其中一方為「美洲人」（因為兩者都是），本章將主要稱北美原住民為印地安人或直稱原住民，而具有美國政府下公民身分的美國殖民者則為定居者。
2. R. Ernest Dupuy and Trevor N. Dupuy, *The Encyclopedia of Military History from 3500 B.C. to the Present* (New York, NY: Harper & Row, 1970), 905.
3. 當然，歐洲人並非唯一迫使原住民遷徙者——在哥倫布抵達美洲之前，印地安各部落就已在互相爭鬥。易洛魁人趕走了休倫人和其他阿岡奎部落，蘇族（Sioux）將肖松尼人（Shoshone）趕出平原獵場，科曼奇人（Comanche）則大開殺戒開闢出一片與十九世紀美國領土相當的領地。
4. 布恩於1782年8月30日致維吉尼亞總督的信，載於John M. Trowbridge, "'We Are All Slaughtered Men': the Battle of Blue Licks," *Kentucky Ancestors* 42:2 (2006): 60.
5. 布恩於1782年8月30日致維吉尼亞總督的信。
6. 史學家彼得・科贊斯（Peter Cozzens）認為兄弟倆在肖尼策略上的實力相當，但當時人們對其評價並非如此。例如，哈里森曾總結道：「先知不僅魯莽膽大，還缺乏判斷力、才能和堅定意志。」另見1811年8月7日哈里森致戰爭部長威廉・尤斯蒂斯（William Eustis）的信，地點文森斯，Indiana Historical Society, William Henry Harrison Papers and Documents, 1791–1864, DC050, https://images.indianahistory.org/digital/collection/dc050/id/771. 正如莎拉・中曾根（Sarah Nakasone）的分析，「特庫姆塞無法利用弟弟的教義說服眾多部落加入自己的抵抗勢力；教義的信徒背離了許多中心信條；書裡有三分之一記載著特庫姆塞打過的勝仗，但坦斯克瓦塔瓦（及他的教義）在這部分多為缺席狀態。」Sarah Nakasone, unpublished memorandum, September 12, 2021.

7. 若要了解當時的肖尼族，德瑞波廣泛的書信和訪談紀錄為一大珍貴來源。Lyman C. Draper Manuscript Collection microfilm number 1 YY (microfilm edition, 1979), University of Chicago, Joseph Regenstein Library, Photoduplication Department, 168–69. 一八六八年，德瑞波曾於堪薩斯（肖尼人於泰晤士戰役的定居地）與印地安人訪談。

8. 特庫姆塞向歐薩吉人致詞，取自John D. Hunter, *Memoirs of a Captive Among the Indians of North America* (London: The Author, 1824), 43–48, reproduced in Bette-Jon Schrade, *Tecumseh: His Rhetoric and Oratory* (Charleston, IL: Eastern Illinois University, 1976), Appendix 8, 155.

9. 總督布朗特致戰爭部長，取自*American State Papers: Documents, Legislative and Executive, of the Congress of the United States*, Walter Lowrie and Matthew St. Clair Clarke, eds., Volume IV (Washington, DC: Gales and Seaton, 1832), 294.

10. 1811年8月7日哈里森致戰爭部長尤斯蒂斯的信，地點文森斯。

11. 1811年8月7日哈里森致戰爭部長尤斯蒂斯的信，地點文森斯。另參見J. Mark Hazlett, *American Indian Sovereignty: The Struggle for Religious, Cultural and Tribal Independence* (Jefferson, NC: MacFarland, 2020), 33.

12. 引用自1811年8月7日哈里森致戰爭部長尤斯蒂斯的信，地點文森斯。

13. 特庫姆塞所言，由前奇利科西市長John A. Fulton引述，將軍James T. Worthington傳達。取自Benjamin Drake, *The Life of Tecumseh and His Brother the Prophet* (Cincinnati, OH: E. Morgan and Company, 1841), Chapter IV, https://www.gutenberg.org/files/15581/15581-h/15581-h.htm#Page_082.

14. 特庫姆塞所言，引用自H. Marshall, *The History of Kentucky*, Volume II (Frankfort: The Author, 1824), 482–83, reproduced in Bette-Jon Schrade, *Tecumseh*, Appendix 4, 147. 另參見A.J. Langguth, *Union 1812: The Americans Who Fought the Second War of Independence* (New York, NY: Simon & Schuster, 2006), 165.

15. 特庫姆塞向巧克陶會議致詞，1811年，取自H. B. Cushman, *History of the Choctaw, Chickasaw and Natchez Indians* (Greenville, TX: Headlight Printing House, 1899), 303–5, reproduced in Bette-Jon Schrade, *Tecumseh*, Appendix 7, 152.

16. 特庫姆塞向巧克陶會議致詞，取自Schrade, *Tecumseh*, Appendix 7, 152.

17. 特庫姆塞所言，引用自Edward Eggleston and Lillie Eggleston Seelye, *The Shawnee Prophet; or The Story of Tecumseh* (London: The Authors, 1880), 182–86, reproduced in Schrade, *Tecumseh*, Appendix 4, 145–46.
18. 特庫姆塞向巧克陶會議致詞，取自Schrade, *Tecumseh*, 152.
19. 特庫姆塞所言，引用自Eggleston and Seelye, in Schrade, *Tecumseh*, 182–86.
20. Peter Cozzens, *Tecumseh and the Prophet: The Shawnee Brothers Who Defied a Nation* (New York, NY: Knopf, 2020), 300.
21. 1810年11月15日，特庫姆塞於莫爾登堡（Ft. Malden）對英國人所述，原稿取自Public Archives of Canada, "Q" series, 114-M.G.II., in Schrade, *Tecumseh*, 149.
22. Schrade, *Tecumseh*, 144.
23. 1810年6月10日，艾略特致William Claus的信，National Archives of Canada RG 10, 27:16100, as quoted in Cozzens, *Tecumseh and the Prophet*, 233.
24. Draper Manuscript Collection microfilm number 1 YY, 18.
25. 墨西哥政府的手法則相反，他們鼓勵美國定居者進駐後來成為德克薩斯、新墨西哥、亞利桑那、猶他、內華達及加州的土地，為的是在墨西哥和西南邊境部落（如科曼奇族〔Comanche〕和阿帕契族〔Apache〕）之間創造緩衝區。
26. 特庫姆塞於莫爾登堡（Ft. Malden）對英國人所述，取自Schrade, *Tecumseh*, 151.
27. 1811年8月7日哈里森致戰爭部長尤斯蒂斯的信。
28. 1811年8月7日哈里森致戰爭部長尤斯蒂斯的信，地點文森斯。
29. Tecumseh, Speech at Machekethie, in E. A. Cruikshank, *Documents Relating to the Invasion of Canada and the Surrender of Detroit, 1812, no. 7* (Ottawa: Publications of the Canadian Archives, 1912), 33–35, reproduced in Schrade, *Tecumseh*, 157. 肖尼邦聯於1813年失敗後，美國人一改原有態度，後來哈里森也以蒂珀卡努的英雄之姿當選為總統。
30. 特庫姆塞致歐薩吉人的演講，取自Schrade, *Tecumseh*, 153.
31. 1811年8月7日哈里森致戰爭部長尤斯蒂斯的信，地點文森斯。
32. 1811年8月7日哈里森致戰爭部長尤斯蒂斯的信，地點文森斯。
33. 特庫姆塞致歐薩吉人的演講，取自Schrade, *Tecumseh*, 155.
34. 1811年8月7日哈里森致戰爭部長尤斯蒂斯的信，地點文森斯。
35. Cozzens, *Tecumseh and the Prophet*, 318.

36. National Park Service, "Battles of the River Raisin: Fall of the Michigan Territory, 1812," https://www.nps.gov/rira/index.htm.

37. 特庫姆塞於離開莫爾登堡前對波克特（Procter）將軍所言，取自John Richardson, *War of 1812* (London: Brockville, Ltd., Inc., 1842), 119–20, reproduced in Schrade, *Tecumseh*, 158.

38. Katherine B. Coutts, "Thamesville and the Battle of the Thames," in Morris Zaslow, ed., T*he Defended Border* (Toronto: Macmillan of Canada, 1964), 116.

39. 特庫姆塞於離開莫爾登堡前對波克特將軍所言，取自Schrade, *Tecumseh*, 158.

40. 特庫姆塞於離開莫爾登堡前對波克特將軍所言，取自Schrade, *Tecumseh*, 158.

41. Cozzens, *Tecumseh and the Prophet*, 379.

42. Interview with Shawnee scout Charr-he-nee, Draper Manuscript Collection, 186.

43. John Sugden, *Tecumseh's Last Stand* (Norman, OK: University of Oklahoma Press, 1985), 127.

44. Interview with Shawnee scout Charr-he-nee, Draper Manuscript Collection, 188.

45. Darren R. Reid, "Anti-Indian Radicalization in the Early American West, 1774–1795," *Journal of the American Revolution*, Annual Volume, 2018.

46. 美國政府和印地安部落達成了約六百份條約，結果從1784至1911年，其遷移速率為每小時兩平方英里。Arthur Spirling, "US Treaty-Making with American Indians: Institutional Change and Relative Power, 1784–1911," *American Journal of Political Science* 56:1 (2012): 84–97.

47. Lawrence Freedman, *Strategy: A History* (New York, NY: Oxford University Press, 2013).

48. Schrade, *Tecumseh*, 144.

第六章

1. Edward Mead Earle, ed., *Makers of Modern Strategy: Military Thought from Machiavelli to Hitler* (Princeton, NJ: Princeton University Press, 1961), viii.

2. Peter Paret, "Clausewitz," in *Makers of Modern Strategy: From Machiavelli to the Nuclear Age*, Peter Paret, ed. (Princeton, NJ: Princeton University Press, 1986), 186–213; Frank Freidel, *Francis Lieber: Nineteenth-Century Liberal* (Baton Rouge, LA:

Louisiana State University Press, 1947), 3–8, 24–26; Peter Paret, "Clausewitz's Politics," in his *Understanding War: Essays on Clausewitz and the History of Military* Power (Princeton, NJ: Princeton University Press, 1992), 172–73; Carl von Clausewitz, *On War*, Michael Howard and Peter Paret, eds. (Princeton, NJ: Princeton University Press, 1989), 75; Francis Lieber, *Manual of Political Ethics* (London: Smith, 1839), 631.

3. René Girard and Benoît Chantre, *Battling to the End: Conversations with Benoît Chantre*, trans. Mary Baker (East Lansing, MI: Michigan State University Press, 2010 [2007]), 20, 23–24, x.

4. Michel Foucault, "*Society Must Be Defended*": *Lectures at the College de France, 1975–76*, Mauro Bertani, Alessandro Fontana, and François Ewald, eds., trans. David Macey (New York, NY: Picador, 2003), 15, 50–51; Wolfgang Palaver and Gabriel Borrud, "War and Politics: Clausewitz and Schmitt in the Light of Girard's Mimetic Theory," *Contagion: Journal of Violence, Mimesis, and Culture* 24:1 (2017): 104.

5. Foucault, *Society Must Be Defended*, 162.

6. M. Russell Thayer, "The Life, Character, and Writings of Francis Lieber," in The Miscellaneous Writings of Francis Lieber, Volume 1, Daniel Coit Gilman, ed. (Philadelphia, PA: Lippincott, 1880), 31; Francis Lieber, "The Necessity of Continued Self-Education," in *Miscellaneous Writings*, Volume 1, 291; Michael O'Brien, *Conjectures of Order: Intellectual Life and the American South, 1810–1860* (Chapel Hill, NC: University of North Carolina Press, 2004), 1–83; Francis Lieber, "History and Political Science Necessary Studies in Free Countries," in *Miscellaneous Writings*, Volume 1, 331–32.

7. Barack Obama, "Remarks by the President at the Acceptance of the Nobel Peace Prize," December 10, 2009, https://obamawhitehouse.archives.gov/the-press-office/remarks-president-acceptance-nobel-peace-prize.

8. Samantha Power, *The Education of an Idealist: A Memoir* (New York, NY: Dey Street Books, 2019), 262–63; Stephen C. Neff, *War and the Law of Nations: A General History* (New York, NY: Cambridge University Press, 2005), 186–87.

9. Obama, "Remarks by the President.

10. Barack Obama, *A Promised Land* (New York, NY: Crown, 2020), 445, 655; Samantha Power, "Foreword," in *Responsibility to Protect*, Richard H. Cooper and Juliette Voïnov Kohler, eds. (New York, NY: Palgrave Macmillan US, 2009), vii; Power, *The Education of an Idealist*, 511–12; Samuel Moyn, *Humane: How the United States Abandoned Peace and Reinvented War* (New York, NY: Farrar, Straus and Giroux, 2021), 4–6. 近期有學者更平衡地解讀利伯的思想及其遺產，參見John Fabian Witt, *Lincoln's Code: The Laws of War in American History* (New York, NY: Free Press, 2012).

11. Michael Howard, "Constraints on Warfare," in *The Laws of War: Constraints on Warfare in the Western World*, Michael Howard,

George J. Andreopoulos, and Mark R. Shulman, eds. (New Haven, CT: Yale University Press, 1994), 5–7; Geoffrey Best, *Humanity in Warfare* (New York, NY: Columbia University Press, 1980), 171; Moyn, *Humane*, 294, 298.

12. Hans Eichel et al., "Time to Wake up: We Are Deeply Concerned about the Future of Europe and Germany," *Handlesblatt Today*, October 25, 2018, https://www.handelsblatt.com/english/opinion/time-to-wake-up-we-are-deeply-concerned-about-the-future-of-europe-and-germany/23583722.html.

13. Neff, *War and the Law of Nations*, 30–33, 49, 62. Emphasis in original.

14. Carl Schmitt, *The Nomos of the Earth in the International Law of the Jus Publicum Europaeum*, trans. G. L. Ulmen (New York, NY: Telos Press, 2006), 143.

15. Schmitt, *The Nomos of the Earth*, 142.

16. Schmitt, *The Nomos of the Earth*, 143.

17. David A. Bell, *The First Total War: Napoleon's Europe and the Birth of Warfare as We Know It* (Boston, MA: Houghton Mifflin Harcourt, 2007), 35–36, 48–51, 77.

18. Freidel, Francis Lieber, 1–11; Francis Lieber, "Of the Battle of Waterloo," in *Miscellaneous Writings*, Volume 1, 155, 158, 162. 利伯對黑格爾的評價不高，請見Merle Curti的論述："Francis Lieber and Nationalism," *Huntington Library Quarterly* 4:3 (1941): 270.

19. Lieber, "Of the Battle of Waterloo," 151, 156; Peter Paret, *Yorck and the Era of Prussian Reform, 1807–1815* (Princeton, NJ: Princeton University Press, 1966), 215–18, 244; T. G. Bradford, E. Wigglesworth, and Francis Lieber, *Encyclopædia Americana; a Popular Dictionary of Arts, Sciences, Literature, History, Politics, and Biography, Brought down to the Present Time* (Philadelphia, PA: Desilver, Thomas, 1836), 1–381; Freidel, *Francis Lieber*, 19–31.

20. Thomas Sergeant Perry, ed., *The Life and Letters of Francis Lieber* (Boston, MA: J. R. Osgood and Company, 1882), 32, 38–39, 41; Witt, *Lincoln's Code*, 174–79; Freidel, *Francis Lieber*, 33–34, 305.

21. Freidel, *Francis Lieber*, 36–45, 52–61, 111–22.

22. O'Brien, *Conjectures of Order*, 1–86.

23. Freidel, Francis Lieber, 301–5, 324–26.

24. Francis Lieber, *Letter to Charles Sumner*, June 2, 1861, Box 42, Francis Lieber Papers, Henry E. Huntington Library, San Marino, CA.

25. William H. Seward, "Message of the President of the United States to the Two Houses of Congress, at the Commencement of the Second Session of the Thirty-Seventh Congress," history.state.gov/historicaldocuments/frus1861/d55.
26. Lieber, *Manual of Political Ethics*, 654.
27. Francis Lieber, "The Disposal of Prisoners," *New York Times*, August 19, 1861.
28. Witt, *Lincoln's Code*, 254–58.
29. Freidel, *Francis Lieber*, 324–27; James F Childress, "Francis Lieber's Interpretation of the Laws of War: General Orders No. 100 in the Context of His Life and Thought," *American Journal of Jurisprudence* 21:1 (1976): 37–39.
30. Neff, *War and the Law of Nations*, 186; Leon Friedman, ed., *The Law of War, a Documentary History*, Volume 1 (New York, NY: Random House, 1972), 161, emphasis in original.
31. Friedman, *The Law of Wa*r, 192.
32. Friedman, *The Law of Wa*, 164, 162, 192.
33. Friedman, *The Law of Wa*r, 164; Neff, *War and the Law of Nations*, 205, emphasis in original; H. W. Halleck, *International Law; or, Rules Regulating the Intercourse of States in Peace and War* (New York, NY: D. Van Nostrand, 1861), 345; Francis Lieber to Charles Sumner and George Hillard, March 16, 1844, Francis Lieber Papers.
34. "Les Lois de La Guerre Sur Terre: Lettres de M. Le Comte de Moltke et de M. Bluntschli," *Revue de Droit International et de Législation Comparée* 13:1 (1881): 79–84. 稍早引述毛奇之文字為Neff翻譯的版本，此段引言則為筆者本人的翻譯。
35. Francis Lieber, *Letters to Charles Sumner and George Hillard*, March 16, 1844, Box 41, Francis Lieber Papers.
36. Friedman, The Law of War, 162.
37. Lieber, *Manual of Political Ethics*, 667.
38. Lieber, *Manual of Political Ethics*, 667.
39. Francis Lieber, "A Reminiscence," *Southern Literary Messenger* 2:9 (August 1836): 537; Alexander Mikaberidze, *The Napoleonic Wars: A Global History* (New York, NY: Oxford University Press, 2020), 317.
40. Daniel E. Sutherland, *A Savage Conflict: The Decisive Role of Guerrillas in the American Civil War* (Chapel Hill, NC: University of North Carolina Press, 2009), x; Friedman, The Law of War, 173–74.
41. Friedman, *The Law of War*, 169, 172–73; Lieber, "Of the Battle of Waterloo," 157, 164–67.

42. Friedman, *The Law of War*, 162, 165.
43. Lieber, "Of the Battle of Waterloo," 156, 159–60; Friedman, *The Law of War*, 165.
44. Perry, *The Life and Letters of Francis Lieber*, 34–35; Wayne Wei-siang Hsieh, *West Pointers and the Civil War: The Old Army in War and Peace* (Chapel Hill, NC: University of North Carolina Press, 2009), 17–20.
45. Ethan Allen Hitchcock to Elizabeth Nicholls, March 27, 1847, Ethan Allen Hitchcock Papers, Manuscript Division, Library of Congress, Washington DC; Lieber, "History and Political Science Necessary Studies in Free Countries," 336.
46. Marion Brunson Lucas, *Sherman and the Burning of Columbia* (College Station, TX: Texas A & M University Press, 1988) 12–13, 117, 100–1.
47. Girard and Chantre, *Battling to the End*, xvi.

第七章

1. 此處表達之觀點僅代表作者觀點，未必代表美國政府、美國國防部、美國海軍部（US Navy Department）或美國海軍戰爭學院（US Naval War College）之觀點。本章取材自S.C.M. Paine, *The Japanese Empire: Grand Strategy from the Meiji Restoration to the Pacific War* (New York, NY: Cambridge University Press, 2017), 及其他後續註腳引用之資料來源。
2. S.C.M. Paine, "Maritime Solutions to Continental Conundrums," *Proceedings of the U.S. Naval Institute* 147:1422 (2021), https://www.usni.org/magazines/proceedings/2021/august/maritime-solutions-continental-conundrums.
3. Marius B. Jansen, "The Meiji Restoration," in *The Cambridge History of Japan*, Marius B. Jansen, ed. (Cambridge: Cambridge University Press, 1989), 336; Sukehiro Hirakawa, "Japan's Turn to the West," in *Cambridge History of Japan*, Jansen, ed., 459; W. G. Beasley, *The Meiji Restoration* (Stanford, CA: Stanford University Press, 1972), 370.
4. S.C.M. Paine, *The Sino-Japanese War of 1894–1895* (Cambridge: Cambridge University Press, 2003), 87.
5. Paine, *The Sino-Japanese War of 1894–1895*, 101.
6. 積極目的是指讓某事成真，消極目的則是避免某事成真。前者為可見之現象，後者則不可見，因而有所爭議。
7. B.R. Mitchell, ed., *European Historical Statistics 1750–1970* (New York, NY: Columbia University Press, 1978), 7; Ian Nish, *The Russo-Japanese War, 1904–5*, Volume 1 (Kent, UK: Global Oriental, 2003), 19; Ono Keishi, "Japan's Monetary Mobilization for

War," in *The Russo-Japanese War in Global Perspective*, John W. Steinberg, et al., eds. Volume 2 (Leiden: Brill, 2007), 253.

8. Donald Keene, *Emperor of Japan* (New York, NY: Columbia University Press, 2002), 581, 589.
9. Janet Hunter, "The Limits of Financial Power: Japanese Foreign Borrowing and the Russo-Japanese War," in *Great Powers and Little Wars,* Hamish Ion and E.J. Errington, eds. (Westport, CT: Praeger, 1993), 152.
10. S.C.M. Paine, *Imperial Rivals: China, Russia, and Their Disputed Frontier* (Armonk, NY: M. E. Sharpe, 1996), 215.
11. E.L.V. Cordonnier, *The Japanese in Manchuria 1904*, Volume 1, trans. Capt. C. F. Atkinson (London: Hugh Rees, 1912), 1, 38.
12. Denis and Peggy Warner, *The Tide at Sunrise: A History of the Russo-Japanese War, 1904–1905* (New York, NY: Charterhouse, 1974), 451–52; Donald Keene, *Emperor of Japan*, 845.
13. James Reardon-Anderson, *Reluctant Pioneers* (Stanford, CA: Stanford University Press, 2005), 190)
14. Eduard J. Drea, *MacArthur's ULTRA* (Lawrence, KS: University of Kansas Press, 1992), 13.
15. Y. Tak Matsusaka, "Human Bullets, General Nogi, and the Myth of Port Arthur," in *The Russo-Japanese War in Global Perspective*, David Wolff et al., eds. Volume 1 (London: Brill, 2007), 181–82.
16. John W. Steinberg, *All the Tsar's Men* (Baltimore, MD: John's Hopkins University Press, 2010), 123–25, 127.
17. Warner and Warner, *Tide at Sunrise*, 304–5.
18. Vladimir A. Zolotarev and Iurii F. Sokolov, Трагедия на Дальнем Востоке [*Tragedy in the Far East*, Volume 2], (Moscow: «Аними Фортудо», 2004), 2, 415; Ian Nish, *The Russo-Japanese War*, Volume 5, 617.
19. Zolotarev and Sokolov, *Tragedy in the Far East*, Volume 1, 221–22, 240–41.
20. 田中健一 [Tanaka Kenichi] and 氷室千春 [Himuro Chiharu], eds., 東郷平八郎目でみる明治の海軍 [*The Meiji Navy in the Eyes of Tōgō Heihachirō*], (Tokyo: 東郷会社・東郷, 1995), 92–93; Warner and Warner, *The Tide as Sunrise*, 284–85, 376, 381, 427, 436.
21. Zolotarev and Sokolov, *Tragedy in the Far East*, Volume 2, 417–18; Warner and Warner, *Tide at Sunrise*, 354, 365, 373; Shumpei Okamoto, *The Japanese Oligarchy and the Russo-Japanese War* (New York, NY: Columbia University Press, 1970), 105–6.
22. Shumpei Okamoto, *The Japanese Oligarchy*, 106; Warner and Warner, *Tide at Sunrise*, 388–90, 427; Bruce W. Menning, *Bayonets Before Bullets* (Bloomington, IN: Indiana University Press, 1992), 164–71, 304; Y. Tak Matsusaka, "Human Bullets, General Nogi, and the Myth of Port Arthur," 180, 182–83, 188, 190; Ian H. Nish, *The Russo-Japanese War*, Volume 6, 274, 328, 336, 4.

23. Warner and Warner, *Tide at Sunrise*, 466–67; Shumpei Okamoto, *The Japanese Oligarchy*, 108–9, 111, 153; E.L.V. Cordonnier, *The Japanese in Manchuria 1904*, Volume 1, 68.
24. John Bushnell, "The Specter of Mutinous Reserves: How the War Produced the October Manifesto," in *The Russo-Japanese War in Global Perspective*, Steinberg et al., eds., Volume 1 (London: Brill, 2005), 333–49.
25. Imperial Japanese Ministry of Foreign Affairs, *Correspondence Regarding the Negotiations between Japan and Russia (1903–1904)*, presented to the Imperial Diet, March 1904, 3–4, 28–33; S.C.M. Paine, Imperial Rivals, 243–44.
26. Ono Keishi, "Japan's Monetary Mobilization for War," 253, 256.
27. Peter Duus, *The Rise of Modern Japan*, 2nd ed. (Boston, MA: Houghton Mifflin, 1998), 142.
28. Warner and Warner, *Tide at Sunrise*, 297.
29. 大江志乃夫 [Ōei Shinobu], 東アジやとしての日露戦争 [*East Asia's Russo-Japanese War*], (Tokyo: 立風書房, 1998), 170, 456–5; Shumpei Okamoto, *The Japanese Oligarchy*, 127.
30. S.C.M. Paine, *Imperial Rivals*, 320; Bruce A. Elleman, *Modern Chinese Warfare, 1795–1989* (London: Routledge, 2001), 182–89.
31. Bruce A. Elleman, *Wilson and China* (Armonk, NY: M.E. Sharpe, 2002).
32. Bruce A. Elleman and S.C.M. Paine, *Modern China: Continuity and Change, 1644 to the Present*, 2nd ed. (Lanham, MD: Rowman & Littlefield, 2019), 323.
33. S.C.M. Paine, *The Wars for Asia, 1911–1949* (New York, NY: Cambridge University Press, 2012), 20.
34. S.C.M. Paine, *The Wars for Asia*, 20–21.
35. David Anson Titus, *Palace and Politics in Prewar Japan* (New York, NY: Columbia University Press, 1974), 32–36, 138–39.
36. S.C.M. Paine, *The Wars for Asia*, 13.
37. S.C.M. Paine, "Japanese Puppet-State Building in Manchukuo" in *Nation Building, State Building, and Economic Development*, Paine, ed. (Armonk, NY: M.E. Sharpe, 2010), 66–82.
38. Paine, *Wars for Asia*, 29, 40–41.
39. Paine, *Wars for Asia*, 21, 101–3, 128–29.
40. Paine, *Wars for Asia*, 168–69.

41. George E. Taylor, *The Struggle for North China* (New York, NY: Institution of Pacific Relations, 1940), 178.
42. Arakawa Ken-ichi, "Japanese Naval Blockade of China in the Second Sino-Japanese War, 1937–41," in *Naval Blockades and Seapower*, Bruce A. Elleman and S.C.M. Paine, eds. (London: Routledge, 2006), 107–9.
43. Paine, *Wars for Asia*, 133
44. Diana Lary, *The Chinese People at War* (Cambridge: Cambridge University Press, 2010), 78.
45. 单冠初 [Shan Guanchu], "日本侵华的'以战养战'政策" ["The Japanese Policy of 'Providing for the War with War' during the Invasion of China"], 历史研究 [*Historical Research*] 4 (1991): 77–91.
46. Paine, *Wars for Asia*, 175–76, 182, 185.
47. David J. Lu, *Japan a Documentary History*, Volume 2 (Armonk, NY: M.E. Sharpe, 1997), 427; Meirion Harries and Susie Harries, *Soldiers of the Sun*, 295; Nobutaka Ike, ed., *Japan's Decision for War* (Stanford, CA: Stanford University Press, 1967), 223.
48. Takafusa Nakamura, *History of Shōwa Japan, 1926–1989*, trans. Edwin Whenmouth (Tokyo: University of Tokyo Press, 1998), 204.
49. Diana Lary, *The Chinese People at War*, 89, 112; Edward J. Drea and Hans van de Ven, "An Overview of Major Military Campaigns during the Sino-Japanese War, 1937–1945," in *The Battle for China: Essays on the Military History of the Sino-Japanese War of 1937–1945*, Mark Peatte et al., eds. (Stanford, CA: Stanford University Press, 2010), 44; Dagfinn Gatu, Village China at War (Vancouver: University of British Columbia Press, 2008), 31.
50. Paine, Wars for Asia, 195.
51. 江口圭一 [Eguchi Kei-ichi], 十五年戦争小史 [*A Short History of the Fifteen Year War*] (Tokyo: 青木書店, 1996), 172, 226; Takafusa Nakamura, *History of Shōwa Japan*, 253–54.
52. Paine, *Wars for Asia*, 201–2, 204–5.
53. David M. Glantz, *The Soviet Strategic Offensive in Manchuria, 1945: "August Storm"* (London: Frank Cass, 2003), xviii, xxv, 49, 143.
54. Yukiko Koshiro, *Imperial Eclipse* (Ithaca, NY: Cornell University Press, 2013), 243.
55. Yukiko Koshiro, *Imperial Eclipse*, Chapter 24.

第八章

1. 欲知此類抵抗運動，請見Vincent Brown, *Tacky's Revolt: The Story of an Atlantic Slave War* (Cambridge, MA: Harvard University Press, 2020); Ranajit Guha, *Elementary Aspects of Peasant Insurgency in Colonial India* (Durham, NC: Duke University Press, 1983); Antoinette Burton, *The Trouble with Empire: Challenges to Modern British Imperialism* (Oxford: Oxford University Press, 2015); Richard Gott, *Britain's Empire: Resistance, Repression and Revolt* (Brooklyn, NY: Verso Books, 2012). 還有其他影響此章節的重要著作：Priyamvada Gopal, *Insurgent Empire: Anticolonial Resistance and British Dissent* (Brooklyn, NY: Verso Books, 2019); Shruti Kapila, *Violent Fraternity: Indian Political Thought in the Global Age* (Princeton, NJ: Princeton University Press, 2021); Faisal Devji, *The Impossible Indian: Gandhi and the Temptation of Violence* (Cambridge, MA: Harvard University Press, 2012); Tim Harper, *Underground Asia: Global Revolutionaries and the Assault on Empire* (Cambridge, MA: Belknap Press, 2020); Joel Cabrita, *Text and Authority in the South African Nazaretha Church* (Cambridge: Cambridge University Press, 2014); Satia, *Time's Monster: How History Makes History* (Cambridge, MA: Belknap Press, 2020); James Vernon, *Hunger: A Modern History* (Cambridge, MA: Harvard University Press, 2007), 60; Kevin Grant, *Last Weapons: Hunger Strikes and Fasts in the British Empire, 1890–1948* (Berkley, CA: University of California Press, 2019); Yasmin Saikia, "*Hijrat* and *Azadi* in Indian Muslim Imagination and Practice: Connecting Nationalism, Internationalism, and Cosmopolitanism," *Comparative Studies of South Asia, Africa and the Middle East* 37:2 (2017): 201–12; Kama Maclean, *A Revolutionary History of Interwar India: Violence, Image, Voice and Text* (Oxford: Oxford University Press, 2015); Rudrangshu Mukherjee, *Tagore & Gandhi: Walking Alone, Walking Together* (New Dehli: Aleph Book Company, 2021); J. Daniel Elam, Kama Maclean, and Christopher Moffat, eds., *Writing Revolution in South Asia: History, Practice, Politics* (Milton Park: Routledge, 2018); Kama Maclean and J. Daniel Elam, eds., *Revolutionary Lives in South Asia: Acts and Afterlives of Anticolonial Political Action* (Milton Park: Routledge, 2016); Simona Sawhney, "Bhagat Singh: A Politics of Death and Hope," in *Punjab Reconsidered: History, Culture, and Practice*, Anshu Malhotra and Farina Mir, eds. (Oxford: Oxford University Press, 2012); Barbara Metcalf, *Husain Ahmad Madani: The Jihad for Islam and India's Freedom* (London: Oneworld Publications, 2008); Faisal Devjji, "From Minority to Nation," in *Partitions: A Transnational History of TwentiethCentury Territorial Separatism*, Arie Dubnov and Laura Robson, eds. (Palo Alto, CA: Stanford University Press, 2019); Noor-Aiman I. Khan, *Egyptian-Indian Nationalist Collaboration and the British Empire* (London: Palgrave Macmillan, 2011); Peter Hudis, "The Revolutionary Humanism of Frantz Fanon," *Jacobin*, December 26, 2020, https://jacobinmag.com/2020/12/humanism-frantz-fanon-philosophy-revolutionary-algeria; Neeti Nair, *Changing Homelands: Hindu Politics and the Partition of India* (Cambridge, MA: Harvard University Press, 2011).
2. Nirmal Kumar Bose, ed., *Selections from Gandhi* (Ahmedabad: Navajivan, 1948), 203.

3. Kapila, *Violent Fraternity*, 92.
4. Mohandas Gandhi, *Hind Swaraj or Indian Home Rule* (Ahmedabad: Navajivan, 1938), 11. 此段引言是來自於此作一九二一年的序言。
5. Devji, *Impossible Indian*, 105.
6. Gandhi, *Hind Swaraj*, 50, 12. 此段引言是來自於此作一九二一年的序言。
7. Leo Tolstoy, *War and Peace*, trans. Ann Dunnigan (London: Signet Classics, 1968), 1454–55.
8. Kapila, *Violent Fraternity*, 149.
9. Kapila, *Violent Fraternity*, 162.
10. Gandhi, *Hind Swaraj*, 70.
11. Gandhi, *Hind Swaraj*, 70.
12. Gandhi, *Hind Swaraj*, 76.
13. Mukherjee, *Tagore & Gandhi*, 171.
14. Gandhi, *Hind Swaraj*, 47.
15. Gandhi, "Gandhi's Political Vision: The Pyramid vs. the Oceanic Circle (1946)," in "*Hind Swaraj,*" *and Other Writings*, Anthony Parel, ed. (Cambridge: Cambridge University Press, 1997), 189.
16. Gandhi, *Hind Swaraj*, 47.
17. Leo Tolstoy, "On Anarchy," 1900. https://theanarchistlibrary.org/library/leo-tolstoy-onanarchy.
18. Gandhi, *Hind Swaraj*, 51, 59, 71.
19. Mukherjee, *Tagore & Gandhi*, 33.
20. Gandhi, *Hind Swaraj*, 73.
21. Durba Ghosh, "Gandhi and the Terrorists," *Journal of South Asian Studies* 39:3 (2016): 567.
22. Kim Wagner, " 'Calculated to Strike Terror:' The Amritsar Massacre and the Spectacle of Colonial Violence," *Past & Present* 233:1 (2016), 194. https://academic.oup.com/past/article/233 /1/185/2915150.
23. 此段的引言請參見Gandhi, 1921 preface, *Hind Swaraj*, 10–11.

24. Grant, *Last Weapons*, 3–4, 105.
25. Gandhi, *Hind Swaraj*, 27.
26. Vernon, *Hunger*, 69.
27. Kapila, *Violent Fraternity*, 158.
28. Harper, *Underground Asia*, 187.
29. Burton, *Trouble with Empire*, 199.
30. Harper, *Underground Asia*, 185–86.
31. Kapila, *Violent Fraternity*, 149.
32. Harper, *Underground Asia*, 437–38.
33. Harper, *Underground Asia*, 383; Kapila, *Violent Fraternity*, 87.
34. Harper, *Underground Asia*, 412.
35. Harper, *Underground Asia*, 379.
36. Harper, *Underground Asia*, 471–72.
37. 女性亦參與此活動。
38. Kapila, *Violent Fraternity*, 97.
39. 啟發辛格的，尤其還有早期印度革命人士心目中的英雄馬志尼（促成義大利統一的人物），甘地在《印度自治》曾提及此人。
40. J. Daniel Elam, "The 'Arch Priestess of Anarchy' Visits Lahore: Violence, Love, and the Worldliness of Revolutionary Texts," in *Revolutionary Lives*, Maclean and Elam, eds., 36.
41. Maclean, *A Revolutionary History*, 15; Sawhney, "Bhagat Singh: A Politics of Death and Hope."
42. Chris Moffat, "Experiments in Political Truth," in *Revolutionary Lives*, Maclean and Elam, eds., 78.
43. Moffat, "Experiments in Political Truth," 78.
44. Moffat, "Experiments in Political Truth," 79.
45. Bhagat Singh, "Naye Netaon ke Alag-Alag Vichaar," *Kirti*, July 1928, https://www.marxists.org/hindi/bhagat-singh/1928/naye-

netaon.htm.

46. *Joint Statement* of Bhagat Singh and B.K. Dutt in the Assembly Bomb Case, read in court June 6, 1929, June 8, 1929, https://www.marxists.org/archive/bhagat-singh/1929/06/06.htm.
47. Bhagat Singh, Letter to Shaheed Sukhdev, April 5, 1929, https://www.marxists.org/archive/bhagat-singh/1929/04/05.htm.
48. Bhagat Singh and B.K. Dutt, *Joint Statement*, June 1929.
49. Nair, *Changing Homelands*, 130.
50. Grant, *Last Weapons*, 115.
51. Kama Maclean, "Returning Insurgency to the Archive: The Dissemination of the 'Philosophy of the Bomb,' " *History Workshop Journal* 89 (2020): 154.
52. Bhagat Singh, "Statement of the Undefended Accused," May 5, 1930, available at, https://www.marxists.org/archive/bhagat-singh/1930/05/05.htm.
53. Bhagat Singh, "Why I Am an Atheist," October 5–6, 1930, published 1931, available at, https://www.marxists.org/archive/bhagat-singh/1930/10/05.htm.
54. Bhagat Singh, "To Young Political Workers," February 2, 1931, available at, https://www.marxists.org/archive/bhagat-singh/1931/02/02.htm.
55. Maclean, *Revolutionary History*, 216–17.
56. Nair, *Changing Homelands*, 130–31.
57. Partha Chatterjee, as quoted in Maclean, *Revolutionary History*, 221.
58. Leela Gandhi, as quoted in Maclean and Elam, "Reading Revolutionaries," in *Revolutionary Lives*, 8.
59. Harper, *Underground Asia*, 656–57.
60. Frantz Fanon, *The Wretched of the Earth* (New York, NY: Grove, 1963), 35, 37–38, 61.
61. Fanon, *Wretched of the Earth*, 71, 84, 86, 88, 93, 94.
62. Fanon, *Wretched of the Earth*, 61, 74, 78, 94, 124.
63. Fanon, *Wretched of the Earth*, 48, 146, 246.

64. Fanon, *Black Skin, White Masks* (New York, NY: Grove, 2008 [1951]), 193, 206.
65. Fanon, *Wretched of the Earth*, 47.
66. Fanon, *Wretched of the Earth*, 175, 203, 233.
67. Fanon, *Wretched of the Earth*, 36–37, 43, 99.
68. Fanon, *Wretched of the Earth*, 98, 102, 105–6.
69. Mukherjee, *Tagore & Gandhi*, 159.
70. Harper, *Underground Asia*, 658.
71. K. Ruthven, quoted in Dipesh Chakrabarty, *The Climate of History in a Planetary Age* (Chicago, IL: University of Chicago Press, 2021), 2.
72. Kapila, *Violent Fraternity*, 121.

國家圖書館出版品預行編目（CIP）資料

強權競爭時代的戰略：多極化世界的國際競爭與現代戰略概念的建構 / 霍爾 ・ 布蘭茲（Hal Brands）著；黃好萱譯 . -- 初版 . -- 臺北市：商周出版：英屬蓋曼群島商家庭傳媒股份有限公司城邦分公司發行 , 2024.09
面；　公分 . --（當代戰略全書；2）（莫若以明書房；BA8048）
譯自 : The new makers of modern strategy: from the ancient world to the digital age.

ISBN　978-626-390-264-0（平裝）

1. CST: 軍事戰略　2. CST：國際關係

592.4　　113012203

莫若以明書房　BA8048
當代戰略全書 2・強權競爭時代的戰略
多極化世界的國際競爭與現代戰略概念的建構

原 文 書 名／The New Makers of Modern Strategy: From the Ancient World to the Digital Age [Part Two: Strategy in an Age of Great-Power Rivalry]
編　　　者／霍爾・布蘭茲（Hal Brands）
譯　　　者／黃好萱
責 任 編 輯／陳冠豪
版　　　權／顏慧儀
行 銷 業 務／周佑潔、林秀津、林詩富、吳藝佳、吳淑華

總　編　輯／陳美靜
總　經　理／彭之琬
事業群總經理／黃淑貞
發　行　人／何飛鵬
法 律 顧 問／元禾法律事務所　王子文律師
出　　　版／商周出版　台北市南港區昆陽街 16 號 4 樓
電話：(02)2500-7008　傳真：(02)2500-7759
E-mail：bwp.service@cite.com.tw
發　　　行／英屬蓋曼群島商家庭傳媒股份有限公司　城邦分公司
台北市南港區昆陽街 16 號 8 樓
書虫客服服務專線：(02)2500-7718・(02)2500-7719
24 小時傳真服務：(02)2500-1990・(02)2500-1991
服務時間：週一至週五 09:30-12:00・13:30-17L00
郵撥帳號：19863813　戶名：書虫股份有限公司
讀者服務信箱：service@readingclub.com.tw
歡迎光臨城邦讀書花園　網址：www.cite.com.tw
香 港 發 行 所／城邦（香港）出版集團有限公司
香港九龍九龍城土瓜灣道 86 號順聯工業大廈 6 樓 A 室
電話：(825)2508-6231　傳真：(852)2578-9337
E-mail：hkcite@biznetvigator.com
馬 新 發 行 所／城邦（馬新）出版集團【Cite (M) Sdn. Bhd.】
41, Jalan Radin Anum, Bandar Baru Sri Petaling,
57000 Kuala Lumpur, Malaysia.
電話：(603)9056-3833　傳真：(603)9057-6622　E-mail: services@cite.my

線上版讀者回函卡

封 面 設 計／兒日設計　　內文設計排版／林婕瀅
印　　　刷／鴻霖印刷傳媒股份有限公司
經　銷　商／聯合發行股份有限公司　電話：(02)2917-8022　傳真：(02) 2911-0053
地址：新北市新店區寶橋路 235 巷 6 弄 6 號 2 樓

■ 2024 年（民 113 年）9 月初版
定價／ 499 元（紙本）　370 元（EPUB）
ISBN：978-626-390-264-0（紙本）
ISBN：978-626-390-261-9（EPUB）

Printed in Taiwan
城邦讀書花園
www.cite.com.tw